明治の海を照らす

灯台とお雇い外国人ブラントン

稲生 淳

七月社

［カバー写真］　神子元島灯台（「ジャパン・ライト」）
［扉写真］　伊王島灯台（「ジャパン・ライト」）
［目次写真］　犬吠埼灯台・角島灯台

明治の海を照らす

灯台とお雇い外国人ブラントン

＊目次

Ⅱ　ブラントンの灯台……183

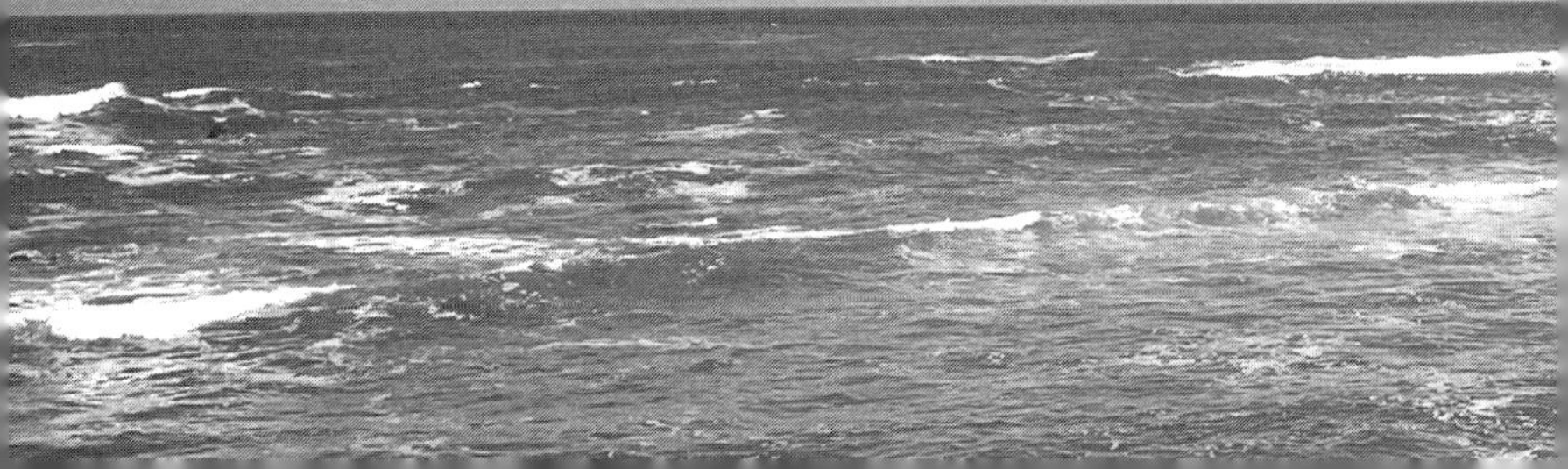

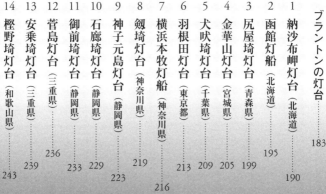

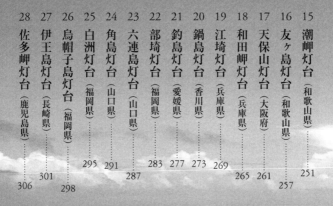

はじめに――ブラントンとの出会い

灯台がどれほどの人命と船を救っているのか、そんなことをだれが正確に言えるだろう。いかに勇敢な男たちでも動揺してしまうような恐ろしく荒れた夜に見える光というものは、単に航路を示すばかりではなく、勇気を鼓舞し、心の迷いを払ってもくれるのである。極度の危険に遭遇しながらも、次のように自分に言い聞かせることは大きな心の支えとなる。「頑張れ！もう一息だ！……風や海が敵になろうとも、お前は一人ではない。みんながそこにいて、お前を見まもっているのだ。」

（ジュール・ミシュレ『海』七三頁）

一九世紀のフランスの歴史家ジュール・ミシュレが「灯台」について述べた文である。古今東西、闇夜の海を航海する船乗りにとって、灯台の灯りほどありがたいものはなかっただろう。灯台は、船乗りたちに生きる希望と勇気を与えてきたのである。それでも遭難事故はなくなることはなかったが、人々の命を救ったのも灯台であった。

一八九〇年九月一六日の夜、紀伊半島南端の大島沖でトルコ軍艦エルトゥールル号が沈没し、特使オスマン・パシャ以下、約五〇〇名の将兵が犠牲となり、六九名が救助された。嵐の海に投げ出されたトルコ将兵にとって、樫野埼灯台の回転灯の灯りは生きるよりどころとなったにちがいない。彼らは、最後の力を振り絞って崖を這い上がり灯台に助けを求めたのである。

樫野埼灯台は、トルコ軍艦沈没の二〇年前、お雇い外国人技師リチャード・ヘンリー・ブラントンによって建設された。ブラントンは、一八六八年八月八日に来日し、一八七六年三月一五日に解雇されるまでの間、日本沿岸に二六基の灯台と二基の灯船（灯台の設置が困難な海上や河口などに停泊し、灯台の機能を果たす船）を建設し、また、横浜のまちづくりにも貢献したことで、「日本の灯台の父」「横浜のまちづくりの父」と呼ばれている。それだけではない。電信の敷設、大阪港や新潟港の改修工事の計画、鉄道敷設への提言など、西洋の近代技術を日本にもたらしたことで「日本のエンジニアリングの父」と呼ぶ人もいる。しかし、お雇い外国人について書かれた出版物には、ブラントンについてあまり多くは記されていない。

我々がお雇い外国人と聞いて思い浮かべるのは、小泉八雲の名で知られるパトリック・ラフカディオ・ハーン、岡倉天心と共に東京美術学校の設立に尽力したアーネスト・フランシスコ・フェノロサ、「少年よ大志を抱け」で有名な札幌農学校教頭ウィリアム・スミス・クラークなどであり、ブラントンを知る人は灯台関係者か横浜市民の一部にすぎないのではないだろうか。このことはブラントンがシビルエンジニア（土木技師）だったこととも関係するのかもしれない。我が国では、これまで明治維新前後の政治史、経済史、外交史などについての研究は盛んに行われてきたが、科学史や技術史についてはあまり光が当てられてこなかったという歴史的背景があるからだ（武田楠雄『維新と科学』一三三頁）。

明治政府は、西洋諸国からの近代技術の移入に努めた。近代化の象徴といえば、鉄道やガス灯、煉瓦造の洋館などが思い浮かぶが、その前提としてこれらの近代文明の材料を積んだ外国船が、無事、横浜に入港しなければならず、そのためには何にもまして洋式灯台の建設が必要だった。

もちろん我が国にも灯台はあったが、それらは「灯明台《とうみょうだい》」と呼ばれ、石造の台の上に木造の灯《とう》籠《ろう》をのせ、油紙障子で囲った中で菜種油を灯すものであった。光力は弱く、開国後に我が国に来航する外国船にとっては何の役にも立たなかった。それゆえ、列強は自国船の安全のため、日本の沿岸に光力の強い洋式灯台の建設を求めたのである。中でも対日貿易に力を入れていたイギリスは、灯台建設に熱心だった。香港・上海から横浜に向かうイギリス船の航海の安全を確保する必要があったからである。幕府は当初、フランスより援助を受け、横須賀製鉄所用の灯台三基をフランスに発注したが、その後はイギリス公使ハリー・スミス・パークスを通じてイギリスに灯器や技師の派遣を依頼するようになり、それがブラントンの来日に繋がった。

ところで、私がブラントンに興味を持つようになったのは、二五年程前のことである。横浜に住む親戚の小池温・和代夫妻に自動車で三浦半島を案内してもらった際、たまたま立ち寄った観音崎京急ホテルに置いてあった京浜急行電鉄の広報誌『なぎさ』をパラパラとめくっていて、その中に「横浜公園とブラントン」という一文を見つけた。ブラントンという名前にどこか聞き覚えがあり調べてみると、樫野埼灯台と潮岬灯台を造ったイギリス人技師であることがわかった。彼は、スコットランド出身で明治政府が雇った最初の外国人だった。

和歌山県の最南端串本町で生まれ育った私にとって、灯台はあまりにも身近な存在だった。特に潮岬は、小学校から高校まで遠足の定番コースだったこともあり、灯台には何度も登ったが、特別な感情を抱いたことはなかった。しかし、スコットランドにはこの時までに二度ほど旅したことがあった。最初は二七歳の時で、エディンバラからスターリング、グレンコー、インヴァーネスまでをレンタカーでまわった。二回目は三五歳の時、友人と三人でエディンバラからインヴァーネスまで鉄道で行き、インヴァーネスからレンタカーでブリテン島北端のジョン・ノ・グローツへ、さらに西に針路をとってダーネスから南下し、西海岸沿いに車を走らせ、途中、スカイ島に立ち寄るなどして、ポートリー、フォート・ウィリアム、エアー、ダンフリースなどの街を見て歩いた。

ただ、灯台は何ひとつ見てこなかった。ブラントンについて知るまでは、スコットランドが灯台先進国だったことや我が国の灯台建設に多くのスコットランド人が関わっていたことなど知る由もなかったのである。

しかし、ブラントンの存在を知ってからは、「なぜ、串本にブラントンが造った灯台が二つもあるのか」、「なぜ、灯台建設のためにブラントンが来日したのか」、「なぜ、スコットランドが灯台先進国なのか」、「灯台のみならず横浜のまちづくりや日本の近代化に貢献したブラントンの技術力の源泉は、いったいどこにあったのか」など、どんどん疑問が湧いてきた。それ以来、横浜開港資料館を訪ね、『イラストレイテッド・ロンドン・ニュース』（イギリスの週刊新聞）や『ファー・イースト』（横浜で刊行された英字新聞）などに樫野埼灯台や潮岬灯台についての記事がないかを調べたり、早朝の横浜関内を歩き回り、日本大通りや横浜公園、吉田橋などにブラントンの足跡を訪ね歩いたりしてきた。ブラントンが造った全国各地の灯台にも足を運ぶようになった。

我が国の灯台建設の歴史は、幕末から明治にかけて日本を取り巻く国際情勢、とりわけイギリスやフランスの対日貿易と関係が深い。特に、アヘン戦争やアロー戦争で中国を屈服させ、さらに対日貿易に参入したイギリスは、香港や上海から横浜、長崎への自国船の安全な貿易ルートを確保することが急務であった。イギリス公使パークスが主導し、灯台建設に関わる技師や灯器をイギリスから取り寄せることになり、鉄道技師であったブラントンが灯台技師として来日することになった。では、なぜブラントンが日本各地に灯台を建設し、さらに横浜のまちづくりや西洋近代技術の移入に関わることになったのか。

第Ⅰ部では、まず、灯台建設の引き金となった下関戦争と四国艦隊下関砲撃事件、「改税約書」と灯台、英仏の対日政策と外国船の定期航路について記す。その後、灯台建設を通じてイギリス人と日本人が互いにカルチャーショックを受けながらも、時に対立、協力しながら事業を推進していったこと、イギリス人が横浜のまちづくりをはじめ我が国の近代化に大きく貢献したことなどについて、ブラントンの「手記」や学会報告（『日本の灯台』）、ハリー・スミス・パークスやアーネスト・メイソン・サトウの関係資料、『イラストレイテッド・ロンドン・ニュース』『ファー・イースト』等の外国の新聞・雑誌などから描き出す。

ブラントンの技術力や来日の背景として、スコットランド人が土木工学に優れ産業革命をリードしたこと、出稼ぎや移民として広く海外に雄飛したスコットランドの国民性、また、スコットランドが灯台先進国であり、その中心となったスティーブンソン一家についても記した。

第Ⅱ部では、ブラントンが日本で造った二八基（灯船二隻を含む）の灯台について記した。なぜ、その地域に灯台が必要だったのか。これらの灯台はどのような経緯で造られ、地域の人々は灯台建設をどのような思いで見つめていたのか。地域に残る灯台建設にまつわる話も記した。

このうち一八灯台については、灯台視察船テーボール号に同行した『ジャパン・ウィークリー・メイル』の特派員の報告書を参照した。日本各地に建設されていく灯台は外国人記者の眼にどのように映っていたのだろうか。

灯台建設、横浜のまちづくり、日本の近代化への様々な提言など、ブラントンについて子細に検討すると、一九世紀後半の日本を取り巻く国際情勢、欧米列強の対日政策、西洋の進んだ科学技術を移入し近代化に努める日本の姿、さらに一九世紀後半の日英関係の一端についても知ることができる。

Ⅰ　灯台とお雇い外国人

1　世界史から見た灯台

灯台は、いつ頃、どのようにして登場したのだろうか。

フランスの歴史学者ミシェル・モラ・デュ・ジュルダンは、「古代および中世以来、灯台はヨーロッパの海上生活への目ざめを象徴していた。そして時代とともに灯台の数と能力が増してゆく事実が、海上問題に対する関心の高まりを表現している」（『ヨーロッパと海』二七七頁）と述べている。

古代の人々は、山の頂や岬など特徴的な地形を目印に航海をした。その後、船や航海技術の発達によって、夜間あるいは遠い海上にまで出かけていくようになると、はるか遠いところから暗い夜でもよく見えるような目標を自然の物体以外に造り出す必要が生じてきた。人々は、岬や島上、あるいは建造物の屋上で火を焚いたり、煙をあげたりして航海の目標としたのである。

海には浅瀬や暗礁など危険なところも多い。船が危険物をさけて、安全に近道を走れるように航路がある。そして、航海の安全をはかるには海図や航路標識が必要になる。灯台は航路標識の一つであり、航海安全のためになくてはならない海の道しるべであった。

大西洋と北海の沿岸は、近世以前には不気味なほど真っ暗だったが、危険な場所やいくつかの港の入口や鐘楼の上には火が灯るようになった。それらは灌木を燃やしてできる弱い光であり、遠方からは見えにくく、灯台というよりは標識灯であり、日中の航路標識を補う役割を果たしていた（『ヨーロッパと海』二七八頁）。

高い塔上に常時灯火をかかげ、暗夜の航海の目標とする灯台が、専門の事業として管理されるようになったのは、西欧においても一七、一八世紀以降のことである。特に、フランスとイギリスは灯台建設にあたり双方で競争心が働いた。一六八六年には、イギリスと同じくらいよいものを造りたいと望んだルイ一四世の命令によって、灯台建設方法の調査が実行された。一八〇〇年に二四基だったフランスの灯台は、一八八五年には三六〇基に増加した。イギリスでは、とくにナポレオン戦争の時代に、炭田というエネルギー資源が近くにあるのを利用して、東部海岸地方の灯台を増加させた（『ヨーロッパと海』二八〇頁）。

ジュルダンは、「ヨーロッパ沿岸の灯台設備は、十七世紀以降に改良され、今日にいたるまで、「灯台学」の恒常的な技術進歩の恩恵に浴した。注目すべき事実は、頻繁な戦争にもかかわらず、ドーヴァー海峡と英仏海峡入口の要衝に灯台を整備するために、フランスとイギリスが競合し、時には協力したことである。もし灯台が自分の歴史を語ることができたならば、コルドワンとエディストン（イングランド南西部、プリマス沖合の危険な岩群。灯台がある。）とはもっとも話題の豊富な語り手に属するだろう。両者ともに少なくとも四回の修復を施され、その必要性をよく証明している」（『ヨーロッパと海』二七九頁）と記している。

コルドワン灯台（1611年建造）

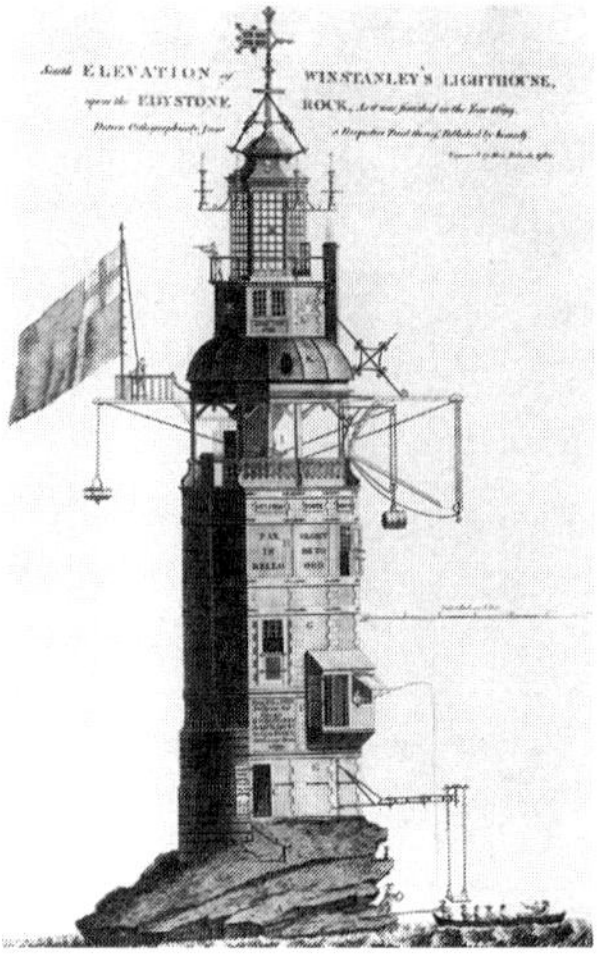

エディストン灯台（1699年建造）

コルドワン灯台は、フランス南西部のジロンド河口の入口にあるフランスで最も古く有名な灯台である。一三五五年、ギュイエンヌ地方を統治していたイギリスのエドワード黒太子は、コルドワンの岩山に建てた一六メートルの塔の上で火を焚かせて、船乗りたちにボルドーとそのブドウ栽培地帯への入口を標示した。一五八四年、ボルドー市長ミシェル・ド・モンテーニュは、荒廃した塔の建て替えに必要な財源を確保し、ルイ・ド・フォワにその建設を依頼した。フォワは、四階建ての塔に宮殿のような豪華な内装を施したが、建設途中に亡くなったため、フランソワ・ブーシュが引継ぎ、一六一一年に点灯させた。当初は大きな薪の束を燃やす簡素な方式であったが、その後、燃料はピッチやタールに替わり、一七二〇年代には石炭が使われるようになった。一八七二年にはフランスで初めて石油ランプと反射鏡が導入され、一八二三年にはフレネルレンズが取り付けられた

（テレサ・レヴィット『灯台の光はなぜ遠くまで届くのか』八三〜九四頁）。

エディストン灯台は、プリマスの沖合一四マイル（約二二キロ）に位置し、航海の難所として知られる岩礁上に建てられたイングランドで最も古く有名な灯台である。当初はヘンリー・ウィンスタンリーによって建設された木造灯台で、一六九八年に点灯したが、冬の強風で大きな被害を受けたため、翌一六九九年には大規模改修が行われ、風変りな形をした灯籠をつけ、重い鉄の装飾を施した中国風の塔となった。しかし、一七〇三年、暴風雨によって波に流されたため、再建を余儀なくされ、一七〇九年、ジョン・ラッドヤードによって再び木造灯台が造られたが、一七五五年、火災のため焼失した。三代目の灯台は、ジョン・スミートンによって造られた花崗岩の総石造で、一七五九年に点灯した。この灯台は、約一二〇年にわたり使用に耐えてきたが、灯台が建つ岩礁が浸食され安全性が保てなくなったため、一八七九年に操業が停止された。一八八二年には、ジェームズ・ニコラス・ダグラスによって隣接する岩礁の上に四代目の灯台が建設され、現在に至っている（Bella Bathurst, *The Lighthouse Stevensons*, pp.58-65）。

灯台の光源については、炉の中で木材や石炭を燃やすという原始的な方法が一八世紀の終わりころまで続けられた。それらと並んで油やローソクの火も用いられるようになったが、油に浸した灯心やローソクの火では光力の点で不十分であった。しかし灯火の保守には便利であるから、石炭の運搬が困難な岩礁灯台などでは用いられた。エディストン灯台も、建設後約半世紀の間は、五分の二ポンドの獣脂ローソク二四本を燃やし、わずかに計六七燭光の光力を放つに過ぎなかった。

イタリアの物理学者アイメ・アルガンドの発明したランプが灯器として灯台に導入されてから、灯台の光源は革命的な進歩を見ることになる。フランスの物理学者オーギュスタン・ジャン・フレネルによって発明されたフレネルレンズによって、灯台の機能はさらなる進歩を遂げた。一九世紀後半には、灯台用ランプは、アラン・スティーブンソンやジェームズ・ダグラスらによって改良されていった。灯台の築造や機器類に関しても、一九世紀は大きな進歩をみた時期であった。

我が国の灯台の歴史も、辺海の防衛や航海の安全確保を目的として岬や島上で火を焚いたことにはじまる。『日本書紀』には六六三年、朝鮮半島南西部にある白村江で倭・百済連合軍が唐・新羅連合軍との戦いで大敗したことを受けて、翌年、唐・新羅による日本侵攻を怖れた天智天皇が防衛網の再構築および強化に着手し、対馬・壱岐・筑紫国に防人を置き烽火をあげさせたことが記されている。

また、八三九（承和六）年、遣唐使・藤原常嗣《ふじはらのつねのり》の一行が、楚州で新羅船九隻を雇って帰国の途につくが、離散し、八月に一隻のみが帰着した。この時、朝廷は大宰府に対し、各方面ごとに防人に指示して、炬火《かがりび》を絶やさず、食料、水を貯えて、後続の船が無事に帰着できるようにせよと命じた。同月中に七隻が肥前国に漂着し、残り一隻も翌年、大隅国に無事帰着した（『続日本後紀』）。

江戸時代に入って、西回り航路や東回り航路など新たな航路の開発にともない、海運が盛んになると、灯明台や常夜灯が岬や港に近い神社の境内などに設置されるようになった。

当時、灯明台の燃料としては菜種油や魚油が多かったが、地域によっては鯨油も使われた。「くじらの町」で知られる太地《たいじ》（和歌山県）では豊富に得られた鯨油が使われていた。太地に灯明崎という地名があるのは、この地に灯明台が置かれていた名残である。岬は、かつて牟漏崎と呼ばれていたが、一六三六（寛永一三）年、岬の突端に灯明台が設けられたことから灯明崎と呼ばれるようになった。灯明は年中休まず夜を通して点灯されていた。一夜に三〜四合の油で焚いたといわれている。灯明台の番をしていたのは紀州藩の武士で、日没になれば点灯、夜明けには消灯、油の補充、灯明台の点検・補修などを行っており、灯明台の近くには番士の家も建てられていた。全国的にも海岸近くの神社や寺院の常夜灯には灯台の役目を果たしていたものが数多くあった。

しかし、灯明台や常夜灯の灯りは頼りなく、開国後、外国船が多数来航するようになると、諸外国は光力の強い洋式灯台の建設を求めたのである。

2　灯台建設の背景

一　下関事件

一八五八（安政五）年、日米修好通商条約に続いて、オランダ、ロシア、イギリス、フランスと同様の条約が締結された。この条約によって日米和親条約で既に開かれていた下田と箱館（函館）のほか、神奈川、長崎、新潟、兵庫の開港（神奈川開港の六カ月後に下田は閉港）、江戸・大阪の開市、通商は自由貿易とすること、開港場に外国人居住区（居留地）を設け一般の外国人の国内旅行を禁止すること、領事裁判権の承認、関税自主権の欠如を認めることなどが取り決められた。

江戸に近い神奈川を開港することは外国も望んでいたが、宿場町に近いことから一般庶民と外国人とが接することが多くなり、それが攘夷感情を刺激することを危惧した幕府は、街道から外れた小さな漁村の横浜を開港場としたのである。横浜に港の設備を整え、日本人商人を強制的に移住させ、外国人の欲している自由貿易の手立てを講じた。その結果、外国人も横浜が開港場として良港であることを認め、外国人商人や領事なども次々に移転したのである。

開港して間もなく、安価で良質の生糸が入手できることがわかると、生糸を求めて外国人商人らが横浜に進出した。一方、日本人商人らも生糸が有望な輸出品であることを知ると、江戸・大阪の株仲間を通さずに直接横浜へ持ち込んだ。これによって日本の商品輸出が急増したが、国内での物資不足や物価騰貴を招き、国民生活を圧迫し、金貨の流出も大きな社会的・経済的問題となった。

貿易開始に伴う経済の混乱と物価騰貴は、下級武士のあいだに不満をつのらせた。勅許なしに条約を調印した幕府や貿易相手の欧米人に対する反発が強まり、条約調印に反対する孝明天皇への支持が広がり、尊王攘夷運動が高まることになった。尊攘派の中心だった長州藩は、三条実美ら急進派の公卿と結んで朝廷を動かし、将軍徳川家茂を上洛させて攘夷の決行を幕府にせまり、一八六三（文久三）年六月二五日をもって攘夷決行を約束させた。

一八六三年六月二五日、長州藩の二隻の軍艦は、上海に向かう途中に下関海峡（関門海峡）で停泊中のアメリカ商船ペンブローク号に、突然、砲撃を加えた。ペンブローク号は応戦しつつ、周防灘から豊後水道を抜けて逃れた。

攘夷を決行し気勢を上げた長州藩は、続いて七月八日、長崎に向かって下関海峡を航行中のフランス軍艦キャンシャン号を砲撃した。キャンシャン号は艦尾に砲弾を受けながらも海峡を脱し、翌日、長崎に着いた。さらに、七月一一日には、長崎から横浜に向かう途中のオランダ軍艦メデューサ号にも砲撃を加えた。メデューサ号は全長六〇メートル、大砲八門を備えたオランダ東洋艦隊の主力艦で総領事ディレケ・ド・グラフ・ファン・ポルスブルックも乗船していた。メデューサ号は長崎を出航時にフランス軍艦キャンシャン号が砲撃されたことを聞いていたが、瀬戸内海が安全な航路であったのと、アメリカやフランスと違って、オランダは江戸時代を通じて日本と親交があることから砲撃されることはないと進路を変更せずに下関海峡へと進んだところ、長州側からの思いもよらない攻撃にあった。メデューサ号は、すぐさま反撃したが左舷に砲弾が命中し死傷者も出たので、田野浦から周防灘に逃れた。

長州藩による外国船への砲撃に対し、諸外国も黙ってはいなかった。最初に下関海峡に侵入し報復攻撃を行ったのは、アメリカ軍艦ワイオミング号であった。この時、アメリカは南北戦争の最中で、北軍の軍艦ワイオミング号は、北軍の船を襲って東洋方面に逃れた南軍所属のアラバマ号を追ってアジア海域に侵入し、香港を拠点に探索活動を続けているところだった。そして、駐日アメリカ弁理公使ロバート・H・プリュインから、日本で外国人に対する険悪な状況が生じているので居留地民保護のため横浜に入港するように求められ、横浜に寄港したのである。ワイオミング号に届いたのは、下関海峡でペンブローク号が長州藩に攻撃され沈没したという情報だった。実際には、ペンブローク号は無事上海に到着していたが、ワイオミング号の艦長デヴィッド・ストックトン・マックドゥガルは、北軍政府から帰国命令が出ていたにもかかわらず、長州藩に対する怒りから下関海峡に侵入し、七月一六日に長州藩の軍艦壬戌丸《しんじゆまる》（旧名ランスフィールド号）と長州藩の帆船庚申丸《こうしんまる》を撃沈、癸亥丸《きがいまる》（旧名ランリック号）も攻撃して再起不能に陥れた。しかし、ワイオミング号も長州側の砲弾により被害を受け死傷者も出たため、戦闘を中止し、瀬戸内海を通過して横浜に帰着した（古川薫『幕末長州藩の攘夷戦争』四四～四七頁）。

アメリカに続いて、フランスも報復攻撃に出た。大砲三五門を搭載したフランス東洋艦隊の旗艦セミラミス号と小型艦タンクレード号は、七月二〇日、下関海峡に侵入した。フランス軍は、陸戦隊七〇人と水兵一八〇人を長州藩の砲台が最も多く置かれていた前田（現在の下関市の一部）に上陸させ、村落を襲い民家を焼き尽くした。長州側の砲台はフランス軍によって占拠された。火薬や弾丸は海中に投棄され、大砲には火門に鉄くぎを打って使用不能とし、砲架をこわした後、艦に引き上げた。目的を達したセミラミス号は瀬戸内海から紀淡海峡を通って横浜に帰港、長州側の砲撃でマストを損傷したタンクレード号も修理をした後、横浜に帰港した（『幕末長州藩の攘夷戦争』四八～五二頁）。アメリカとフランスの報復攻撃により長州藩は砲台を破壊され海軍力も失った。

二　四国艦隊下関砲撃事件

長州藩による外国船への砲撃事件の直後、アメリカ、フランス、オランダはただちに幕府に厳重な抗議を申し入れ、長州藩の処罰を要求した。アメリカとフランスが長州側に対して個々に報復攻撃を行ったものの、列強が連合艦隊を組織して報復攻撃を実行するには、さらに一年を待たなければならなかった。長州藩から攻撃を受けていないイギリスが中立的立場をとったからである。開港以来、横浜での生糸取引を中心に対日貿易を順調に発展させてきたイギリスは、列強の中でも優位を誇っており、在留イギリス人の生命と財産の安全がおびやかされない限り、戦争に巻き込まれることは避けるべきであると静観の構えを崩さなかった（『幕末長州藩の攘夷戦争』六八〜六九頁）。

しかし、下関海峡の封鎖が貿易に深刻な影響を与えていることに気付いた時、イギリスは中立的立場ではいられなくなった。横浜、長崎、上海の三港を結んで莫大な利益を上げていたイギリスにとって、下関海峡の封鎖で最も便利な瀬戸内海を航行できなくなることは大きな損失となったからである。長崎貿易は、対日貿易の約二〇％を占めており、兵庫・大阪が開港されていない当時にあっては、長崎は西日本における重要な貿易の窓口だったのである（『幕末長州藩の攘夷戦争』七〇頁）。

イギリスの外交官アーネスト・メイソン・サトウも「回想録」（「日本における一外交官」“A Diplomat in Japan”）の中で、長州への攻撃について次のように記している。

> 外国船は従来長崎に寄港してから、風波の高いチチャコフ岬［訳注――九州南端の佐多岬］を避けて、愉快に楽に瀬戸内海を通って横浜へ回航するのを常としていたが、今や一隻も下関海峡を通ることができなくなったのだ。これでは、ヨーロッパの威信が失墜すると思われた。日本国内の紛争に頓着なく、いかなる妨害を排除しても条約を励行し、通商を続行しようとする当方の決意を日本国民に納得させるには、この好戦的な長州藩を徹底的に屈服させて、その攻撃手段を永久に破壊するほかはない。
>
> （『一外交官の見た明治維新』上、一一六頁）

イギリスが下関襲撃を決意したもう一つの理由は、横浜鎖港《さこう》という幕府の開国政策の微妙な変化にあった。幕府は、安政の五カ国条約で開港場として下田と箱館の他に、神奈川、長崎、新潟、兵庫を条文に挙げたが、このうち、ただちに開港したのは下田、箱館、神奈川、長崎の四港で、新潟は一八六一（文久元）年、兵庫は一八六三（文久三）年に開港する約束をしていた。しかし、その期限が近づくと、幕府は開港を延期したいと各国に申し入れた。その理由としては、輸出による物価騰貴や攘夷運動の高揚、また条約勅許も得られないままに、特に兵庫を開港することの困難に直面したことが挙げられる。しかし、各国はあくまでも条約の履行を迫り、新潟・兵庫の開港と江戸・大阪の開市を要求して譲らなかった。

イギリス公使ラザフォード・オールコックのねらいは、下関海峡の開放だけでなく兵庫開港にあった。兵庫開港は長崎に与える利益はもちろん、大消費地である大阪に直接市場を開拓する拠点となるからである。しかし、兵庫が京都に近いため、攘夷の立場をとる孝明天皇に対してあまりに刺激的で、条約勅許の可能性がますますふさいでいくと考えた幕府は、頑強に拒否し続けた。

オールコックも長州藩が下関海峡を開放し、開国に転向するなら目的は達成できると考えたが、長州藩が攘夷をとなえ外国人追放の考えに固執するならば、アロー戦争で英仏連合軍が北京に進撃したように、断固たる処置をとるという姿勢を示した（『幕末長州藩の攘夷戦争』七四頁）。

幕府は朝廷から攘夷を迫られる一方で、戦争では勝てないという状況の下、奉勅攘夷の方針で武力衝突を回避しようという苦肉の策を採った（保谷徹『幕末日本と対外戦争の危機』四八頁）。

横浜は日本の全貿易量の八割を占めており、特に横浜貿易で生糸の大半を扱っていたイギリスは対日貿易の危機に直面することになる。保谷徹によると、日本が軍備を強化して鎖港要求を行っているとの情報がイギリス本国に伝えられたため、イギリス軍部では日本側が実力行使に出た際の対日戦争を想定し、有事に備えた情報収集をおこなっていたという。また、出先機関（駐日公使と海軍司令）に対して、敵対する砲台破壊を容認する訓令を発令した。オールコックは、この権限を最大限利用して条約諸国を糾合し、突出した攘夷派である長州藩の砲台に対する武力攻撃を組織したのである。保谷徹は、「この軍事行動は鎖港をおこなおうとする幕府自体に対しての軍事的圧力を意図していた」と述べている（『幕末日本と対外戦争の危機』二二三頁）。石井寛治も、オールコックが主導した英仏米蘭四カ国による下関攻撃の原因について、「たんに長州藩の攘夷断行にあったのではなく、むしろ幕府の横浜鎖港政策にあった」と指摘する（石井寛治『開国と維新』一一九頁）。

イギリスが下関攻撃に参加した意図について、古川薫は次のように説明している。


イギリスが下関を襲撃する意図は、単に関門海峡の封鎖を解くというだけのものではなかったのだ。つまり日本のすべての状況――長州藩も、幕府も、朝廷も――が一様に排外的な方向へあゆみつづけていることに、ひどい失望を感じたのである。ここで下関の要塞を徹底的にたたきつぶし、列強の威力をまざまざと見せつけることが、情勢を転換させる最も効果的な方法であるとの結論であった。日本全国の頑迷な攘夷思想を「改宗」させて、開港へみちびくための鉄槌、それが下関襲撃によせるイギリスの最大のねらいだった。いわば軍事行動によるデモンストレーションである。

（『幕末長州藩の攘夷戦争』七四頁）

オールコックの主導で四カ国連合が結成された。連合艦隊は、イギリス（九隻）、フランス（三隻）、オランダ（四隻）、アメリカ（一隻）の計一七隻で、総戦力は砲二九一門、兵員五〇一四人であった。

この時サトウは、オーガスタ・レオポルド・キューパー提督付きの通訳官として旗艦ユーリアラス号に乗り連合艦隊の下関攻撃に参加した。サトウの「回想録」から連合艦隊の動きを追ってみる。

連合艦隊が横浜を出港したのが一八六四（元治元）年八月二八日及び二九日で、九月一日に四国沖を通過し、九月二日の正午すぎ国東半島の姫島沖に投錨した。そこで全艦の集結を待って九月四日午後三時半頃、下関海峡入口に達し、翌五日午後四時過ぎ戦闘が始まった。

われわれは、四時十分［訳注――午後］に戦闘を開始した。バロサ号、ターター号、ジャンピ号、メタレン・クルイス号、レオパード号、デュプレクス号は、漏斗形《じょうごがた》の海峡入口の南岸に沿って進み、田野浦［訳注――豊前、小倉藩領］の前方に停止した。一方、パーシュース号、メズサ号、タンクレード号、コケット号、バウンサー号からなる軽艦隊は北岸［訳注――長州藩側］に沿って進み、アムステルダム号とアーガス号は予備として待機した。ユーリアラス号、セミラミス号、コンカラー号、ターキャング号は、前田村にある砲台の中央群から約二千五百ヤードの間隔をとって、敵の砲台の着弾距離外のところに投錨した。これは、前甲板の百十ポンド、後装式アームストロング砲をもってすれば、充分に弾が敵に達する距離であった。

ユーリアラス号から第一弾が発射された。田野浦側の艦隊全部がこれにならった。串崎岬の砲三門を備えた砲台から打ち出す砲弾が、イギリスの旗艦のかなり近くまで飛来するようになったと思う間に、軽艦隊がこの砲台を沈黙させてしまった。

（『一外交官の見た明治維新』上、一二八～一二九頁）


翌六日朝、サトウはユーリアラス号乗組の小銃隊二〇〇名を指揮するアレキサンダー大佐の部隊と共に前田砲台の東側に上陸した。この時、上陸したのはイギリス、フランス、オランダ合わせて一九〇〇名で、そのうちイギリス兵は一四〇〇名であった（『一外交官の見た明治維新』上、一三〇頁）。迎え撃つ長州藩は、奇兵隊など約二〇〇〇人足らずで、武器として弓矢も多く使われていた。戦闘は連合軍が長州側を圧倒し、八日までに下関の砲台のほとんどが破壊された。連合軍が前田砲台を占拠した様子が、従軍写真家フェリーチェ・ベアトが撮影した写真をもとに、特派員画家チャールズ・ワーグマンによって『イラストレイテッド・ロンドン・ニュース』（一八四二年にイギリスで創刊された週刊絵入り新聞）に描かれている。

九月八日、高杉晋作が家老の養子宍戸刑馬と偽り、長州側代表として連合軍側代表のキューパー提督に和議を伝えた。この時、キューパー提督の通訳をしたのがサトウであり、高杉の通訳をしたのが伊藤俊輔（博文）であった。サトウは、高杉の様子について「日本の使者の態度に次第に現れてきた変化を観察すると、なかなかおもしろい。使者は、艦上に足を踏み入れた時には悪魔のように傲然としていたのだが、だんだん態度がやわらぎ、すべての提案を何の反対もなく承認してしまった。それには大いに伊藤の影響があったようだ」（『一外交官の見た明治維新』上、一四二頁）と記している。

特派員画家ワーグマンが描いた下関砲台占拠の様子（『イラストレイテッド・ロンドン・ニュース』1864年12月24日号）

長州藩と連合国との講和は九月一四日に成立した。停戦協定では、下関海峡通過の外国船舶の優待、石炭・食料の補給や戦費の賠償等の協定も結ばれた。連合国は、外国船への砲撃が、朝廷・幕府の命で行われたことを確認し、幕府に対して通商条約の勅許に努力するよう勧告するとともに、幕府がこれを実行しない場合は直接朝廷と交渉すると声明を出した。連合国は、幕府に対し、外国軍艦の遠征や損害の賠償として三〇〇万ドルの支払いを提示した。ちなみに、三〇〇万ドルがどれほどの貨幣価値を持っていたかについて、古川薫は、「長州藩の軍艦壬戌丸をアメリカの商人ドレイクが三万五千ドルで買ったということから、（中略）五百トン程度の蒸気船なら百隻近く、もっと上等なもので五十隻は買い得るというほどの金額である」（『幕末長州藩の攘夷戦争』一四九頁）と説明している。

一〇月二二日、連合国代表と幕府代表が横浜で下関戦争の賠償金について協議を行った。連合国は、賠償金三〇〇万ドルを三カ月ごとに五〇万ドルずつ六回に分けて支払うことの他に、下関またはその周辺地域の開港に合意するなら賠償金は免除できる可能性についても示唆した。これについて鵜飼政志は「幕府に自由貿易体制を遵守させることを意図したと見ることができる」と記している（鵜飼政志『幕末維新期の外交と貿易』九〇頁）。

三　改税約書と灯台

一八六五（慶応元）年七月、オールコックに代わって駐日公使として来日したハリー・パークスは、着任早々、長州問題、特に賠償金の支払いに関心を示した。三〇〇万ドルもの巨額な賠償金の支払いが幕府の財政を窮地に追いやり、その結果、貿易への課税となって貿易抑圧の状況をまねく懸念があったからである。パークスは、賠償金の減免や支払い猶予を提案したが、幕府は賠償金を支払う選択をする。しかし、賠償金を規定通り支払うことができず、支払いの猶予を懇請することになった（平良聡弘「紀州沖の灯火をもとめて」）。それに対してパークスは各国をリードし、賠償金の三分の二を減免する代償として、条約勅許、兵庫の早期開港、関税率の低減を幕府に要求した（F・V・ディキンズ『パークス伝』四二頁）。

一八六五年一一月一日、パークスは、依然として条約勅許を認めない朝廷に圧力をかけるため、長州再征討の途上、将軍家茂が大阪に滞在している機会をとらえ、イギリス・フランス・オランダからなる九隻の連合艦隊を兵庫沖に派遣した。連合国による軍事的圧力の下、一一月二二日、条約勅許はおりたが、兵庫の早期開港は見送られた。

一一月二五日、パークスはイギリス軍艦プリンセス・ロイヤル号上からイギリス外相ジョン・ラッセルに宛てて次のような報告を送った。

ハリー・パークス

堂々たる艦隊が大坂沖に出現したのは、威圧や脅迫のためではなかったが、少なくとも、条約反対派に対して、条約締結国は、必要とあらばいつでも、条約実施を迫る手段をもっていることを、思い知らせるのに役立つであろう。結果的に断言できることだが、今度の場合に連合艦隊がいなかったら、天皇に対して大君がこれほど陳情する気にならなかったであろうし、大君の陳情がなければ、条約問題について天皇と大君の間に意見の一致もなかったであろうし、条約に伴って必要な外国政策が実施されることもなかったであろう。

（『パークス伝』四六頁）

幕府は、兵庫開港延期の代償として関税の引き下げ要求に応じるほかはなく、一八六六（慶応二）年一月から江戸で四カ国の代表と老中水野忠精《ただきよ》の間で協議が行われ、六月二五日に「改税約書」が調印され、関係各国で調印文書が作成された。「改税約書」には、関税と関係のない貨幣の等価交換、灯台建設、日本人の航海規則などの条項も含まれていたので、当初、幕府も調印を渋ったのだが、「不本意ならば償金支払の延期には応じがたい」とパークスが強硬な態度で迫ったのである（石井孝『明治維新の国際的環境　増訂』四三六〜四三七頁）。

イギリス側の調印文書（「英国議会文書」）の条約末尾の署名欄には、パークスをはじめ各国代表と幕府代表水野和泉守の名前を見ることができる。

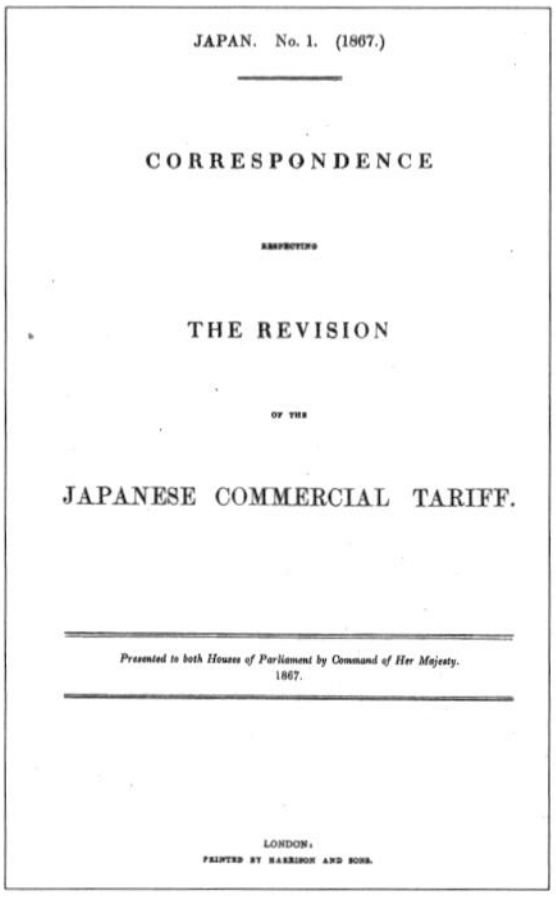
JAPAN. No. 1. (1867.)

CORRESPONDENCE

RESPECTING

THE REVISION

OF THE

JAPANESE COMMERCIAL TARIFF.

Presented to both Houses of Parliament by Command of Her Majesty. 1867.

LONDON:
PRINTED BY HARRISON AND SONS.

「改税約書」表紙（英国議会文書）（青羽古書店提供）

「改税約書」の締結で対日貿易の関税率は、安政五カ国条約で二〇％だった輸入税が清国並みに輸出入ともに一律五％の従量税に改められ、以後、安価な外国商品が日本市場に流入し産業経済の自立は著しく圧迫されることになった。こうして日本は天津条約を結んだ中国と同じく、関税において不利な条件を認めさせられたのである（井上勝生『幕末・維新』一三一〜一三二頁）。

「改税約書」は全一二条からなり、その第一一条に灯台設置の根拠となる航路標識の整備が義務付けられている。

> 第一一条「日本政府ハ、外国交易ノタメ開キタル各港最寄船々ノ出入安全ノタメ灯明台、浮木、瀬印木等ヲ備フベシ」

ARTICLE XI.

The Government of Japan will provide all the ports open to foreign trade with such lights, buoys, or beacons, as may be necessary to render secure the navigation of the approaches to the said ports.

ARTICLE XII.

The Undersigned being of opinion that it is unnecessary that this Convention should be submitted to their respective Governments, for ratification, before it comes into operation, it will take effect on and from the 1st day of July, 1866.

Each of the Contracting Parties having obtained the approval of his Government to this Convention shall make known the same to the others, and the communication in writing of this approval shall take the place of a formal exchange of ratifications.

In witness whereof the above-named Plenipotentiaries have signed the present Convention, and have affixed thereto their seals.

Done at Yeddo in the English, French, Dutch, and Japanese languages, this 25th day of June, 1866.

(L.S.) HARRY S. PARKES, *Her Britannic Majesty's Envoy Extraordinary and Minister Plenipotentiary in Japan.*

(L.S.) LEON ROCHES, *Ministre Plénipotentiaire de Sa Majesté l'Empereur des Français au Japon.*

(L.S.) A. L. C. PORTMAN, *Chargé d'Affaires* ad interim *of the United States in Japan.*

(L.S.) D. DE GRAEFF VAN POLSBROEK, *Politiek Agent en Consul-Generaal der Nederlanden in Japan.*

(L.S.) MIDZUNO IDZUMI NO KAMI.

「改税約書」第11条以下（同右）

輸出入の関税の取り決めに関する条約に航路標識の設置を義務づけた項目があるのは、不思議なことではない。自由貿易を推進し、対日貿易において他国を圧倒していたイギリスにとっては当然の要求であった。自国商品を満載したイギリス船が、無事、横浜に到着するためには、安全な航路の確保が必要だったからである。開国以来、外国船の往来が激しくなるにつれ、日本近海でも外国船の遭難事故が頻発していたことも大きな要因であった。

「改税約書」の締結後、英国海軍の中国・日本方面艦隊司令長官ジョージ・キング中将は、チャールズ・ブロック艦長に灯台建設地の調査を命じた。ブロックは、九州南端の佐多岬、紀州南端の潮岬から横浜への航路に沿って実地調査を行い、一八六六年九月一三日、詳細な測量図を添えて報告書を提出した。

この報告書をもとに、パークスはフランス・アメリカ・オランダの代表と横浜に駐在するイギリス・フランス・アメリカの海軍司令官と協議し、その他、熟練の航海者たちから意見を聴取した後、一一月一七日、一〇カ所に灯台設置を促す書信を幕府閣老に送った。

横浜へ入港する船舶のため、伊豆岬ロック・アイランドと安房ヒラタチ（キング岬）に第一等灯台、江戸湾東側の洲崎岬かワイルド・ヘッドのどちらかに第二等灯台、江戸湾西側の相模岬と観音崎に第二等灯台、横浜港に第三等灯船を設置する。

長崎の伊王島西端に第一等灯台、函館港に第三等灯船を設置する。

これらの灯台に加え、西方から横浜に向かうすべての船舶の航路内にある三カ所の難所のうち、二カ所に第一等灯台の設置が必要である。その場所は、九州最南端の佐多岬、紀州最南端の潮岬と大島、三本嶽（レッド・フィールド・ロック）である。

（海上保安庁灯台部編『日本燈台史』九～一〇頁）

これに対し幕府閣老から一二月七日、次のような回答があった。

灯台の設置場所については正確な実測を行った上でないと決定はできない。しかしその間にも我が方は要求された機器を発注する所存である。灯台の機器三箇所の分については既にフランスへ注文ずみである。それ以外の八箇所の分については装置一式がイギリス政府を通じて入手できるよう貴下の御尽力をお願いする。当方は購入代金の見積りが出来次第発注をする。

（リチャード・ブラントン『お雇い外人の見た近代日本』二〇頁）

パークスの書翰に基づき灯台は、剱埼（相模国）、観音埼（相模国）、野島埼（安房国）、神子元島（伊豆国）、樫野埼（紀伊国）、潮岬（紀伊国）、佐多岬（大隅国）、伊王島（肥前国）の八カ所に、灯船は、横浜本牧と箱館の二カ所に設置が決まった。

灯台の設置場所はイギリスやフランスの海運会社が運行する定期航路と関係があった。駐日アメリカ弁理公使ロバート・B・ファン・ファンケルボーグが北米航路にとって重要な犬吠埼への灯台設置を求めたが、幕府は各国との協議の結果を盾にして追々考慮すると回答し、条約灯台としての追加は認めなかった。

パークスは、イギリスの外務大臣エドワード・ヘンリー・スタンレーに日本政府の要請を通知し、スタンレーはこの件をイギリス商務省に移牒した。商務省と、灯台・航路標識の建設および水先案内の試験などをつかさどるトリニティ・ハウス（一五一四年設立で本部はロンドンにある）との間で慎重に議論した結果、日本の灯台建設に関する事務一切をエディンバラの北部灯台委員会の技師デヴィッド&トマス・スティーブンソン兄弟に委任することに決定した（リチャード・ブラントン「日本の灯台」二〇七頁）。

一八六六年一二月九日、幕府はパークスへ灯台八基分の発注を依頼した。さらに、一八六七（慶応三）年五月二三日、幕府は、パークスに灯台五基分の機材の追加発注を依頼した。追加依頼は兵庫開港に備えたものであり、紀淡海峡の友ヶ島、淡路島北端の江埼、兵庫港口の和田岬、下関海峡の部埼及び六連島の五灯台である。

当時、日本には西洋の近代的灯台を建設する技術力がなかったため、一八六七年六月二〇日、幕府はパークスに灯台築造技術者の派遣斡旋を依頼し、スティーブンソン兄弟が選考に取りかかり続いてパークスから要求のあった機器の製作に着手した。

四　英仏の対日政策と外国船の定期航路

イギリスやフランスをはじめとするヨーロッパ列強は、一七世紀から一八世紀にかけて、植民地の獲得を目指してアジア、アフリカに進出した。イギリスは、一九世紀に入るとインドを支配し、さらにペナン、マラッカ、シンガポールを占領、フランスもカンボジアを保護国とし、コーチシナ（ベトナム南部）全域を植民地としたのである。

一八四二年、イギリスは、アヘン戦争後の南京条約で中国から香港を獲得し、広州や上海など五港を開港させて新たな交易の拠点とした。当時、ヨーロッパでは中国趣味が流行していたこともあって、香港や上海にはヨーロッパやアメリカから茶や陶磁器などの中国製品を求め多くの船が来航していた。また、一九世紀に入って鉄船の普及やスクリューの開発などの技術革新が進み、汽船が登場するとより世界は狭くなった。

一八五九（安政六）年七月一日、横浜は開港された。早々、横浜に乗り込んできたのはアメリカ商船ヴォンダラー号であるが、開港前日の六月三〇日に横浜沖に投錨したため入港手続きは翌日行われた。運上所の台帳には「亜米利加一番船ワントル」として登録された。

オランダ船シキルレル号は開港日当日に入港し、続く七月二日にはイギリス船第一号として蒸気船カール・デリツテ号が入港した。この船にはイギリス系巨大商社デント商会の代理人ジョゼ・ロウレイロが搭乗していた。同船は、この年に上海と横浜間を五往復している。

七月四日にはオランダの二番船プリンセス・シャルロッテ号が入港した。この船にはオランダ副領事ポルスブルックが乗っていた。翌七月五日、オランダ船アタランテ号が入港したが、この船にはデント商会と並ぶイギリス系巨大商社ジャーディン・マセソン商会のウィリアム・ケズヴィックが乗っていた。香港に本拠を置くジャーディン・マセソン商会が横浜に支店を置いた場所が「英一番館」と呼ばれている（斉藤多喜夫『幕末・明治の横浜』二一四～二二二頁）。

ジャーディン・マセソン商会とデント商会は、アヘン戦争時、中国―インド間のアヘン貿易を二分する勢力であっただけでなく、中国―イギリス間の生糸・茶・繊維品取引にも手を広げていた。日英修好通商条約が結ばれると、一八五九年一月、上海から長崎に赴き、試験的な商取引を行っており、生糸や金貨の取引が有力であることを知った上で、七月開港の横浜へと向かったのである（石井寛治・関口尚志編『世界市場と幕末開港』二四六～二四七頁）。

一八五九年、イギリスのP＆O汽船会社（Peninsular & Oriental Steam Navigation Co.）は上海―長崎間定期航路を開設し、さらに一八六四年には上海―横浜間定期航路も開設した。フランス帝国郵船（Messageries Imperiales、第二帝政期に帝国郵船と改称、一八七〇年の共和制より郵船会社とさらに改称）も、一八六五年、上海―横浜間定期航路を開設してイギリスに対抗することになる。さらに少し遅れて一八六七年、アメリカの太平洋郵船会社（Pacific Mail Steamship Co.）もサンフランシスコ―横浜―香港を結ぶ定期航路を開設した。

外国との取り決めによって洋式灯台の建設が決まったものの、当時の日本には西洋の近代建築を施工する技術力はなかったため、外国に頼らざるを得なかった。幕府は灯台建設の発注をまずはフランスに、続いてイギリスに依頼する。

フランス駐日公使ミシェル・ジュール・マリー・レオン・ロッシュは、対日政策の重点を幕府の援助に置いたが、これは幕府を通じてフランスの主要輸出品である生糸を手に入れるという外務大臣ドルーアン・ド・リュイスの外交方針に沿ってのことであった。ロッシュは、軍事力の強化を目論む幕府の要望に応じて横須賀製鉄所の建設に助力し、一八六五（慶応元）年、幕府は製鉄所の工事を全てフランスに委譲する契約を結んだ。この時、先述したように横須賀製鉄所に入港する船のための灯台機器三基分もフランスに発注したが、灯器が届いた時、すでに幕府が崩壊していたため、明治政府によって緊急を要する江戸湾の三灯台（観音埼・野島埼・品川）に振り向けられ、さらに城ヶ島灯台用の機器を輸入し、灯台技師ルイ・フェリックス・フロランが灯台建設の任についた。

フランスの対日政策の代表がロッシュであったのに対し、イギリスの対日政策の中心となったのが先に紹介したハリー・パークスである。一八六五年、オールコックの後任として来日したパークスは、対日貿易の推進と在日居留民の保護にあたるなど、幕末から明治初期にかけてイギリスの対日政策を担った。

一九世紀半ばのイギリスは、パーマストンの下、大英帝国の威信と力を誇示し、国内の通商業者や製造業者のための新たな市場を求め積極的に対外進出をおこなっていた。その手段は、自由貿易主義を掲げながら、他方、帝国主義的野心を秘めつつ軍事力を背景とする「砲艦外交」であり（皆村武一『「ザ・タイムズ」に見る幕末維新』九一〜九二頁）、生麦事件に対する報復としての薩英戦争（一八六三年）や四国連合艦隊の下関砲撃（一八六四年）、英・仏・蘭連合艦隊の兵庫沖派遣（一八六五年）は、砲艦外交の典型であった。

パークスが灯台事業を「私の創造した子ども」（『パークス伝』一五五頁）と呼び、ブラントンを支援し灯台建設に情熱を注いだのも、対日貿易で来航するイギリス船舶の安全確保のためであった。

3　ブラントンの来日

一　ブラントンの生い立ちと来日まで

リチャード・ヘンリー・ブラントンは、一八四一年一二月二六日、スコットランド北東部アバディーン近郊のマカルズで、英海軍退役の沿岸警備隊長リチャード・ブラントンとエディンバラ出身のマーガレット・テルファーの長男として生まれた。

ブラントンの曽祖父ジョン・ブラントンはイングランド東部ノーウィッチの石鹼商の子として生まれ、俳優を志し、後にノーウィッチ劇場の支配人となった。その息子のジョン・ブラントン・ジュニア、すなわちブラントンの祖父も、父と同じく俳優を志し、一七九五年、ノーウィッチで初舞台を踏んだ後、ブライトンやバーミンガム、リンなどで劇場を経営している（横浜開港資料館編『R・H・ブラントン――日本の灯台と横浜のまちづくりの父』四二頁）。

このように、そのルーツをイングランドにもつブラントンがスコットランドで生まれたのは、父リチャードの任地がスコットランドであったからである。

ブラントンは私立学校で学んだ後、一八五六年、アバディーンのＰ・Ｄ・ブラウンの徒弟となり土木技師見習いとして第一歩を踏み出した。一八五八年からはジョン・ウィレットの助手としてハイランド鉄道のさまざまな工事現場で働いたほか、ディー川の流量測定やアバディーン旧市街の下水道工事などにも携った。一八六三年にはジョン＆アラン・グレンジャーのもとでロス・シェアー線鉄道工事に従事した。一八六四年、ブラントンはロンドンに出てガルブレイス＆トルメ事務所に在籍し、ロンドン＆サウスウエスタン鉄道工事に関係するが、さらにヘンリー・ボールデンの主任助手となってイギリス有数の広大な鉄道網をもつミッドランド鉄道やその他の鉄道工事で経験を重ねた（『Ｒ・Ｈ・ブラントン』四四頁）。

若き日のブラントン（1868年頃）

このようにブラントンは、何人かの土木技師の見習いや助手として鉄道工事の経験を積み、橋梁、電信、河川、下水道、築港など土木工事の領域において一通りの経験を積んでいった。当時のイギリスでは、技師になろうとすれば、ブラントンのように見習いや助手として仕事を通じて知識や技術を身につけるのが常だった。
なぜ、ブラントンが鉄道技師を目指したのかについては、はっきりしたことはわからない。ただ、ブラントンの少年時代のイギリスでは鉄工業の発展を基盤に鉄道ブームが起こり、イギリス全土に鉄道が建設されていった。ブラントンが鉄道技師にあこがれたのも、鉄道が当時の花形産業だったからに違いない。しかし、彼が成人した一八六〇年代は、イギリス国内の鉄道網もおよそ完成し、技術者は新たに鉄道建設を必要としている海外に職を求めざるをえない時代であった。イギリスの海外への鉄道投資は、国内の鉄道建設ブームが終焉した後も技術者たちに海外で仕事をする機会を与えた。有能な技師たちは活躍の場を海外に移し、ヨーロッパ大陸やオーストラリア、インドといった新しい職場を求めて移っていったのである。

ではどうして、鉄道技師だったブラントンが灯台技師として来日することになったのか。このあたりの事情は、ブラントン自身が手記に記している。その中に、イギリス商務省が、灯台建設のために日本に派遣する技師の選定をしていたスティーブンソン兄弟に送った書簡がある。

「――灯台業務に熟練した技師は数多くいないことは承知している。もし貴下が灯台技師を得ることができなければ、商務省としては、現に従事している職務について広い知識を有し、活動的で、かつ知的な技師であれば、貴下の指導のもとに灯台業務に必要な知識を短期間に習得することができると思量する。そのような人物が選定できれば、当人及びその助手を出来るだけ早く日本に赴任させて灯台設置の予定地を訪れ灯台等建造物の設計を行わせ、貴下が各灯台に適した機器の設計ができるよう必要な設計図その他の資料を本国に送らせればよい。なお熟練した灯台保守要員一両名が技師に同行することも必要であると思う」
（『お雇い外人の見た近代日本』二七頁）

スティーブンソン兄弟は、日本政府のお雇い灯台技師職の求人広告を出したが、これには灯台建設経験のある技術者は一人も応募してこなかった（オリーヴ・チェックランド『日本の近代化とスコットランド』一〇五頁）。ブラントンは、最初、インド政庁が募集した灌漑工事の技師募集に応募し、一応候補者に選ばれたが、比較的年齢が若く経験が少ないという理由で結局採用されなかった。その数週間後に、この求人を知って申し込み、スティーブンソン兄弟の選考に合格し、日本に派遣されたのである（『お雇い外人の見た近代日本』二六六頁）。そして、次節で詳述するように、ここにはスコットランド出身で、日本で商人として活躍したトマス・グラバーが関わっているのかもしれない。

一八六八年二月二四日付けで日本政府から採用通知を受け取ったブラントンは、二名の助手アチボルト・ウッドワード・ブランデルとコリン・アレクサンダー・マクヴィンを伴って約二カ月間、スティーブンソン兄弟のもとで学んだ後、スコットランド東海岸のセント・アブズ・ヘッド灯台やガードルネス灯台にしばらく滞在して灯台における日常業務を学び、勤務中の灯台守の仕事を見学するなどして研修をつんでから、六月一三日、サウサンプトンを出航し日本への途についた（オリーヴ・チェックランド『明治日本とイギリス』五九頁）。

ブラントンに同行するのは妻エリザベス、一歳になったばかりの娘メアリー、エリザベスの姉マリア、助手のブランデルとマクヴィンであった。彼らを乗せたイギリス汽船アデン号は、約二カ月の航海の後、八月八日、横浜に着いた。

江戸はまだ東京とは改名されておらず、新政府への反抗は東北地方において勢力を保ち続け、未だ鎮圧されない状態にあった。また、日本各地で外国人襲撃事件も頻発していた。ブラントン来日の半年ほど前の一八六八年一月、神戸居留地の近くで岡山藩兵と外国兵とが衝突し、岡山藩兵が威嚇発砲したのに対し、外国軍隊が一時居留地を占領するという神戸事件も起きた。また、二月には、土佐藩士がフランス水兵を殺傷するという堺事件も起きていた。ブラントンが赴任した日本は、徳川幕府が崩壊し、明治新政府が樹立されて間もない頃であり、政治的にも経済的にも大きな混乱の中にあった。

二　ブラントンとグラバー

ブラントンの来日について、徳力真太郎は「日本政府が求めている灯台建設の土木技師団の人選中であることを知って、彼は主任技師として申し込んだ」、「幸いにも、ブラントンはスティーブンソン兄弟の選考をパスし、日本政府雇いの灯台技師として採用された」と記している（「あとがき」『お雇い外人の見た近代日本』二六六頁）。しかし、当時ロンドンで鉄道技師の助手だったブラントンが、どのようにして「日本政府が灯台技師の募集をしている」との情報を知り得たのだろうか。

ここで、近代日本に大きな足跡を残した、スコットランド出身の貿易商トマス・ブレイク・グラバーに注目したい。その父、トマス・ベリー・グラバーは一八〇五年にイングランドで生まれた。一八二八年、アバディーンシャー北部のバンフにあるサンドエンド沿岸警備隊の一等航海士に任命され、そこで七年間勤務した後、一八三五年、同じアバディーンシャーのフレイザーバラ（アバディーンから六〇キロほど北）に転任した。その三年後、一八三八年にトマス・ブレイク・グラバーが生まれた。ブラントンの生まれる三年ほど前である。グラバーの父もブラントンの父も、同じく沿岸警備隊長を務めていた。

当時、フレイザーバラは人口約三〇〇〇人のニシン漁で賑わう漁港であったが、材木などの商品を取引するためプロイセンやバルト諸国、ロシアの船が往航する交易の港でもあった。キナード岬には、一七八七年、北部灯台委員会によってスコットランドで最古の灯台が造られ、一八二四年にはロバート・スティーブンソンによってフレネルレンズが設置された。幼少期のグラバーもスティーブンソン家の科学技術の成果である灯台の光を目にしていたに違いない。

トマス・ブレイク・グラバー

グラバーは、一八五七、五八年頃に上海に渡り、ジャディーン・マセソン社に入社した。そして一八五九年九月に長崎に渡り、その二年後にグラバー商会を設立した。

グラバー商会が造船業に進出して最初に手がけた近代的な帆船サツマ号の建造主は長兄チャールズで、二人目の兄ウィリアムが船長を務めた。サツマ号は日本に曳航される途中、日本海で暴風雨に遭い沈没してしまったが、他にもグラバーが発注した船の多くはアバディーンの造船会社ホール・ラッセル社で建造され、その大半がチャールズが経営するアバディーンのグラバー・ブラザーズ社によって仲介斡旋された（杉山伸也『明治維新とイギリス商人』九三頁）。「グラバーには船舶の分野で強力なつてがあった」ということだ（アレキサンダー・マッケイ『トーマス・グラバー伝』五一頁）。

マイケル・ガーデナは、「グラバーは人と人との大きなつなぎ役を果たした」と指摘するが（マイケル・ガーデナ『トマス・グラバーの生涯』一八四頁）、パークスと薩摩藩をつないだのはグラバーだった。グラバーは一八六六（慶応二）年七月のパークスの鹿児島訪問のお膳立てをし、同行もした。

その前月の六月に締結された「改税約書」を受けて、幕府はパークスを通じてイギリス政府に灯台建設のための技術者派遣の斡旋を要請し、この件はエディンバラのスティーブンソン兄弟に依頼された。スティーブンソン兄弟は、早速求人広告を出したが、灯台建設に経験のある技術者は一人も応募してこなかったことは前節でも述べた。

スティーブンソン兄弟はスコットランド全域から優秀な土木技術者の情報を求めていたに違いない。グラバーが一〇年ぶりにアバディーンに帰郷したのは、ちょうどこの時期で、一八六七年七月から一一月の半年近くをイギリスで過ごした。まさにスティーブンソン兄弟が日本に派遣する灯台技師を募集、選考していた時期にあたる。対日貿易発展のため、一日でも早い灯台建設を望むパークスにとって、灯台技師の選考は大なる関心事であった。確証はないものの、グラバーがパークスの「大いなる協力者」であるという両者の関係性から考えて（A・B・ミットフォード『英国外交官の見た幕末維新』二一〇頁）、帰郷するグラバーに対し、パークスから灯台技師の斡旋について何らかの依頼があった可能性は否定できない。

マッケイは、「金儲けに直結する軍需を商っていた一貿易商人」であったグラバーが「日本を将来的に工業国であり海運国とみなす、ビジョンをもった一起業家に転身した」と説明している（『トーマス・グラバー伝』一三八頁）。

ブラントンが日本に派遣されるに至った経緯について、ガーデナは、「英外務省とスティーブンソン家の仲介でブラントンが採用されるにあたっては、非公式ではあるが、グラバーからの推薦もあったために、何らかの見返りを求められたらしいが、ブラントンは自らの回想録の中で、高島炭鉱の石炭の質をしきりと宣伝している」と述べている（『トマス・グラバーの生涯』一八一頁）。高島炭鉱はグラバーが佐賀藩との共同出資で採掘をしており、確かにブラントンは長崎を訪ねた際に高島炭鉱を訪れ、「そこは毎日三百人の労働者を雇い、近代的巻揚機《まきあげき》やポンプの設備があり、毎日約二〇〇トンの良質の瀝青炭《れきせいたん》を産出する」と記している（『お雇い外人の見た近代日本』四五頁）。

来日前、すなわち青年時代のブラントンとグラバーに直接的な出会い、交流があったかどうかは定かではない。しかし、ブラントン一家、グラバー一家、スティーブンソン一家は、スコットランド東海岸の密貿易の取り締まり、海難救助、灯台建設といった啓蒙的な海運技術の組織網の一部として繋がっており（『トマス・グラバーの生涯』一八〇頁）、しかも父親が共にスコットランド北東部の沿岸警備隊長だったことなど「グラバー・コネクション」を通じて、グラバーは、「ブラントンが日本の灯台建設を任せられるくらい優秀な土木技師である」との情報をつかんでいたのではないだろうか。そして、グラバーは、ブラントンをスティーブンソン兄弟に推薦したが、グラバーの背後にはパークスやグラバー一族の存在があったのではないか。

ガーデナは、ブラントンを「アバディーンシャーの技術者で、のちにロバート・ルイス・スティーヴンソン一家に雇われ、グラバーの見えざる手によって軽く押されて、日本の灯台システムを立て直した人物」（『トマス・グラバーの生涯』四二頁）と記している。「グラバーの見えざる手」とは、スコットランド人コネクションの中での「紹介・推薦・後押し」を意味するのではなかろうか。

三　灯台建設予定地の視察

ブラントンは、来日早々、パークスを訪ね着任の挨拶をした。パークスはブラントンを温かく迎え入れ、日本での彼の仕事の支援を約束した。パークスは、早速、イギリス海軍へンリー・ケッペル提督に対して、ブラントンが必要とする時にイギリス海軍の艦船を提供してくれるよう、依頼の労をとってくれた。

ブラントンの最初の仕事は、条約で決まった灯台建設予定地の視察であった。海面上の高さの測量や、各箇所で利用できる建築用資材や労働力など、灯台建設に関わる様々な情報を集める必要がある。陸上交通が未発達な時代にあっては、灯台建設予定地の視察は海路で行くしか方法はない。パークスに相談すると、ジョンソン艦長が指揮する英艦船マニラ号の使用を許可された。

一八六八年一一月二一日、ブラントンは、灯台建設予定地の視察のため助手のブランデルを連れて横浜を出港した。この航海には、元幕府の閣老で「改税約書」の調印にも関わった水野忠精が日本側の代表として同行した。彼には三人の従者と一八人から二〇人の日本人が随行していた。

この航海では、外国人と日本人が夕食を同席することになった。

この航海において、日本の紳士たちはヨーロッパ式の食卓につくのが始めてであったから、彼らの反応はかなり我われの興味をそそった。薬味入れのガラスの小瓶やナイフやフォークに皿などを見た彼らの珍しがりようは大変に滑稽であった。食卓用具のそれぞれの使用目的について全く知識がなかったから、どれもこれもまともに扱えなかった。ケチャップや食用酢をなめてみて顔をしかめ、胡椒のふりかけ瓶を嗅いだときは大変なことになった。牛肉や羊肉は訝しそうに見詰めた。はじめ二、三回の会食の席ではヨーロッパ人たちはおかしさに吹き出すのを押さえることができなかった。それがどんなに口にあわない食物でも威厳を崩さず、静かにすました顔でもぐもぐと味わうので、なおさらおかしさを誘うのだった。馬鈴薯その他の野菜はかなり好む様子であった。

（『お雇い外人の見た近代日本』三五頁）

しかし、二、三日も経つと、日本人は育ちの良いヨーロッパ人並みにナイフとフォークを使い分け、薬味も間違った使い方をしなくなった。当初、日本人の仕草を滑稽なものと訝しく見ていた外国人も、日本人の適応能力の高さに驚いたのである。

マニラ号は、出航から四、五日後、伊豆の下田に着いた。水野はひどい船酔いに悩まされており、これ以上の航海を続けることはできないと言って船を降り、さっさと東京に帰ってしまった。しかし、その後、ブラントンは、水野の船酔いは口実だったことを知る。ブラントンは「東京の政府はこの調査航海を非常に重視していると見せかけるため、高官を私の随員として任命したが、政府にとっては彼が執っている重要な職務を長期にわたって空けておくには彼はあまりにも勢力があり、かつ有用な人材であったのである。そのため彼は数日間航海を共にした後に引返すよう予め決めてあったのである」と、不快感を露わにしている。ただ、水野が船を降りたことで、ブラントンの負担が軽くなったことも事実だった（『お雇い外人の見た近代日本』三七頁）。

マニラ号は、その後、紀伊半島南端の大島に立ち寄った。ブラントンが調査航海に旅立つ前の一八六八年一〇月には、薩摩、土州、紀州に対し、次のような太政官通達が出されていた。

このたび海岸要所へ、灯明台築造仰付けられ候に付き、地所相撰ぶべきため、英国器械匠一人、長谷川三郎兵衛同伴、火船にてその地へ見分に差立てられ候に付き、着船の上は万端不都合これなきよう取計うべき事。
ただし不日横浜出帆にて、大坂着船の上、直ちに発向相成り候事。

（『太政官日誌』第九五、明治元年九月）

大島には、先遣隊として会計局権判事長谷川三郎兵衛以下数人が訪れたことが、「古座町役場所蔵文書（大庄屋許）」に記されている。長谷川には一汁五菜、彼の部下には一汁三菜を出すように、また、できるだけきれいな所を宿にするようにと細かい指示が出されていた。明治政府が発した通達は、紀伊半島南端の大島にも周知徹底されていたのである。

ブラントンも、「東京の帝の政府は、地方の役人に対して我われにあらゆる援助を提供するよう訓令してあると聞かされてきたが、事実、彼らが私の要望に応えてたゆみなく努力を傾けてくれるのにはひどく感激した」と記している（『お雇い外人の見た近代日本』三八頁）。

ブラントンらイギリス側への気遣いは「大名」といえども同じであった。

大名、すなわちこの地方の領主は、我われに対する贈物として大量の甘藷や数羽の鶏を艦まで届けてくれた。これらの贈物は喜んで受取ったが、陸岸で荷物の運搬に使役されている数頭の黒い牡牛を見て、食用に一頭を買う交渉をした。値段のことは、すぐに双方で満足する額が決まった。しかし仏教徒である島民は本能的に、牛を買いたいと申し込んだ我われの目的は神聖なものであると思い込んでいたが、後になって我われの本意を知ると断固として商売を拒否した。彼らが言うには、牛が自然死するまで待つのであれば売ってもよいが屠殺するなら売らない、というのであった。彼らの良心の呵責は、値段を上げることを申し込んだ結果、幾分やらいだ。残りの良心は、これは断っておかねばならないが、罪のないごまかしを使うとすっかり解消した。

（『お雇い外人の見た近代日本』三八頁）

明治初年の大島の様子である。島民にしてみれば、食用で牛を買いたいという外国人の存在は、大きなカルチャーショックだったに違いない。

マニラ号は紀伊水道を北上し、神戸に着いた。この時、ブラントンの灯台建設予定地の調査航海に同行するため、政府高官が京都からやってきた。ブラントンの上司になった高官については、「6　ブラントンと日本人上司」で詳述する。

神戸を出発したマニラ号は、瀬戸内海を西に進み、灯台建設予定地の調査を行いながら塩飽諸島の広島に着いたが、この時、マニラ号の乗組員で、士官候補生である一九歳の青年が錨泊中に急死した。遺体は美しい湾の岸辺に埋葬されることになり、式が行われた。艦の全乗組員が参加したが、少し距離を置いて立っていた日本人たちは、式の間中、黙礼をしていたという。式が終わると日本人の高官が墓前で短い弔辞を述べ、日本では死者に花を贈る習慣があるが、ここには花がないから代わりに墓石を建てて、この墓地がこの地方の役所によって丁重に守られるよう東京の政府に命令を発すると説明した。

ブラントンは、「葬式の直後、数人の老人が手に手に灌木の小枝を捧げて墓に近づき、恭しく墓前に置く姿は、見ていて大変に美しい光景であった」と手記に記し、この広島での出来事を「日本人の性質の非常に快い称賛に値する側面」と讃えている（『お雇い外人の見た近代日本』四一～四二頁）。この時亡くなった士官候補生はフランク・トーベイ・レキといい、彼の墓は香川県丸亀市広島町江の浦にあり、今も島の人々によって大切に守られている（「英国士官レキその生涯」『朝日新聞』香川県版、二〇一八年八月三日朝刊）。

この後、マニラ号は瀬戸内海を西進して下関を通過し、一二月二四日、長崎に着いた。長崎では長崎県判事井上馨に会った。次に、伊王島の灯台建設予定地やグラバー商会が所有する高島の採炭作業所などを視察した後、九州最南端の佐多岬に向かうが、海上が荒れていたため灯台建設予定地の岩山には上陸できず、やむなく帰航することとし、一八六九年一月五日、横浜に帰着した（『お雇い外人の見た近代日本』四三～四七頁）。

四　鹿児島での晩餐会

ブラントンが来日した明治初めには、外国人と日本人が風俗習慣をはじめ様々な場面で互いにカルチャーショックを感じていた。その中でも、特に食事については溝が大きかった。

一八六九年七月、新たに灯台業務専用に購入したイギリス汽船サンライス号（灯明丸）で、ブラントンは妻エリザベスと井上馨を伴い、鹿児島を訪問した。ブラントン一行は島津久光から晩餐に招待されたが、役人は、「遺憾なことに殿様はワインをお持ちにならないから船からいくらか持参して戴ければ幸いである」と言うので、イギリス側はシャンペン六瓶とシェリー酒六瓶を晩餐会への贈り物とした。なお、島津久光は出席せず、代理として重臣がブラントンらをもてなした。

晩餐会は紡績工場の中の大きな部屋で行われ、長いテーブルには二〇人分くらいの食器類が並べられていた。晩餐会の料理について、ブラントンは「フランス風の料理に日本流の味付けがしてあった」と記しているが、ブラントンを驚かせたのは薩摩側の食事の出し方であった。それは、スープからデザートの菓子までのフルコースが供され、食事が済んだと思ったら、再びスープが運ばれ、次いで前と同じ順序で他の料理のコースが続くというものだった。二度目の食事が終わったとき、ブラントンは更に次の食事を出すつもりでいることに気づいたので、井上にその必要のないことを耳うちした。井上から薩摩の役人にそれが伝えられ、ようやく晩餐会が終了したのである（『お雇い外人の見た近代日本』五四〜五五頁）。

ブラントンは、この晩餐会について「薩摩人はヨーロッパ人の居留地から遠隔の地にいるので、ヨーロッパの風習に染まる機会を持つことがなかった。（中略）島津藩の料理方の誰かが、上海あるいは支那の何処かの開港場でヨーロッパ風の料理法及び食事の作法を習って帰国後、これを他の者に伝授したのではなかろうか。しかし、私は彼らがどんな方法で料理法を体得したか正確なことは知らない」と述べ、「日本人が新しい物を取入れることを好む性質の例証を更に一つ加えたものであった」と評している（『お雇い外人の見た近代日本』五五頁）。

この時、ブラントンらに出された料理とは、いったいどのようなものだったのか。ブラントンの鹿児島訪問の三年前の一八六六（慶応二）年七月二八日、パークスが鹿児島を訪問した際、薩摩藩主の別邸である磯の御殿で催された宴会のメニューが残っている。パークスの随員であった横浜守備隊の士官R・M・ジェフソンとE・P・エルマーストの記録によれば、饗応の席で出されたコースメニューは四〇品にのぼる。

まずは「にがい緑茶（搔きまわして泡立てられたもの）」が出、楽隊入場に合わせて煙草と砂糖菓子が配られる。この楽隊は早々に退場していったようで「楽隊退場、客一同ほっとする」という付記が残されている。熱燗の酒とともに本格的な宴席が始まるが、ここから魚介や肉類を中心に、野菜、豆、スープ、卵、きのこ、果物など数十種類のとても食べ切れない料理が次々と供されたようだ。後半にも菓子と緑茶が繰り返され、最後は「濃いスープと非常に小さな干し魚、熱燗の強い酒」で終わっている（ヒュー・コータッツィ『維新の港の英人たち』四〇二〜四〇四頁）。たくさんの料理が次から次へと運ばれたことに、イギリス人たちは驚きを隠せなかった。この時の宴会も延々と続き、パークスの懇願によってようやく終了したという。

この時、パークスに同行して宴会に出席したイギリス人医師ウィリアム・ウィリスは、「魚料理や、なみなみとつがれた水っぽい酒が出され、吐き気を催させるように長い宴会がひらかれたのです。

魚だの、海草だの、きのこだの、なまこだのの料理が四十四皿も出る宴会を考えてごらんなさい。それが日本のご馳走なのです」と報告している（ヒュー・コータッツィ『ある英人医師の幕末維新』一三〇頁）。

アーネスト・サトウのように日本各地を旅行し、日本の指導者と交わってもいれば、日本食はさほど苦にはならず、むしろ時には楽しみでさえあったかもしれないが、初めて日本食を食べる外国人にとっては必ずしも好みに合うとは言えなかっただろう。

ブラントンも言うように、鹿児島は横浜や神戸から遠く離れていたが、長崎に近く西洋文化と接する機会もあった。晩餐会の催された紡績工場では、長崎のグラバー商会を経て輸入されたイギリスのオルダム製の機械が使用されていたし、晩餐会の食器は、スタフォード（イングランド中部の州）産の陶磁器やシェフィールド（イングランド北部の州）産の刃物であった（『お雇い外人の見た近代日本』五四頁）。薩摩藩とイギリスは、一八六二（文久二）年の生麦事件をきっかけに薩英戦争にまで発展したが、その後、薩摩はイギリスに接近し武器の購入や留学生を派遣するなど密接な関係をもっていた。イギリスもまた幕末維新の動乱期には薩摩藩を援助して外交をすすめ、イギリス帰りの薩摩藩出身者が多い明治政府に対して強力な発言権をもつようになった。

4 ブラントンの灯台建設

一 地震対策

日本で灯台を建設するにあたって、ブラントンが最も苦心したのは地震対策であった。

日本が地震大国であることは、当時、イギリスでも知られていた。イギリス海軍のバロック艦長は頻繁に起きる火山性の衝撃について、「この対策には高度な技術が要求されるであろう」と注意を呼びかけ、フランスの海軍士官は、「地震は日本で頻繁に起こるから石造の建築はやめるべきである」と意見を述べた。こうした情報はイギリス商務省を通じてスティーブンソン社に伝えられており、イギリスの灯台管理機関であるトリニティ・ハウスも、日本に頻発する火山性の衝撃が灯台建設に最も困難な問題となると報告している（「『日本の灯台』に対する論評（抜粋）」二五〇頁）。

このように各方面からの指摘を受け、スティーブンソン兄弟も地震対策について熟考を重ね、地震が生じたとき灯台の灯火が消えることがないよう手段を講ずる必要があると考えた。この装置についてデヴィッド・スティーブンソンは次のように述べているという。

建造物が立っている土地に急激な水平運動が起これば、それは建造物の基礎部に伝わり、ついで建物が構築されている強固で撓《たわ》まない建材を通じて震動は頂上にまで伝わる。震動の強さは、震動の基部から上部にゆくに従って強くなり、最頂部では震度は最大となる。地震のこの運動を十分に考察するならば、この衝撃を緩和するためには建物を構成する剛体の連続を断ち切ることである、と私は考える。

（リチャード・ブラントン「日本の灯台」二一六頁）

スティーブンソン兄弟が提唱するのは、「上、下の台に取り付けた同型の青銅製の椀《カップ》（複数）の中で同じく青銅製のボールが転がるようにした装置で、下方の椀は基部の梁の上に固定し、上方の椀は上部構造の底の梁に固定する」という方法である。この方法によると上部構造は下部構造の上で自由に運動することになる。ブラントンは、スティーブンソン社が考案した装置を実際に使ってみたが、「頂部の構造物が下部構造物の上で自由に動くことは、地震以外のときに非常な不便を招くことになる」ために好適ではないという判断をくだした（「日本の灯台」二一六〜二一七頁）。

ブラントンは、地震には二重の衝撃があると考えた。第一の動きは、なぎ倒そうとする力によるものであり、第二の動きは、それを元に戻そうと働く力によるものである。したがって、もし構築物が十分な反発力を持った構造であるなら、地震による最初の揺れと、それに次ぐ揺り戻しの震動によっても、構造物が平衡を保てる限界を超えない限り、建物は倒壊しないというのである。

ブラントンの耐震建築法は、「灯台を重量物の堅固な構造にすることによって、慣性を増加し、地震による震動を軽減する」というものであった。この方法はブラントンが独自に考案したものではなく、世界的に著名な地震観測者として知られるイタリアのルイジ・パルミエリが「建物に亀裂が生じない限り、全壊するということはほとんどあり得ない」と主張したのをブラントンが参考にしたのである（『日本の灯台』二一八頁）。

灯台のレンズについては、スティーブンソン兄弟は、できるだけ地震によって壊れにくい金属製の反射鏡を採用することを考えた。反射鏡は耐震結合の上のテーブル（床）に固定した枠に取り付けられ、反射鏡の数は灯台の等級に応じる。この方法によれば、灯火装置の一部が破壊したとき、予備の反射鏡やランプを備えておけば復旧できるという利点があった。

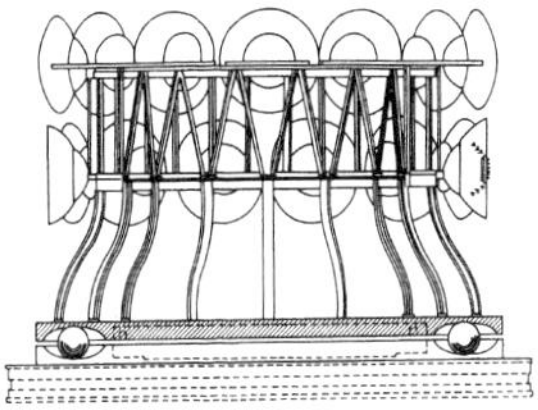

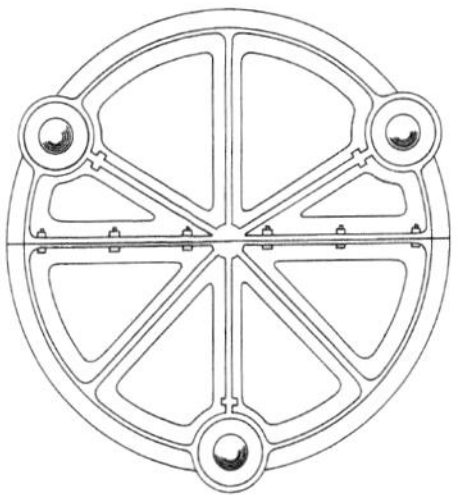

スティーブンソン兄弟設計の耐震結合の装置（「『日本の灯台』に対する論評（抜粋）」）

上：斜線で示された台の上に反射器が載っている。上下の台に設けられた椀型の中でボールが転がるようになっている。

下：断面図。調整に便利なように、ボールは台の円を三等分したところに設けてある。

しかし、ブラントンは、灯台の光学装置が破壊されるほどの地震（一世紀に一度以上は起こらないとブラントンは考えた）ならば、装置を内蔵している灯台の塔にも破壊的な影響を及ぼすだろうし、そうなれば「正規の灯光は必然的に消滅して塔と灯火装置が復旧するまでには、どんな手段を講じても相当な期間を要する」と考えた。このような理由から、ブラントンは灯台の灯火装置に特別の地震対策を採用することは不要であると判断した。壊れやすいという理由で排除された屈折レンズの灯器の方が、反射器付の灯器より利点が多く、こちらを日本で使用すべきものとして推奨し、光線屈折の装置は改良形のフレネルレンズを用いたという。また、灯室もヨーロッパと同一の規格のものにすべきことを推奨したと記している（「日本の灯台」二三一頁）。

日本の灯台建設にあたり、ブラントンにはスティーブンソン兄弟から仕様書が図面やメモとともに渡されていたが、独自の判断で創意工夫しており、土木技術者として優れていたことが窺える（阿瀬真由香・藤岡洋保「D．&T．スティーブンソンの仕様書とR．H．ブラントンが建設した灯台」）。

二　建設資材

ブラントンの灯台は石造が最も多く一一基で、続いて木造九基（灯船二基を含む）、煉瓦造四基、鉄造四基である。ブラントンは、「所々の灯台の建設材料は、その土地土地で最も適していると思った石や煉瓦や木材や鉄を使用した」と記しているように、灯台建設予定地を視察した際には、地元の石材や木材を探し求めた（「日本の灯台」二一九頁）。

石造灯台

石材の中でも大部分は良質の花崗岩であったが、ときには灰色の固い火成粘土岩も使われた。花崗岩はブラントンの故郷アバディーンの建築物にも多く使われており、馴染みある石材だったにちがいない。ブラントンが造った石造灯台は、樫野埼灯台、神子元島灯台、剱埼灯台、江埼灯台、六連島灯台、部埼灯台、友ヶ島灯台、鍋島灯台、釣島灯台、角島灯台、金華山灯台がある。江埼灯台には家島産の花崗岩、釣島灯台と六連島灯台、角島灯台には徳山産の花崗岩が使われた。

石はすべて一定の形に切り揃え、規則正しく積み重ねた切石積みという工法で積まれた。石造灯台の基礎部には半円形の倉庫が造られた。内部は二つに区画され、一方は燃料油の貯蔵所として、もう一方は資材置場として使われた。灯台保守員の住居も石造か煉瓦造で、内部には六ないし八つの部屋があり、調理場と便所はそれぞれ別々の建物になっていた（「日本の灯台」二一九〜二二一頁）。

煉瓦造灯台

ブラントンが造った煉瓦造灯台は、菅島灯台、御前埼灯台、犬吠埼灯台、尻屋埼灯台の四基のみである。ちなみに、フランス人が造った観音埼灯台、野島埼灯台、品川灯台、城ヶ島灯台も煉瓦造であった。

当時、煉瓦は日本に移入されたばかりで、完全なものができなかったこともあり、適当な石材が見つからない場合のみ灯台に使用された。日本には良質の粘土があるため、良い煉瓦の製造は可能であったが、ブラントンによれば「日本の職人は煉瓦を焼く工程で十分に注意深くないので、よい製品が得られないことがあり、不良品を除くため子細に点検しなければならなかった」という（『お雇い外人の見た近代日本』二二〇頁）。日本製の煉瓦は多孔性で、重さの一〇〜一二%もの水を吸収した。煉瓦の劣化を防ぐため、灯台の塔の外壁全部をポートランド・セメントで塗った。

煉瓦の積み方は、一段に長い煉瓦と短い煉瓦を交互に積むフランス積みで、これは富岡製糸場の煉瓦の積み方と同じである。五層ごとに間に帯鋼《おびこう》を挿入し、入口や窓の上部と底部はすべて石造であった。塔の外壁から一三インチ（約三三センチ）までの各層の煉瓦積みはすべてポートランド・セメントで接着し、それ以外には石灰モルタルを使った。日本ではそれまで石灰モルタルの知識がなかったので、ブラントンはその使用にあたり特別の注意を払ったという。

木造灯台

特に緊急性が高い灯台は木造で造られた。木造灯台のほとんどは基礎部が八角形で、角にある八本の柱は、地上に固定した四角形の石の上に立てられた。中央にも柱を一本建て、それから外側の八本の柱に水平の梁が渡してある。また外の柱の間には対角線に梁が渡してあって、その上部は水平の梁にあたる。各梁は帯鋼やボルトで固定してあった。

柱などに使われたのは日本産のケヤキであった。ブラントンは、「ケヤキは強さの点ではイギリスの良質の材に匹敵するものであるが、垂木《たるき》、間柱などの角材はイギリスで普通堅材で造るものより太めにした」と記している。ケヤキは堅く、水よりわずかに軽く、木目は詰まっており、良質のものは長年腐朽しない。日本で十分な量が入手できる建築に適した唯一の木材であるが、良いケヤキを入手することは難しかったようである。他の木材について、ブラントンは次のように記している。

床、内壁、扉、窓その他には、質の良い軟らかい木材、檜《ひのき》と称するのがある。木目は美しい白色で耐久性がある。灯台に使用した他の木材は杉というシーダーの種類と松と称するパインがある。これらは質が劣り、外気に曝《さら》される所では早く朽ちる。しかし乾燥した所では長持ちするから、小屋組や床材として使用されている。

（『お雇い外人の見た近代日本』二一二頁）

木造灯台は耐久性に欠けるという弱点があったことからブラントンが造った最初の木造灯台である潮岬灯台は、一八七八年、ジェームズ・マクリッチによって建て替えられた。

木造灯台は七基造られ、その設計はスティーブンソン兄弟の考案に基づいている。潮岬灯台、和田岬灯台、天保山灯台、石廊埼灯台、安乗埼灯台、納沙布岬灯台、白洲灯台である。この他、横浜本牧灯船、函館灯船も木造だった。

鉄造灯台

鉄造灯台は、伊王島の他、佐多岬、烏帽子島など孤島や建設困難な岩山、また、羽田(羽根田)灯台など海中に建てられた灯台に使われた。明治初期に我が国で使用された鉄材のほとんどがヨーロッパからの輸入で非常に高価だったため、ブラントンは鉄造灯台を四基しか造っていない。鉄造灯台は、高さ六~九メートル程度で、六・三ミリと四・七ミリの厚さの鉄板を鉄柱に鋲で留めて塔を包んだ。塔の八本ないしそれ以上の鉄柱は、七・六センチ角、厚さ一・二センチの山形鉄《アングル》で、これらは厚さ九・五ミリ、幅三〇センチの耳をつけた鉄板で組立てた。同じ鉄板で各階の床や灯室を支える梁も造った。また、石の基礎の上に錬鉄の小さな柱を立て、この上に鉄柱を建てたという。

羽田灯台は海底に鉄の螺旋杭を立てて支柱にしており、これはスティーブンソン兄弟が設計し、一度組み立てたものを解体して日本に運んだという(「日本の灯台」一二二頁)。

ブラントンの灯台に共通するのは、斜行線の交差した枠縁にはめ込んだ厚いガラス板で、灯室をぐるりと囲んである点である。これは、スコットランドの北部灯台委員会所管の各灯台と同じである。円形の屋根の鋳鉄製の軒蛇腹と灯室の床の鋳鉄製の縁の間に、右記のガラスをはめた砲金製の枠がネジで固定してある。灯室の屋根は円天井で二重になっており、円屋根の頂にある換気筒はスコットランドの灯台と同じ型で、上部に蓋を冠した二重煙突式で、キャップは銅製の半円球である(「日本の灯台」一二三頁)。

5　灯台の維持管理

木下恵介監督の名作『喜びも悲しみも幾年月』（一九五七年）は、日本各地の灯台を転々としながら厳しい駐在生活を送る灯台守夫婦の物語である。映画全体を貫くのは、航海の安全をひたすら願って灯をともす不撓不屈の精神であり、これを灯台関係者は「守灯精神」と呼んできた。この映画に見られるような、規律を守り困難に耐える灯台守の強い使命感はどのようにして育まれてきたのだろうか。灯台が建設された明治の初め頃、お雇い外国人の目には、日本人は映画の中の灯台守のようには到底うつらなかったようである。

一　外国人技術者・ライトキーパーたち

日本の洋式灯台は、一八六九年から各地で建設が始まり、一八七〇年の神子元島灯台や樫野埼灯台をはじめとして、一八七一年から七二年にかけて次々に完成していった。灯台事業は航海者の安全にかかわる重大なものなので、大洋に面した大型灯台の建設や保守には特に信頼できる人物を雇用する必要があった。そこでエディンバラのスティーブンソン社の人選による技術者やライトキーパー（灯台守）を、駐日公使パークスを通じて呼び寄せた。

一八六八年一一月には横浜本牧の灯船建造のため船大工A・ドレークを、一二月には横浜居留地測量のためコリン・アレクサンダー・マクヴィン（ブラントンの助手として来日）の補佐としてサミュエル・パアリーを雇った。一八六九年には、大工W・カッセル、鉛工ジェームズ・オーストレル、電信技術者ジョージ・マイルス・ギルバート、灯明丸船長としてアルバート・リチャード・ブラウン、鍛冶工E・C・ジョンソン、石工J・マークス、書記兼会計役としてジョージ・ワーコップ（ブラントンの義兄）、職工長としてジョン・ラッセル、石工ジョン・ミッチェル、鉄工トマス・ウォーレス、またチーフライトキーパーとして、ジョージ・スミス・チャルソン、ジョセフ・ディック、ジェームズ・マッキントッシュが来日した（なお、ジョセフ・ディックについては、第四節で詳述する）（横浜開港資料館編『R・H・ブラントン』五二〜六〇頁）。

一八七〇年の「ジャパン・ヘラルド・ディレクトリー」、一八七二年の「横浜ディレクトリー」（「ディレクトリー」とは、横浜・神戸・長崎・函館など外国人が住む居留地の諸機関の所在地や外国人の人名・住所・職業を記載した名簿）には、灯台局の主なメンバーの名前が記されている。

石工や鍛冶工、鉛工などの技術者は、灯台建設の現場監督として、日本人職人を使って建設を主導した。また、外洋に面した重要な灯台には外国人灯台保守員が二名配置され、その下で二〜四名の日本人が灯台業務を学んだ。日本人の一人は首席補助員、残りは見習員であった。

一八七一年、ブラントンが提出した「明治四年度灯台事業支出概要書」（早稲田大学図書館所蔵『大隈文書』）には、各地の灯台に関する経費が記されている。それによれば、樫野埼灯台では、外国人保守員の首席は月給一一〇ドル、次席は八五ドル、日本人保守員は月給一五ドルであった。これは近くの潮岬灯台でも同様であった。離島である神子元島灯台や佐多岬灯台では、首席が一二〇ドル、次席が九〇ドルと他に比べて高いことがわかる。

灯台守は灯台業務に通じているほか、機械の故障などにも対応できる技術力が要求されたが、それにもまして孤独に耐えうる強靭な精神力が必要とされた。灯台が岬や離島など人里から隔離され

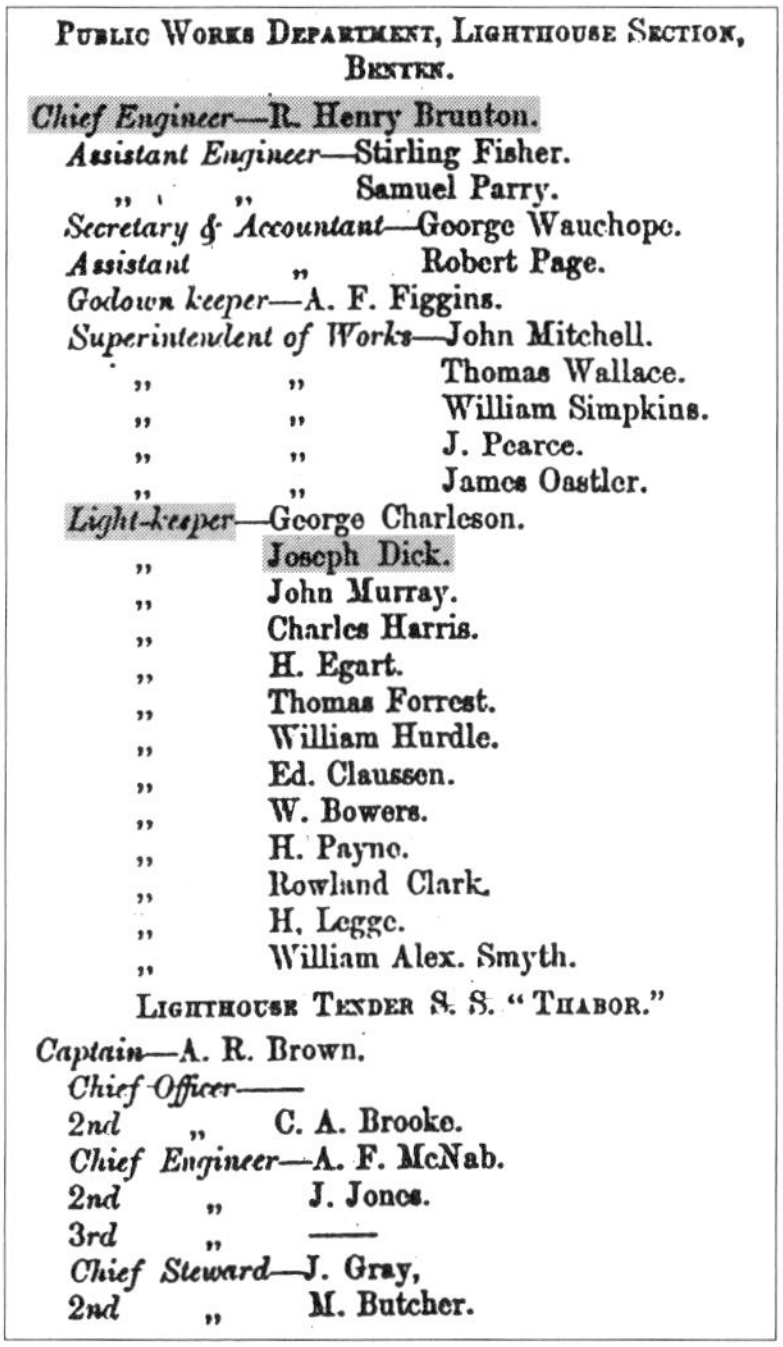
PUBLIC WORKS DEPARTMENT, LIGHTHOUSE SECTION,
BENTEN.

Chief Engineer—R. Henry Brunton.
Assistant Engineer—Stirling Fisher.
,, ,, Samuel Parry.
Secretary & Accountant—George Wauchope.
Assistant ,, Robert Page.
Godown keeper—A. F. Figgins.
Superintendent of Works—John Mitchell.
,, ,, Thomas Wallace.
,, ,, William Simpkins.
,, ,, J. Pearce.
,, ,, James Oastler.
Light-keeper—George Charleson.
,, Joseph Dick.
,, John Murray.
,, Charles Harris.
,, H. Egart.
,, Thomas Forrest.
,, William Hurdle.
,, Ed. Claussen.
,, W. Bowers.
,, H. Payne.
,, Rowland Clark.
,, H. Legge.
,, William Alex. Smyth.

LIGHTHOUSE TENDER S. S. "THABOR."

Captain—A. R. Brown.
Chief Officer——
2nd ,, C. A. Brooke.
Chief Engineer—A. F. McNab.
2nd ,, J. Jones.
3rd ,, ——
Chief Steward—J. Gray,
2nd ,, M. Butcher.

The Japan Herald Directory（1872年）
"Chief Engineer"としてブラントンの名が、"Light-keeper"としてディックの名が見える（網掛部分）

たところに所在していたからである。この点、スコットランド人といえば、冒険、勇気、行動力、組織力、頼りがいの代名詞といわれたように、灯台守としてのすぐれた資質を兼ね備えていた（ナイジェル・トランター『スコットランド物語』三八一頁）。

二　日本人灯台技術者の育成

ブラントンは日本に近代的な灯台を建設しただけでなく、灯台システムの確立と、これに付随して測量、製図、建築土木など技術者養成のための学校も開設した。我が国の灯台事業は、当初はフランスに、続いてイギリスに依頼されたが、ブラントンが来日すると、海岸線の測量や港湾の水深、暗礁部の測定、灯台機械の選定から灯台設置に至る活動が、イギリス人技術者によって行われることになる。これらの実務以外にも、灯台保守や灯台視察（補給）船の乗務員などを加えると、灯台事業は一八七四、七五年の工部省にあって最も多くの外国人を雇用し、最も多額の外貨を外国人に支払った事業であった（吉田正樹「工部省における技術者養成と修技校の役割」三二頁）。

そのため、日本人独力での事業経営が求められ、日本人技術者の養成は急務の課題であった。ブラントンは、横浜居留地の測量をはじめ、様々な機会を通して日本人に測量機材の使用法を教えた経験から、日本人に地図や図面の作成に必要な数学の基礎的知識の習得が肝心であると考えていた（『お雇い外人の見た近代日本』一一〇～一一一頁）。というのも、灯台建設は、その設置場所の正確な緯度・経度、岩盤の強弱、水面の距離、暗礁と砂州の方位、潮の干満差等の測定、さらに気温、風力に基づく照度の距離計算が立地選定に求められたからである。ブラントンは日本人を啓発し、技術指導をする必要性を悟り、土木正宮川房之に諮って技術者養成のための学校開設を計画し、灯明台掛の事務を担当した工部省権少丞佐野常民がこれを推進し、一八七一年七月、灯台寮（灯明台役所）の敷地内に灯台技術者のための修技校が開設された。

修技校では、築造科、測量科、製図科、機器理学科、三角術科、面積術科、度学科、代数術科、算術科、楷草写字科、英国語学科が置かれ、数学系の科目が中心に教授された（海上保安庁灯台部編『日本燈台史』一一一〜一一二頁）。ブラントンは築造方助手サミュエル・パアリーを派遣して、測量及び土木建築の教育にあたらせた（『日本燈台史』一三一〜一三二頁）。一八七三年には修技校教師としてC・ファルマンを新たに雇い入れた。修技校のカリキュラムの背景としては、ブラントンが鉄道技師として土木工学全般について技術の習得に努めた経験やスコットランドの実学教育があったものと考える。

修技校では寄宿舎を設けて学生を募集し、一回に二〜三〇人の士族の子弟が入学したという。学力に応じて等級を分けた授業が行われ、学習意欲に燃えた生徒の中には高度な専門的知識の習得に努め、灯台業務用船テーボール号においてブラウン船長の下で航海実習を行う者もいたが、その反面、通訳を通しての初歩の数学にとどまる者もいたという。食費と教材費を灯台寮が負担する官費制度によって生徒の生活と就学は保証されていたが、一定期間の灯台寮への就業義務も負っていた。

修技校は一八七四年一月に廃止されたが、修技生の一部は灯台寮技術職員に雇用され、外国人に代わって地形測量、灯台建設、灯光器選定に従事し、残りの一部の生徒は工学校進学の道を選択した。修技校が求めた人材は、灯台操作の実際よりも、学術を身につけて灯台事業を計画し統制する技術者の育成であった（「工部省における技術者養成と修技校の役割」三二頁）。修技校は、日本の高等工学教育機関の源流の一つとなったのである。

三　明治の日本人灯台保守員――「守灯精神」のルーツ

ブラントンは、灯台保守の職務について、イギリス、フランス、アメリカの関係規則を編纂したものを日本語に翻訳して、灯台保守の責任者となるべき日本人の指導書とした。また、横浜の灯明台役所の構内に三階建ての試験灯台を建築し、最も熟練したイギリス人灯台保守員を教師として、日本人に灯台機械等の取扱いの指導を行った。ジョージ・スミス・チャルソンが灯明番教授方に任ぜられ、一八八一年に解雇されるまでもっぱらこの業にあたった（『日本燈台史』一三三頁）。

イギリス人灯台保守員は、灯火の保守、灯台の秩序の維持について、日本人に服従を要求する権限を持っていたが、それ以外については干渉しなかった。修理や予備の物品の確保、金銭の支払い等の事務は、日本人首席保守員を通じて行われた。イギリス人灯台保守員は、熱意をもって日本人を指導するよう命ぜられており、優秀な保守員を育て上げた者には特別に褒賞が与えられた。

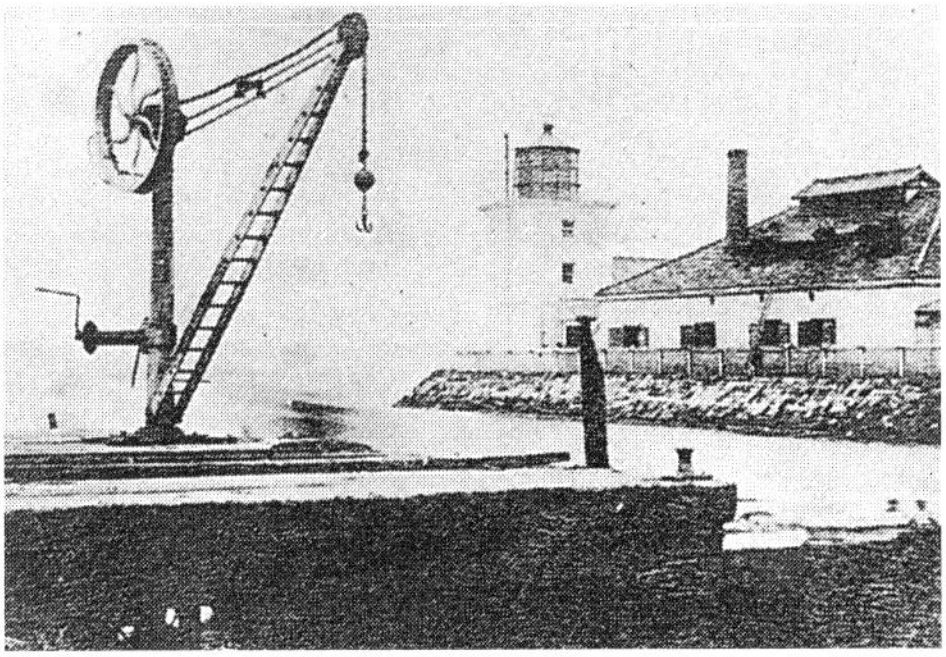

灯台寮試験灯台（中央奥）（横浜開港資料館所蔵）

しかし、灯台保守員として優秀な日本人を確保、教育するのは並大抵なことではなかったようである。ブラントンによれば、「数百人の日本人青年の灯台要員志願者の中から適格者を選抜した。しかし、灯台保守要員として信頼に足る者を十分に採用することはできなかった」という。また一八七四年の時点で、各所の灯台で三七人の熟練した灯台員が必要であったが、一〇〇人の日本人灯台補助員を試験したところ基準に達したのはわずか二〇人だけで、しかもそのうち外国人の監督者なしに職務が遂行できる者はわずか九人だけだったという（『お雇い外人の見た近代日本』一九三〜一九四頁）。

日本に公立学校制度がなかった当時は、役所の事務や、陸軍・海軍の訓練等が、日本人を近代的な規律に馴染ませる役目を担っていた。しかし、ブラントンは、「日本人旧来の生活習慣には、灯台業務で特に必要とされる、時間の厳守と規則正しい日課の遂行とは相容れないものがあった」と記しており、これは上級の役人でも同様だったようである（『お雇い外人の見た近代日本』一九三頁）。

灯台保守の業務は、作業の単なる繰り返しや反復でなく、厳格な注意と責務に対する自覚を必要とするものである。しかし、当時の日本人は、規律が守られていなくてもまるで無頓着で、職務の不履行による罰則の履行すらしなかった。ブラントンが苦情を言うと、役人は職務の怠慢をかばい、言い訳をしたのである（『お雇い外人の見た近代日本』一九三頁）。ブラントンは次のように強く非難している。

当直時に居眠りをしていたり、自分の持場を乱雑にしたままにしていたり、ときにはヨーロッパ人保守員を刀で威嚇したり、しばしば回転灯台の機械の停止に気づかず、そのため他の灯台との識別の機能を失わせたり、勤務中に酔っ払ったり、責任の違背を叱責されるとしらじらしい言い訳をする——これらは日本人の灯台員に常時見られる職務怠慢や不履行の実態である。そしてこれを難詰すると馬鹿げた言い訳をするのが常であった。例えばある灯台員が、自分が当直のときに灯台を離れて灯火看視の責務を怠っていることで叱責されると、自分は自宅に居て注意深く灯台を見ていた、と言い訳をするのだった。

（『お雇い外人の見た近代日本』一九三〜一九四頁）

ブラントンはこの状況を打開するために、灯台管理の無秩序な現状を記録し、パークスに提出した。パークスからの返信には次のように記されていた。

私は日本政府に公文をもって（中略）優秀な人材を確保するためには、長期の雇用契約が必要であることを指摘し、外国人技術団の職員の減員は徐々に行われるべきであることを申入れた。私はまた（中略）首席技師（すなわち貴殿のこと）及び現に就役中の灯台保守員の能力は、現在のような彼らのすべての権能を取り上げた日本政府の政策のもとでは、ほとんど発揮する余地がないこと等も指摘した。首席技師の職務上の権力は、管理部門にある日本人、あるいは外国人より上位にあるべきであることも言っておいた。（『お雇い外人の見た近代日本』一九五頁）

では、『喜びも悲しみも幾年月』に見られるような「守灯精神」はどのように日本人灯台保守員の中に芽生えてきたのか。徳力真太郎は、「ブラントンを首班としたイギリス技師団が残したイギリスの灯台技術と職場の規律は日本に受継がれ、日本の灯台の伝統となり、旧い灯台守たちはこれを日本流に守灯精神と称して僻地での不自由と寂寥な灯台守の生活に耐える心のよりどころとした」と述べている（「訳者 あとがき」『お雇い外人の見た近代日本』二六七頁）。

ブラントンらお雇い外国人の撒いた「守灯精神」の種が芽吹き、日本に根づくのには、少し時間がかかったようである。

四　ジョセフ・ディック

イギリス人灯台保守員の中には、不行状のため解雇された者もいたが（『日本燈台史』二七頁）、ジヨセフ・ディックのように土地の人々から慕われた者もいた。

　イギリス人灯台技師や保守員の多くは、日本政府から解雇された後、故国イギリスに帰ったが、ディックは日本に留まり、神戸で「デッキ・ブラン商会」を創立した。そして実業家として残りの生涯を日本で送った。

ジョセフ・ディック

　ディックに関しては、彼の長女・山本あいが、明治一〇〇年及び灯台一〇〇年を記念して、社団法人燈光会が発行する冊子『燈光』に「ジョセフ・ディック追想録」（一九六九年三月号）と題する一文を寄稿している。ディックについては史料が少ないため、本節では「ジョセフ・ディック追想録」によりながら、ディックの生涯を追いたい。

1　灯台教授方として来日

　ジョセフ・ディックは、一八四二年六月一二日、エディンバラ近郊のカルストルフィンに生まれた。一二歳で家を離れ、セント・メリー島にあるセルカート伯爵家の庭師となったが、すぐ近くの灯台を見て灯台守になろうと決心し、リトル・ローズ灯台とマル・オブ・ガロウェイ灯台で仕事を覚えた後、ベルロック灯台の助手になった。二七歳の時、日本沿岸に建設されつつあった灯台の保守員に応募し、妻と一緒に日本に赴任したのである。

来日すると、まずは横浜元弁天に設置された灯明台役所に勤務を命じられ、灯台に関する保守業務を日本人に指導する任務を担った。その後、野島埼灯台や劔埼灯台といった東京湾の入口に位置する重要な灯台で保守管理と日本人保守員に対する指導を行った。「各所灯台人員配置一覧」（一八七二年一〇月）には、「劔埼灯台詰」としてジョセフ・ディックの名前が記されている。

一八七一年一二月から灯台視察船テーボール号に同行した『ジャパン・ウィークリー・メイル』の特派員も、劔埼灯台でディックに会ったことを報告している（「日本の灯台――汽船テーボール号の灯台視察航海の同乗記」一）。

また、一八七六年の「外国人雇入取扱参考書」には、ディックが角島灯台に勤務していたことが記されている。角島灯台では、起工当時はジェームズ・オーストレル、工事中はウィリアム・バウエルス、竣工当時はディックが工事監督を務めていた。灯台完成後、灯台長として三年間勤務した後、一八七九年、ディックは解雇された。

2　神戸のデッキ・ブラン商会

ディックが、日本政府から解雇された後、横浜のドモニー商会に勤めたことは、一八八一年から一八八四年の「横浜ディレクトリー」からわかる。

その後、ディックは神戸に移動し、船舶雑貨商としてデッキ・ブラン商会を設立した。「デッキ」はディック、「ブラン」は共同経営者で、野島埼灯台に勤めていたディックが、一八七七年、ドイツ船マダガスカル号の遭難に際して救助した船員四名のうちの一人、ブラウンであった。一九〇六年の「神戸ディレクトリー」からは、ディックの商店では、ドイツの海運会社の請負業や、スコッチウイスキー、ナイトキャップジン、日本麦酒醸造会社の恵比寿ビールを扱っていたことがわかる。

ディックの店は神戸のどこにあり、また彼はどこに住んでいたのだろうか。

二〇一七年一二月、神戸市文書館館長・松本正三氏と、神戸外国人居留地研究会理事・谷口良平氏にご協力いただき、神戸におけるディックの足跡を訪ねることができた。

ディックの商店は海岸通一丁目にあった。神戸外国人居留地と境界（ディビジョンストリート＝鯉川筋）を挟んだ雑居地と呼ばれる区域で、現在の「神戸郵船ビル」の北側、「神戸フコク生命海岸通ビル」の辺りと考えられる。

神戸外国人居留地は、東は旧生田川、西は鯉川筋、南は海岸通、北は旧西国街道に囲まれた約五〇〇メートル四方の区域に一二六区画を設け、外国人に貸与された。神戸では外国人が増えても居留地を広げることはせず（一八九九年の居留地返還時まで区域に増減はなかった）、外国人は居留地を取り巻く一定の地域（雑居地）で日本人と一緒に住むのが一般的となっていた。一八七四年に実施された兵庫県の調査によると、五二区画、面積にして約三万八〇〇〇坪（一二万五〇〇〇平方メートル）の雑居地に外国人の事務所や住居が存在し、一八八六年には、区画数は居留地を超える一四〇に達していた（神戸外国人居留地研究会編『神戸と居留地』二五頁）。

ディックの住居は、諏訪山下の山本通り四丁目にあった。現在ではアパートと民家が建っている。

C. B. バーナード「居留地西側の境界」(1878年)
中央にディビジョンストリートが通り、その左（東）側が居留地、右（西）側が雑居地

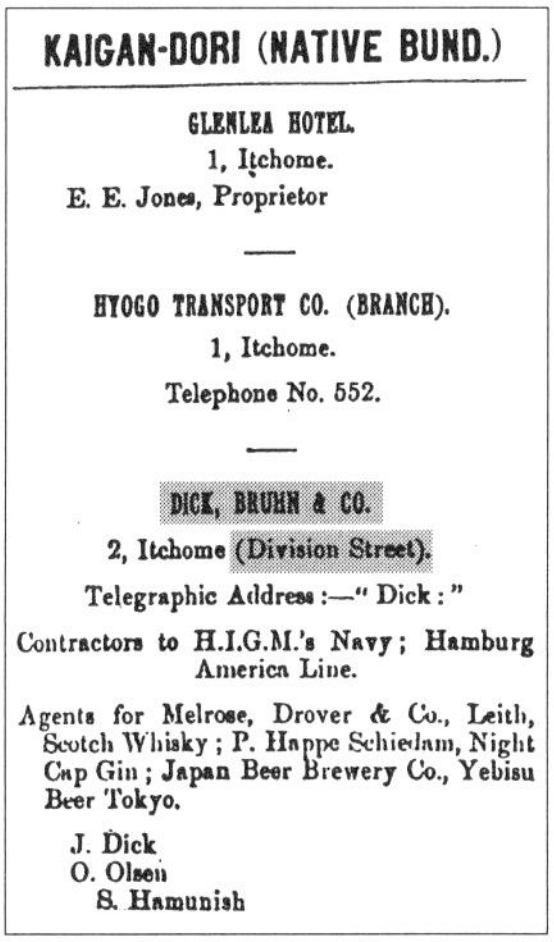
KAIGAN-DORI (NATIVE BUND.)

GLENLEA HOTEL.
1, Itchome.
E. E. Jones, Proprietor

HYOGO TRANSPORT CO. (BRANCH).
1, Itchome.
Telephone No. 552.

DICK, BRUHN & CO.
2, Itchome (Division Street).
Telegraphic Address :—" Dick : "
Contractors to H.I.G.M.'s Navy ; Hamburg America Line.
Agents for Melrose, Drover & Co., Leith, Scotch Whisky ; P. Happe Schiedam, Night Cap Gin ; Japan Beer Brewery Co., Yebisu Beer Tokyo.
J. Dick
O. Olsen
S. Hamunish

Kobe Directory（1906年）
デッキ・ブラン商会の住所として“Division Street”とある（網掛部分）

ディックが住んでいた頃は、眼下に神戸港と大阪湾が見渡せたであろうが、現在はビルが乱立していて海を見ることはできない。港に向かって続く、狭く曲がりくねった下り坂を「ディックもきっとこの坂道を行き来していたのだろう」と考えながら、海岸通りのオフィスがあった場所まで歩いた。約二五分かかった。

日清・日露戦争を経て、日本は、輸送上、外国貨物船をもチャーターしたため、船舶雑貨商を営んでいたディックの事業は盛大を極めた。ディックは使用人を信頼し業務を任せていたが、業務上不明瞭な赤字が見つかった。急ぎ計理士に依頼し、数カ月を要して調査した結果がようやく判明する寸前になって、彼の事務所は原因不明の出火によって火事になり、書類も原簿も一切が灰燼に帰した。しかし、デッキ・ブラン商会は間もなく再建された。

3　ディックの私生活と篤志家としての側面

「ジョセフ・ディック追想録」によれば、ディックと一緒に来日した妻は、一八七五年に、子供たちを連れてスコットランドに帰ってしまったという。何の娯楽もない日本での灯台守の寂しい暮らしに耐えかねたのか、子供の教育のことを考えての帰国だったのか、それははっきりしない。その後に、ディックは明石の武士の娘と再婚し、新たに三人の子供に恵まれた。ディックは、質素、実直そのもので、節約をモットーとし、自らの蓄財は二の次で、余裕があれば貧しい人たちに分かち与えるという、人類愛に満ちた人物だったという。

日清・日露戦争の出征軍人の遺族に困窮者が増え、孤児院も増加する中にあって、ディックはこれを深く憂慮し、無名の篤志家として遺族へ米穀類を送り、日曜日にはビスケットを持って家族とともに孤児院を慰問したりした。生活の支柱であった夫や息子を戦地で失った人々に、援助の手を差し伸べたのである。

ところが、このようなディックの行為を知った神戸の新聞社が「諏訪山下の陰徳家」という見出して、彼の篤行を大々的に報道してしまう。私利私欲なく、人間愛の信念でこれらの援助を行ってきたディックにとっては、この記事は大変不本意なものであったという。

4 「英人灯台技師デッキ」と真珠貝ダイバー

『和歌山県移民史』には、樫野の福島音四郎氏の話として、次のような記述がある。

英人灯台技師デッキが引き揚げた後、再度大島を訪れ、彼が在留当時にコックだった樫田文右衛門と永石三蔵を神戸へ連れようとしたが両名とも辞退して同行しなかった。樫田文右衛門の弟が神戸に行って牛肉店を開いた。（中略）
樫野・潮岬両灯台技師が神戸へ引き揚げる時、地元青年を若干連れて行った。青年たちは神戸の異人館で働いていたが、南洋に貝採りに行けばうんと儲かると聞かされ行くことになった。

（『和歌山県移民史』一九一頁）

「英人灯台技師デッキ」とはジョセフ・ディックのことではないだろうか。ディックが大島にある樫野埼灯台やその至近の潮岬灯台に勤務していたことを証す史料は見つかっていない。だからといって、ディックが樫野埼灯台や潮岬灯台に来ていなかったと断言はできまい。なぜなら、明治時代の灯台関係の記録の多くは、関東大震災で失われてしまっているからである。

「ジョセフ・ディック追想録」には、記録に残る野島埼灯台、剱埼灯台、角島灯台の他に、神子元島灯台や樫野埼灯台、伊王島灯台にも勤務していたと書かれている。また、ディック夫人が帰国したときの記述として「大島を離れ故郷に帰った」とある。実子による記述であることから、ディックが紀伊大島の樫野埼灯台に勤務していた可能性は高く、とすれば「英人灯台技師デッキ」がディックである可能性も同じく高いことになる。

また、小川平は、「豪州への真珠貝採取移民の最初の渡航者が樫野・潮岬の両灯台を建設した英国人技師に連れられて行ったという話は、古老の誰もが語る定説である」と記している（小川平『アラフラ海の真珠』四五頁）。和歌山県は広島県や沖縄県と並び、全国有数の移民県として知られているが、オーストラリア北部の木曜島やアラフラ海への採貝出稼ぎは、特に有名である。

そもそも、オーストラリアでの真珠貝採取事業は、一八六八年、シドニーのイギリス人ウィリアム・バナーがトレス海峡付近でシロチョウガイを採取したのが始まりとされている。木曜島のイギリス人採貝事業者は、当初現地人を雇用し潜らせていたが、やがて日本人がダイバーとして優秀であることを知り、一八八三年には、オーストラリア真珠会社のジョン・ミラーが来日し、日本人潜水夫の募集を行っている。真珠貝採取事業はイギリス人が関係していたため、日本人がダイバーとして現地で求められているとの情報をディックが得ていた可能性は大きく、斡旋を依頼されていたのかもしれない。デッキ・ブラン商会がある神戸には、フィアソン・ロー商会のような木曜島への採貝出稼ぎを斡旋するイギリス系商社もあった。

ディックが採貝出稼ぎ斡旋の地に大島を選んだのは、大島の人々がダイバーとしての資質に恵まれていたのに加え、神戸から比較的近い地域であったからかもしれない。大島にある樫野埼灯台以外にも、ディックは剱埼灯台や野島埼灯台、角島灯台、伊王島灯台に勤めていたが、これらの灯台は神戸から遠いのである。

篤志家であったというディックの側面から考えると、ディックは赴任した土地の人々との間に何らかの親交をもっていたことは十分考えられる。残念ながら大島にはディックが土地の人々と交流したという話は伝わっていないが、角島では灯台近くにあった浄楽寺の住職と囲碁に興じたことや、島民たちがディックを「デッキさん」「レキさん」と呼んでいたというエピソードも伝わっている。

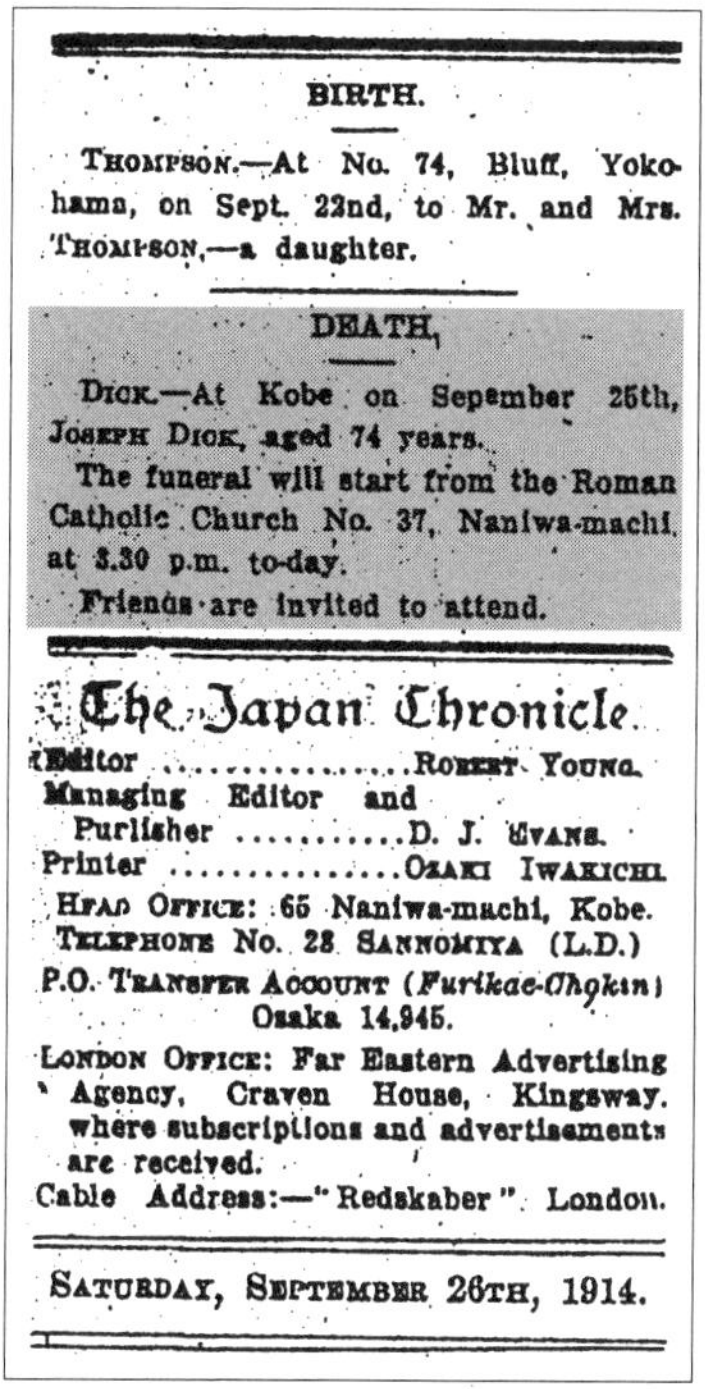
BIRTH.

THOMPSON.—At No. 74, Bluff, Yokohama, on Sept. 22nd, to Mr. and Mrs. THOMPSON,—a daughter.

DEATH.

DICK.—At Kobe on September 25th, JOSEPH DICK, aged 74 years.

The funeral will start from the Roman Catholic Church No. 37, Naniwa-machi, at 3.30 p.m. to-day.

Friends are invited to attend.

The Japan Chronicle.

Editor .... ROBERT YOUNG.
Managing Editor and Publisher .... D. J. EVANS.
Printer .... OZAKI IWAKICHI.
HEAD OFFICE: 65 Naniwa-machi, Kobe.
TELEPHONE No. 28 SANNOMIYA (L.D.)
P.O. TRANSFER ACCOUNT (*Furikae-Chokin*) Osaka 14,945.
LONDON OFFICE: Far Eastern Advertising Agency, Craven House, Kingsway, where subscriptions and advertisements are received.
Cable Address:—"Redskaber". London.

SATURDAY, SEPTEMBER 26TH, 1914.

The Japan Chronicle（1914年9月26日）掲載のジョセフ・ディックの死亡記事（網掛部分）。なお、*The Japan Weekly Chronicle*（1914年10月第1週）にも長文の死亡記事が出ている

6　ブラントンと日本人上司

ブラントンの灯台建設は、決して順調に進んだわけではなかった。この点については、ブラントンが日本に滞在する間に、工部省灯台寮の長が一五人以上も交替したことからも窺える。

ブラントンも役人の頻繁な交代に辟易し、「もし私が一人か二人の優秀で知的な日本人と力を併せて働くことができたとしたら、私は時ならずして彼らに灯台事業の運営方法の実際についての知識を十分に覚え込ますことができたであろう」と記している（『お雇い外人の見た近代日本』一七二頁）。彼の上司となった役人のほとんどは灯台に関する知識がないにもかかわらず、雇い主である日本政府を笠に着て、ブラントンに高圧的な態度をとったのである。

ブラントンと上司との対立は、主に灯台事業の主導権を巡ってのことであった。上司となった役人は、外国人を指揮権を持たない助言者、あるいは単なる指導者の地位にとどめておこうとしたのに対し、ブラントンは自らが中心となって灯台事業の一切を取り仕切ることを望んだ。灯台建設は日本と列強との条約に基づいた事業であり、自らも日本政府の要請を受け入れて来日したという経緯から、ブラントンはたとえ職務上の上司であっても、日本人役人は自分の指示に従うのが当然であると考えていたのである。

一　上野景範（敬介）

ブラントンは手記の中で、一八六八年の一一月からイギリス艦船マニラ号で最初の灯台建設予定地の視察を行った際、上司の政府高官と対立したことについて記している。

その日本人上司は、ブラントンに対し、「政府の高官が外国政府に属する船で公務の旅をするのは、その権威を軽んずることになるから、灯台設置場所を巡回する航海には自前の船を買入れるよう命令を受けている」と述べ（『お雇い外人の見た近代日本』三九頁）、ブラントンとそのスタッフ全員に、日本政府がチャーターする船に乗り移るように要請したのである。しかし、ブラントンはこの申し入れに従うわけにはいかなかった。なぜなら、イギリス艦船マニラ号の使用のためイギリス海軍に交渉してくれた駐日公使ハリー・パークスの顔に泥を塗ることになるからであった。

理由はもう一つあった。当時、日本が所有する蒸気船の性能が悪いことを知っていたからである。要請に従わないブラントンに対し、上司は「政府や帝がこのことを知ったら決して快くは思わないであろう」と言い、「場合によっては灯台事業の中止もあり得る」と威嚇した。ブラントンはこの出来事を「当時の日本の高い位にある者が示した性質の一面」とし、「高慢で、身勝手な要求に自国民は馴らされているので、一般には受入れられるが、それを外国人に期待すると非常な困難に逢着し、そう容易には実行されるものではない」と痛烈に批判している（『お雇い外人の見た近代日本』三九〜四〇頁）。

それから間もなくして、マストと船尾に日本の国籍を示す旗をなびかせたタイクーン（大君）と名づけた蒸気船が神戸に入港した。ブラントンの忠告を無視して日本人上司が勝手に灯台業務用船として購入したものだった。この船は中国の河川で曳船として長く傭船されていたもので、使用に耐えなくなって岸に放置されていたことをブラントンは知っていた。案の定、ブラントンの指摘通り、この船は全く役に立たず放棄せざるを得なくなった。

しかし、それでも上司は懲りずに、イギリス船に乗ることを不面目と考えたようで、新たに神戸のイギリス人商会が所有する古い蒸気船アルガス号を傭船したのである。結局上司は、マニラ号でブラントンら外国人と行動を共にすることを拒否し、アルガス号で移動することになった。こうしてマニラ号とアルガス号の二隻は、瀬戸内海を航行し、途中、度々船を停めて灯台建設場所を訪ね、測量を行った。

しかし、塩飽諸島の広島に立ち寄った後、下関海峡に向かう途中、アルガス号は行方不明になってしまう。ブラントンは単独で山口県知事を訪問し、アルガス号を待たずに航海を続け、一二月二四日に長崎に到着した。アルガス号が長崎に到着したのはその翌日であったが、船内には日本人はいなかった。アルガス号は下関の近くで座礁し、日本人上司とその随員は身の安全を優先し、船を下りて陸路で九州の北西岸を経由して、四、五日かかってやっと長崎に着いた。ブラントンは上司に、マニラ号に乗って視察を全うするよう勧告したが、上司は数日間考えた末、陸路で大阪に戻ることを選んだ。ブラントンは「灯明台掛の高官は何一つ役に立つ仕事をしなかったし、灯台建設の進捗に何らの貢献をもたらさなかった」と批判している（『お雇い外人の見た近代日本』四四頁）。

　この「日本人上司」とはいったい誰のことなのか。

『日本燈台史』には、「明治元年七月、五等外交官燈明台掛上野敬介を首班とし、着任早々のブラントン、ブランドルらの参加した調査団は、イギリス軍艦マニラ号およびイギリス汽船アルグスを借り入れて調査、測量を行なった」と記されている（海上保安庁灯台部編『日本燈台史』一三頁）。しかし、マニラ号での視察航海中、後述するように上野は香港に出張中で日本にはいなかった。上野がブラントンに同行したのはマニラ号ではなく、その後のサンライス号による視察である。『日本燈台史』は、マニラ号の航海（一八六八年一一月二一日〜一八六九年一月五日）とサンライス号の航海（一八六九年七月七日〜八月二日）を混同した可能性がある。

上野景範

　ブラントンの手記では、上野についての言及はない。また、「『日本の灯台』に対する論評（抜粋）」の中では、「駐日本大使上野氏（一八七三年七月から一八七九年四月まで特命全権公使）に一時期助力を得たことがあった」「彼の努力と知性で、日本人労働者の特殊性に原因した種々の作業上の困難を解決することを得た。残念なことにこの要人は、彼の助力を最も必要とするとき、灯台業務には少ししか関係しなかった」と記されており、ブラントンは上野を高く評価していたようなのである（「『日本の灯台』に対する論評（抜粋）」二六三〜二六四頁）。

以上のことから、ブラントンが対立した日本人上司とは、上野景範ではなかったと考えられるのである。

薩摩藩出身の外交官で英国公使などを務めた上野景範《かげのり》（通称・敬介）は、最も早い時期のブラントンの上司であった。上野は、一八六八年一月、外国事務局御用掛を命じられ、神戸運上所（神戸税関）に勤務し伊藤俊輔（博文）の通訳となるが、二月に大阪税関に転勤し五代友厚に仕え、三月には横浜裁判所御用掛を命じられ、神奈川県権判事となった東久世通禧《ひがしくぜみちとみ》に随行し横浜裁判所勤めとなった。同年四月、香港の造幣局が閉鎖され、イギリス政府が売りに出した機械を購入するため、日本政府の命で香港に派遣され（この期間中に、日本ではマニラ号での視察航海が行われるわけである）、翌一八六九年五月に帰国すると、六月に灯台掛に任じられ、灯台事業を差配することになる。そして、同年七月七日から八月二日にかけて、ブラントンに付き添い、灯台視察船サンライス号（灯明丸）で、下田、大島、長崎、佐多岬など灯台建設予定地を視察した（門田明ほか「『上野景範履歴』翻刻編集」九頁）。

維新後の諸般の改革が相次ぐ中にあって、外国との交渉を担ってきた上野は、政変のため新政府が引き継ぐことになった灯台建設、造幣局建設、ハワイの出稼ぎ人問題、マリア・ルス号事件、郵便問題の交渉など、様々な問題を処理することになる。

二　佐野常民

敵味方の別なく傷病者を救療する戦地病院・博愛社（のちの日本赤十字社）の創立者として有名な佐野常民《つねたみ》も、ブラントンの日本人上司の一人であった。

佐野は、一八二三（文政六）年、佐賀藩士の子として生まれ、三一歳の時、海軍伝習生として長崎に留学し、オランダ人の下で西洋の教養を身に付けた。一八六七（慶応三）年には、藩命でパリ万国博覧会に臨み、オランダでは軍艦の建造を監督した。維新後、明治政府に召され兵部省丞に任ぜられ、次いで工部省出仕となった。

佐野常民

佐野がブラントンの上司になったのは、一八七一年六月二七日、工部権小丞に就任し灯台業務を掌理してからである。同年九月には工部大丞兼灯台頭となり、一八七三年一月一七日、佐藤与三が灯台頭に任じられるまでその職にあった。この間、ブラントンがイギリスに一時帰国（一八七二年四月二四日〜一八七三年四月五日）していることから、実際に佐野がブラントンと仕事をした期間はわずか一年足らずであった。

ブラントンは、佐野について、「常に温和で思慮のある態度と、高い理想と寛容な情操の持主であった。この真のサムライと交際した月日は喜悦を抜きにして回想することができない」と述べ、絶大な信頼を寄せていたが、とはいえ佐野との間でも何度かトラブルがおきていた。

例えば、瀬戸内海に追加の灯台数基を建設することが決まったときのことであった。ブラントンは佐野に、次の灯台補給船の航海の機会を利用して灯台設置場所を検分すべきであると提言した。しかし、佐野はブラントンの提案に反対し、「東京から命令を受けているので、航海はできない」と言った。佐野が「命令」の内容がどんなものかも言わないので、ブラントンは、佐野がとっさに思いついた反対のための口実だと解釈し、このことをパークスに訴えた。

佐野の意見は、この視察は専門の技術者の職域であって、事務官吏には干渉する権限がないというものであったが、ブラントンは、「もし灯台建設の結果に落度があって、私が罰せられるような事態が生じた場合、私は佐野を告訴しなければならなくなる」と主張し、結局、佐野は何の苦情も言うことなく視察航海は実施されたのである（『お雇い外人の見た近代日本』一七六頁）。

また、灯台を維持管理するための資材や灯油、灯心、硝子、清掃用物資等の定期補給の制度の確立に関しても二人は対立した。ブラントンは各灯台の貯油槽や倉庫に一年分の物資の補給をすることを主張した。これは、スコットランド灯台局のシステムに従ってのことでもあったし、また、日本では内陸の交通が完備されていないので、長大な海岸線と、代船がない補給船が故障したときのことを想定すると、各灯台には常に一年分の物資の補給が必要であるとブラントンは考えた。しかし、佐野は補給物資は半年分でよいと反対したのである。大量の物資が手元にあれば灯台保守員はそれを浪費する誘惑にかられるからというのがその理由であった。

ブラントンは自らの主張が日本側に受け入れられたものと思い、イギリス人助手に一年分の物資を船に積むように命じた。佐野がそれに気づいたときには物資の大部分は船に積み込まれていたが、それでも佐野は積み込んだ量の半分を陸揚げするよう命じた。そこでブラントンは佐野に、いったん船に積み込んだ荷物を戻すのは不可能であると告げると、佐野は立腹したものの、それ以上の邪魔立てをすることはなかった。こうして各所の灯台は、一年分の補給を受けることになったのである（『お雇い外人の見た近代日本』一七六～一七七頁）。

このようにブラントンと佐野は、対立を繰り返しながらも、着々と灯台建設を進めていった。両者の対立はあくまでも業務上のことであり、人間としてはお互いを尊敬しあっていた。

ブラントンは佐野との対立について、「些細な欠点でしかない」とし、佐野を「善良な心と良き理性の持主である」と記している。灯台寮に関係した数年後に、佐野はブラントンや日本政府雇いの外国人を東京の役所の宴会に招待したことがあった。その席で佐野は、自分の無知からブラントンの願望を妨げ、それが灯台建設の進捗の妨害になったと皆に詫びたのである。

7 ブラントンと横浜のまちづくり

「日本の灯台の父」であるブラントンは、「横浜のまちづくりの父」とも呼ばれている。灯台技師として来日したブラントンが、どうして横浜のまちづくりに関わることになったのか。ブラントンの雇入条項には、「日本へ趣き、灯明台築造し、点灯之仕方等を同国人に教導し」という本来の業務に加え、「開港場外国人居留地道路溝修造等尽力して差配すへき事」と記されている（『大隈文書』）。ブラントン本人も手記の中で、「日本に在留する最初の外国人土木技師であった私は、来日間もなく各方面から援助を求められる立場にあった」と記しているように、ブラントンのもつ技術力への期待は大きかった。実際、ブラントンには、電信の敷設、外国人居留地の測量、下水道の整備など多岐にわたる依頼が舞い込んだ。

スコットランド出身で幕末から明治初期を日本で過ごしたジョン・レディ・ブラックは「一八六九年中に、当局が取りかかった大改革に対して、横浜はブラントン氏から大きな恩を受けた。春に、氏は居留地の下水工事と道路工事、およびその出入口に関する計画書を知事に提出した。知事はこれを印刷、出版して公告した。これは居留民の好評を得て、結局実行された。したがって、その日以来、これらの問題についての不平はほとんどなくなった」とブラントンを称賛している。ブラントンは「横浜に良水を補給する計画」、「居留地の夜間照明計画」、船の大きさによらず幾隻も同時に船荷を積卸しできる「横浜築港計画」も提案した。しかし、「当局が躊躇したために、進捗しなかった」という（ジョン・レディ・ブラック『ヤング・ジャパン3』一〇八頁）。

本章では、ブラントンが来日する前の開港場としての横浜の成り立ちを概観した後、横浜公園や日本大通り、吉田橋の設計など、ブラントンが残した「横浜のまちづくり」の事績を見ていきたい。

一　横浜の開港と豚屋火事

一八五八（安政五）年、日米修好通商条約が締結され、神奈川に開港場が置かれることが決まった。神奈川は街道沿いに位置していたため、外国人と日本人の接触をできるだけ避けたい幕府は、「横浜開港丞案」を提案し、半農半漁の寒村であった横浜を開港場に定めた。一八五九年七月一日（安政六年六月二日）の開港に間に合わせるため、幕府は市街地の建設を急いだ。幕府役人による開港場建設予定地への視察からはじまり、神奈川奉行所役宅の建設や運上所の地ならし、海岸部の土盛や市街地の造成などがあわただしく進められた。

幕府は工事費用として一〇万両を計上し、工事の請け負いを希望する者は入札に参加するよう命じた。その結果、開港場の建設には関東各地の農民や町人が参加することとなった。開港後も、建物や市街地の拡大を目的に工事が続けられたため、開港場は地域住民の日銭を稼げる場所となった。

開港場としての横浜は、神奈川運上所を中心に、西側に日本人町、東側に外国人居住地すなわち山下（関内）居留地を開設することから始まった。外国人居住地は、海岸通りから内陸部へ広がる初期の居留地と、後に中華街を形成する沼沢地が埋め立てられて造成された街区の二つの区域から成っていた。総面積は約三二万六〇〇〇坪（約一〇八ヘクタール）で、神戸居留地の約八倍の広さであった（横浜開港資料館・横浜居留地研究会編『横浜居留地と異文化交流』七～九頁）。

開港直後に出版された瓦版によれば、一〇〇人以上の日本人が横浜で外国商人と交易することを願い出ている。江戸をはじめとして各地から多くの移住者もあり、寒村であった横浜は「都市」へと大きく発展する兆しを見せるのである。一八六四（元治元）年のイギリス領事の報告によれば、この段階で横浜の日本人人口は一万二〇〇〇人に達した。加えて外国商人たちも横浜にやってきて、日本人居住区域の隣に外国人居留地を形成していった（神崎彰利ほか『神奈川県の歴史』二六一頁）。

開港当初、日本人の居住区は、西から東に向かって一丁目から五丁目まで五つの町から形成されており、海岸通、北仲通、本町通、南仲通、弁天通の五つの道がつくられ、この道に沿って売込商・引取商とよばれる貿易商が軒を並べた。一方、居留地には外国人たちが商館を建設し、文久年間（一八六一～六四年）には二階建の洋風の建物まで現れるようになった（『神奈川県の歴史』二六二頁）。

横浜での本格的な貿易は生糸の輸出から始まり、その後、茶や養蚕の輸出も行われるようになる。一八六〇（安政七／万延元）年から輸入貿易も活性化し、綿織物や毛織物を中心に綿糸・製鉄品・薬品・船舶・武器などが大量に輸入された。特に一八六四（文久四／元治元）年からの進展は著しく、開港直後は輸出の方がはるかに多かったが、しだいに輸出と輸入が肩を並べるようになった。

輸出・輸入ともに横浜は他の貿易港を圧倒し、一八六一（万延二／文久元）年以降、横浜での貿易額は常に全国貿易額の三分の二を占めていた。特に輸出においては、長崎や函館をはるかに凌駕し、主要輸出品である生糸と蚕種においては独占状態だった（『神奈川県の歴史』二六三〜二六四頁）。

しかし、発展しつつあった矢先の横浜を、突然の大火が襲った。一八六六（慶応二）年一一月二六日の朝、豚肉料理屋鉄五郎宅（横浜市中区旧末広町、現在の尾上町二丁目付近）から出火し、その火は近くの港崎《みよざき》遊郭へ燃え広がった。火はさらに風にあおられ大田町、弁天通に燃え移り、日本人居住区から外国人居留区に広がり、鎮火したのは夜の一〇時になってからであった。この火事は、その出火元から「豚屋《ぶたや》火事」と通称される。

豚屋火事の様子（『イラストレイテッド・ロンドン・ニュース』1867年2月9日号）

この時、火災を実際に体験したイギリス外交官アーネスト・サトウは、「回想録」の中で次のように記している。

十一月二十六日［訳注――慶応二年一一月二〇日］に、横浜に未曽有の大火があった。外国人居留地の四分の一と、日本人町の三分の一が灰燼に帰したのである。半鐘が朝の九時ごろ鳴りはじめた。ウィリスと私は屋上の物見に上がった。およそ半マイル先の、ちょうど風上に当たる方角に、火災が天に冲《ちゅう》しているのが見えた。
私は、あわてて長靴（運わるく私の一番古いやつ）をはき、帽子をかぶって、急いで火災の場所を見にかけつけた。（中略）
いつも相当の人出で混雑している狭い往来は、今や群集で全く身動きもできないありさま。興奮しきった人々は、身近に迫った猛火の中からやっと持ち出した家財道具をかつぎながら、狭い通りの下手の端からなだれをうって押し寄せてきた。私は、燃えている家のそばへできるだけ近づこうとしたが、火脚の速いのにびっくりして、いそいで退却した。（中略）
火災は土堤道の家々の屋根に向かって突進し、まだ充分に燃えあがっていない場所のあちこちへ火を噴きつけるのは、見るも恐ろしい光景であった。突然、すぐ近くの街の半分が、ものすごい閃光を発して、パッと燃え上がった。油商人の店に火がついたのだ。もう、一刻も猶予できる場合ではなかった。私は踵《きびす》をかえして、わが家の方へ駆けだした。
（『一外交官の見た明治維新』上、二〇〇～二〇一頁）

火事で大混乱していた様子が読み取れる。激しい北風が吹いており、風下にあるサトウの家にも火が迫っていたので、サトウは家に帰り着くや、召使を呼んで家財の荷造りを手伝わせ、洋服箪笥から手当たり次第に衣服を取り出し、書物や簞笥、オルガンなどを安全な場所に運んだ。さらにそこにも火の手が迫ってきたので、居留地の友人が所有する倉庫へ再び移し替えた。しかし、火炎は激しくなり、外国人の倉庫や住宅に燃え広がり、海岸通りの半分を焼き払い、アメリカ領事館やジャーディン・マセソン社にも燃え移った。

この火事で一七〇人のヨーロッパ人とアメリカ人が宿無しになり、耐火倉庫を信頼していた多くの人々は着のみ着のまま全くの無一文になったという。サトウも、背負っていた数着の衣類が残っただけで、愛用の帽子までなくしてしまっていた（『一外交官の見た明治維新』上、二〇一～二〇三頁）。なお、サトウが屋上から一緒に火事を見た「ウィリス」とはウィリアム・ウィリスのことで、サトウとウィリス、それに英公使館二等書記官A・B・ミットフォードは、居留地に最も近い日本人町のはずれの三軒の小さな家に隣りあって住んでいた（B・M・アレン『アーネスト・サトウ伝』六八頁）。

この火事で、日本人町の三分の一が焼失し、外国人居留地も多大な被害を被った。ブラントンが来日した一八六八年頃の横浜は大火からの復興の途上にあり、新しいまちづくりが求められていたのである。

居留地の様子（豚屋火事を経た、1875年以降の撮影）

二　ブラントンがみた横浜

横浜大火から一か月後の一二月二九日、幕府と外国公使団の間で一二条からなる「横浜居留地改造及競馬場墓地等約書」（「第三回地所規定」）が結ばれた。ここには防災、道路、公園、防火建築、下水道の整備など西欧の近代都市並みの都市計画が記され、一年内の工事期限が付いていた。しかし、幕府が直ちに実施したのは、吉田橋と海岸通りの道路（馬車道）だけで、その他は明治政府が引き継ぐことになった（鈴木智恵子『横浜・都市の鹿鳴館』六二～六五頁）。

来日直後、ブラントンは、灯台建設のための拠点を横浜弁天に置いた。外国人居留地の欧米人の家屋は、バンガロー式にタイルで屋根を葺いた洋風の建物であったが、日本人の家屋はブラントンにはまるで原始的に見えたようである。ブラントンは手記の中で次のように記している。

日本を訪れたことのない者には、平均的な日本の住宅がいかに原始的なものであるかを想像することは困難である。日本の標準の家屋は簡素で、その住心地は四季を通じて不快である。地面上わずかに頭を出した礎石の上に、垂直に立った数本の柱が建築物の最も主要な構造を成している。これらの柱が驚くほど重くて拙劣な構造の屋根を支えている。屋根は重いタイル、すなわち厚い屋根葺きの材料で覆ってある。（中略）

家屋内には火鉢か炬燵（部屋の中央に低くこさえた暖炉で、その中に赤熱した木炭を入れる）以外の暖房はなく、換気の装置も、障子を開けるか、部屋仕切りの上部に設けた欄間を通じてする以外にはない。ガラスは使わないから、採光は障子の紙を通して入る光だけである。また多くはないが、二階のある家がある。二階へは梯子で登る。二階以上の高層の建物は滅多にない。

（『お雇い外人の見た近代日本』五九〜六〇頁）

一八五一年のロンドンで開催された第一回万国博覧会の主会場クリスタルパレス（水晶宮）は、四〇〇〇トンの鉄骨と三〇万枚の硝子で覆われ、「まるでおとぎの国のよう」と言われた。母国のそのような発展と対照して、日本の家屋事情はブラントンの目には惨憺たるものとして映ったであろう。また、日本の道路事情の悪さについても、ブラントンは驚きを隠せなかった。

乾いた堅い道路など、昔の日本では考えも及ばなかった。荷物を曳くのに馬を使うことはしない。小さな車輪のついた手押車に荷物を積んで人が運ぶ。道路は単に地面を平坦にならして造るだけで、何らかの方法で路面を加工しようなどとは考えない。道路の表面を地ならしする作業は一般にごくぞんざいであるから、強い雨の後は、まるで日本の内海のような水溜りがいたる所に出来る。

（『お雇い外人の見た近代日本』六一頁）

このような状況を見かねた駐日公使ハリー・パークスは、欧米諸国を代表して神奈川県役所に対して、居留地を現在の不健康で不快な状態からヨーロッパ文明の要求するレベルに改善することを求め、ブラントンに命じて「居留地改良計画」を作らせた。

三　居留地の下水道整備計画

横浜に住む外国人にとって、居留地の改良計画の中でも下水道の整備は最大の関心事であった。横浜開港の翌年、英国領事代理ハワード・ヴァイスらにより居留地下水道の整備が要求され、また、一八六三（文久三）年には英国工兵大尉フレッド・ブラインによって下水道計画が策定されたが、いずれも実現には至らなかった（馬場俊介「ブラントンの横浜上下水道計画」三六二〜三六六頁）。居留地における下水道は不完全で、街路も修理が必要で照明もないという状態だった。居留地の人々は度々会合を開き、改善策を練っている。その様子については、ブラックが次のように記している。

居留地の衛生施設については、特に、下水や臨海地等の処理の目的で、S・J・ガワー氏邸で会合が開かれた（当時、このような有益な会合はほとんどすべて、ここで開かれた）。フランク・ホール氏（ヴォルシュ・ホール商会）が議長になった。その結果、市街清掃隊が設立され、毎日街路、下水、海岸通りから不快なゴミを除き、居留地から離れた適当な所に運ぶことになった。

（『ヤング・ジャパン1』二六六～二六七頁）

ロンドンでは、一八五五年に下水道工事に着手し、埋没した下水道を通して、屎尿を市街地より二〇キロ下流に流す工事を施すことで悪臭と疫病から解放された。ロンドン以外の都市でも、ハンブルク（一八五九年）やシカゴ（一八六八年）で下水道整備が進められていた。下水道の整備は、一九世紀、コレラ禍に悩んでいた欧米の大都市の最大の関心事だったのであり、横浜居留地の欧米人（約半数はイギリス人であった）が、居留地の再建にあたり母国並みの衛生的で近代的な設備を要求したのは当然のことであった（「ブラントンの横浜上下水道計画」二六六頁）。

居留地の再建工事は、当初、日本側が実施することになっていたが、不衛生きわまりない状態からヨーロッパ並みのレベルに改善したいと考えたパークスの強い要望により、ブラントンに計画の策定が依頼された。ブラントンは、一八六八年一一月七日より横浜居留地の測量を開始し、居留地の精密な実測図に基づく下水道及び道路整備計画を作成して、一八六九年三月、神奈川県当局に「外国人居留地の排水計画」を提出した。その中で、ブラントンは次のように記している。

横浜の不満足極まりない現状について、私が詳しく述べる必要はあるまい。住居から集まる動植物のごみは、排出手段がなく、悪臭を放つまでしばしば屋敷内に放置され、危険極まりない状態である。雨水を流し去る水路もなく、大雨が降ればすっかり水たまりになって、地面はどろどろとなり、湿気がたちこめて、住民は逃げ出さない限り、伝染病やもろもろの病気にまともに襲われる。

（リチャード・ブラントン「横浜の下水・道路整備計画」九三頁）

ブラントンの下水道計画は、小型の陶製円管を道路の地下に埋没し、固形物の混入した家庭汚水の流入を禁止し海に直接排出するという方法で、イギリスの最新技術が取り入れられていた（「横浜の下水・道路整備計画」九三〜九四頁）。路面排水と地下に排水管を埋設する工事は大がかりなもので、この種の工事は日本ではかつて試みられたことがなく、日本人は非常に興味を持って注視したという。ブラントンも手記の中で「どんな物でも竹で造るこの国では、東京近くに柔らかく、製陶に適した粘土があることはよく知られているのに、粘土を焼いて排水管を造り、地下に埋めることなどかつて考えたこともなかったのである」と記している（『お雇い外人の見た近代日本』六三頁）。

ブラントンは原寸大の排水管の図面を日本人役人に渡し、試作品を作らせた。それは幾分柔らかかったもののなんとか使用できそうだったので、改良を加えて必要量が供給できる手筈を整えた。ところが、数百個の土管を並べて土中に埋め、土をかぶせて地ならしをしたところ、盛り土の高さが不均一だったため、地ならしで大きな圧力がかかった箇所の土管が割れるという問題が発生した。そこで、工夫を加えて十分圧力に耐える土管が製造され、再度土中に埋められた。

しかし、下水管の断面がきわめて小さかったのと、その後、居留地の人口が増えたことなどから、完成後一〇年も経ないうちに集水能力が飽和状態に達し、改修工事が必要となった（「ブラントンの横浜上下水道計画」三六六頁)。そこで、神奈川県土木課御用掛三田善太郎によって全面的に煉瓦造に改造されることになった。工事は一八八一年一二月に起工し、一八八七年に完工した。

四　上水道と街路照明計画

実現には至らなかったが、ブラントンは横浜の上水道の整備と街路照明計画にも関わった。安全な飲料水の確保は、下水道の整備と共に横浜居留地の外国人にとって大きな関心事であった。一八六二(文久二)年、イギリス領事代理ヴァイスによって計画された上水道の整備は消火用水のためであったが、その後、急激な人口増加に伴い居留地における水不足と衛生状態の悪化が深刻となった。供給される飲料水が衛生上問題のあることは、外国人のみならず日本人も認めていた。ブラントンも手記に、「家庭からの排水は、普通近くの汚水溜に流れ込み、汚水が土中に浸透するので地下水も汚染している。飲料水を汲む井戸も一般には各戸の裏手に掘ってあるから、多少の差はあるにしても井戸の多くは汚水溜の近くにあることになる。したがって当然不潔な飲料水を使用することになる」と記すように、問題は切実なものであった(『お雇い外人の見た近代日本』六五頁)。

一八六九年四月、神奈川県知事・寺島宗則はブラントンに横浜に浄水を供給する工事の設計を依頼する。寺島は薩摩藩出身で、薩英戦争の時、捕虜となって二年間イギリスに滞在し、明治維新後は新政府に出仕、参与兼外国事務掛、神奈川府判事などを歴任した。その後、駐英大弁務使を経て、一八七三年には外務卿に就任し、樺太＝千島交換条約の締結や江華島事件の処理などにあたることになる。晩年には元老院議長や駐米公使なども歴任した。

ブラントンは一年ほどかけて所々に水源地を探索し、帷子《かたびら》川上流川井村に水源地を見つけ、政府に浄水施設と貯水池等を含む計画書を提出した。ブラントンの計画は、上水道にはきれいな水源の開発と濾過処理が大切であるとの認識から、鉄製のパイプを通し、重力を応用して通水するというものであった。しかし、ブラントンによれば、日本人の感覚は、竹の節を抜いて繋ぎ合わせたり、材木を中空にして水を通せばよいといったもので、通水路を高くしなければならないところでは、人の手や足を使って水車で水を上げればよいと考えていた（『お雇い外人の見た近代日本』六五～六六頁）。ブラントンの上水道計画が、完成度は高いと評価されながら実現に至らなかったのは、莫大な費用を投じても採算に合わないと判断されたからである（「ブラントンの横浜上下水道計画」）。

水道の整備は横浜水道会社の木樋《もくひ》水道工事、G・A・エッセルらによる改修を経たが、使いものにならず、最終的に、一八八七年、ヘンリー・スペンサー・パーマーによって相模川支流の道志川を水源に約四四キロの鋳鉄製水道管が敷設された。

居留地の下水・道路整備に関連して、ブラントンは石油による照明計画を提案され、一八七〇年九月には実験的であったが、海岸通りの街灯柱に石油灯が灯った。

ブラントンは、日本産の油を燃料とするランプを備えた木製の街灯柱を約二〇〇フィート毎に設置すべきだとし、「通常の船内灯が最適だろう。それはどんなカンテラよりも安く、破損の恐れは少なく、十分に明るい。しかも、何より便利なことは、屋内で点灯して、運び出し、街灯柱においても安心が保てる」と記している（「横浜の下水・道路整備計画」九六頁）。

ブラントンの計画では、旧居留地に一二〇本の、旧埋立居留地に四〇本の木製街灯柱を設置し、その設置費は一本あたり一〇ドル、全年間維持費は四四〇〇ドルと見積もられた。ブラントンは手記の中で「街路照明については、日本政府は外国人社会の要求に応じるため、柱を建ててその上にランプを掲げることはしたが、その維持費は支出しなかった。街路照明のことはずっと後になってガスが入って来るまで延期された」と記している（『お雇い外人の見た近代日本』六六頁）。高島嘉右衛門とフランス人技師アンリ・プレグランにより、関内の馬車道から県庁前にかけてガス街灯が建てられたのは、二年後の一八七二年のことだった。

五　横浜公園

現在の横浜公園にあった港崎遊郭は、横浜開港に伴い幕府によって開港場に近い関内に建設されたもので、廓の形態は江戸吉原に、外国人への接待の仕方は長崎丸山にならったといわれる。その盛況ぶりは歌川芳員《よしかず》の浮世絵「横浜港崎廓岩亀楼異人遊興之図」に描かれたほどである。ところが、外国人が増えるにつれて居留地の拡張整備が強く要望され、一八六四（元治元）年に幕府と外国公使との間で「横浜居留地覚書」が結ばれ、その第五条に港崎遊郭は「焼失した際には再建不可とな

横浜公園。写真右半分に大きなクリケットグラウンドが見える

る」と明記された。その数年後に横浜の大火がおこり、復興にあたって一八六六（慶応二）年一二月二九日、「横浜居留地改造及競馬場墓地等約書」が結ばれ、約定《やくじょう》の第一条によって、焼失した遊郭の跡地には公園を造成することが決まり、遊郭は関外に移転していった。

一八七〇年六月、外務大輔寺島宗則とパークスが英国公使館で会談した際、パークスが「公園の半分を遊技場に使用したい」と要請し、公園の設計者としてブラントンを推し、日本側もこれを了解した。それを受けてブラントンが公園の北側約半分をグラウンドとする設計図を作ったが、アメリカ公使チャールズ・デロングがクリケットはもっぱらイギリスのスポーツでありグラウンドも大きすぎるとクレームを付けたため、公園中央に当初の三分の一程度の縮小したグラウンドを設ける案に修正された（田中祥夫『ヨコハマ公園物語』八二〜八五頁）。

このような曲折を経、一八七六年二月、横浜公園が開園した。外国人と日本人の両者に開放されたことから、「彼我《ひが》公園」とも呼ばれた。一九〇九年、居留地制度の撤廃に伴い横浜市の所有となり野球場も造られた。一九二三年九月の関東大震災では、多くの市民が横

ブラントンの胸像（横浜公園）（筆者撮影）

浜公園に避難し助かったという。また、一九三四年、読売新聞社の招きでベーブルースやルー・ゲーリックら全米選抜野球チームが来日し、全日本選抜チームと対戦した。結果は二一対四で全米選抜チームが圧勝した（田中祥夫ほか「座談会　横浜公園とスタジアム」三頁）。太平洋戦争後は駐留軍に接収され、野球場はゲーリック・スタジアムと改称された。一九五二年に横浜市に返還され、一九五五年には「横浜公園平和野球場」と再度改称され、一九七八年には横浜スタジアムが建設された（『ヨコハマ公園物語』六四頁）。

六　日本大通り

「横浜居留地改造及競馬場墓地等約書」の約定では、居留地の全ての道路は砕石、あるいは礫《こいし》を敷いて地ならしをすることが規定されていた。その際、歩道を造ること、溝を埋めて路面排水の方式を採用すること、低地で水はけの悪いところは盛土をして高くすることなどが定められていた。

これを受けてブラントンは、何マイルもの道路や歩道を「マカダム方式」（細かい砕石を幾重にも敷き、コールタールで舗装する工法）で舗装し、路面排水と地下に排水管を埋設する大がかりな工事を実施することにした。この工法にはまず適当な硬さの石が必要だった。苦労して探した結果、ブ

イギリス領事館や県庁舎あたりの日本大通り。約定どおり、歩道が設けられているのがわかる

ラントンはこれにかなう石を伊豆の下田湾で見つけ、たくさんの日本の船を雇って横浜に運んだ（『お雇い外人の見た近代日本』六二〜六三頁）。

　砕石をならし固める重いローラーも必要だったが、当然そのようなものは日本にはなかった。五トンくらいある大きな石塊を採石場から切り出し、これを利用して適当な重量のローラーを造った。しかし、今度はローラーを牽引できる動物がいなかった。日本では牡牛《おうし》のほかに物を曳くのに馴らされた動物がおらず、馬は荷物を背に積むか、乗馬にしか使わないので、ローラー曳きは人力に頼らざるを得なかった。一年もの間、二、三〇人の労働者が一団となって横浜の道路を重いローラーを曳いて上ったり下ったりすることになった。工事は一八七〇年の秋に完了した。ブラントンは、「外国人にも日本人にも等しく満足できるものであった」と誇らしげに記している（『お雇い外人の見た近代日本』六四頁）。

　このようにして造られたのが「日本大通り」である。横浜公園と波止場を結ぶ長さ四一〇メートルの道路で、幅が三六メートルと広く造られたのは、火災が起きたときに居留地への延焼を防ぐためであった。約定の第三条には、「延焼を防かん為広さ百二十フィートの街道を海岸より右に云う公の遊園迄居留地の中央を通し」とあり、居留地と日本人市街との間に強固な防火帯をつくり、火事から居留地を守ることが目的とされていたことがわかる。日本大通りは横浜の大火をふまえ計画された防火道路であり、ブラントンはこの方針に基づいて設計を行ったのである。

七　鉄橋・吉田橋の架設

ブラントンが「日本人を駆り立てた進歩の精神を象徴するいま一つの例は鉄橋の架設である」と記しているように（『お雇い外人の見た近代日本』八一頁）、住宅と同様に橋も外国人の目には極めて原始的なものと映っていた。

橋脚に用いられたのは木の皮が付いたままの材木、橋脚と橋脚の間に渡されたのは曲がった二本の材木（これが日本の橋特有のアーチ形を形作っていた）で、その上部には厚い板が横に並べて張ってあり、そこに粗雑に造った手すりが付くともう橋は完成である。このような橋を評して、ブラントンは「こんな橋は絶えず修理が必要で、また馬車などは通れない。橋は五年毎くらいにすっかり架け替えなければならない」（『お雇い外人の見た近代日本』八二頁）と記している。

ブラントンは、神奈川県知事・寺島宗則から、横浜から東京への幹線道路にかかる「短命な橋」を「恒久的な橋」に架け替えてほしいと依頼される。のちに日本で二番目の鉄橋となる吉田橋であり、関内への入口に架けられた。寺島は同時に、「ヨーロッパではどのようにして橋を架設するかを

吉田橋

日本人に見せたい」とも語り、この意図に共感したブラントンは、イギリスの鉄道で鉄橋の架設工事に若干の経験があったので、かなり条件は異なるものの、寺島の申し入れを引き受けた（『お雇い外人の見た近代日本』八二頁）。

ブラントンが設計したのは、石の橋台（アーチの両端を支える台）をもつラチス橋（格子形の骨組みで支えた橋）で、橋脚間は長さ約一〇〇フィート（約三〇・五メートル）、橋の幅二五フィート（約七・六メートル）であった。経費は少なく、ヨーロッパから架橋に必要な資材の輸入や技術者の雇い入れはできなかったので、横浜で鍛冶工の技能を持っている者を一人雇い、工場から穴空け機と剪断機を借りた。香港で入手した鉄板を所定の寸法に剪断し、鉄鋲を打ち込む穴を空け、大梁はすべて日本人が組合わせ、鉄鋲を打って組立てた。

ブラントンによれば、西洋式の橋を架ける工事に、日本の民衆は大変興味を示したという。架橋工事の間中、外国人の新奇なもくろみを見物しようと集まってきた人々は、工事に使う大きな石の上に腰かけ、煙管で煙草を喫い、この珍しい橋について議論しながら飽かずに眺めていた（『お雇い外人の見た近代日本』八三頁）。

手記の中でブラントンは、自身の造った吉田橋を「日本最初の鉄橋」（『お雇い外人の見た近代日本』

八三頁）と言っているが、実際には二番目の鉄橋であった。最初の鉄橋は、一八六八年、長崎の中島川に架設された「くろがね橋」である。こちらはオランダ人技師F・L・M・フォーゲルによって設計された。

八　横浜築港計画

既に述べたように、開港当初の横浜は、運上所を中心に、東側に外国人居留地、西側に日本人町が置かれ、海岸には東西二つの波止場が造られた。長さ一一〇メートル、高さ一・五メートルの石垣でできた東波止場はイギリス波止場とも呼ばれ、外国船舶の積み下ろしに用いられた。西波止場は日本船舶の積み下ろし用だった。

しかし、波止場こそあったが、砂州の上に造られ浚渫が不十分な横浜港には外国船は横付けできず、沖合に停泊し小型船に荷物を積み替えて波止場で積み下ろすという状態が長く続いた。

横浜貿易が発展するにつれ、外国船が横付けできて容易に貨物の積み下ろしができる埠頭の建設が国内外から求められていく。一八七〇年六月、パークスは外務大輔寺島宗則、神奈川県知事井関盛良との会談の折、「新規波止場の取設」を要求、同年九月、ブラントンに横浜築港計画の立案が依頼された。ブラントンは、ロンドンのミッドランド鉄道工事に従事していた時、築港計画にも関与した経験があったので、これを引き受け、四回にわたって横浜築港計画案を政府に提出した。

第一案（一八七〇年九月）は、イギリス波止場を二五〇ヤード延長するもので、六隻の船が接岸でき潮位に応じて浮き沈みする物揚場を持つという計画であった。

第二案（一八七三年九月）では、大船二隻、小船四隻の入泊が可能という築港計画の枠組みを提示し、波除埠頭の築造法はコンクリート塊積に加え干潮面以上は木造が現実的であろうとしている。

第三案（一八七四年三月）は、関内外国人居留地の地先海面を波除堤で構え込むことを提案し、東ピアは長さ三三〇〇フィート、西ピアは長さ二四二〇フィートとし、ピアの内部に一一二エーカーの碇錨域を確保している。

第四案（一八七四年一一月）は、イギリス波止場の西端から発する長さ五〇〇〇フィートのコンクリート製埠堤と、神奈川台場方面に製造される波除堤から成り、関内日本人街から西方向の神奈川へ至る地先海面を構え込むものであった（横浜開港資料館編『R・H・ブラントン』七二～七七頁）。

ブラントンは手記の中で、「一八七三年八月、私はこの計画のため正確な平面図と経費の見積書を作成するよう命じられ、その年と次の年いっぱいはこの仕事のために忙殺された。検討を重ねるうちに港の改良計画は次第に拡大して、ついには五〇〇エーカーの水域を擁する長さ二マイル（約三・二キロ）のコンクリートの防波堤の建設と二五〇万ドルの経費を要するものとなった」と記している（『お雇い外人の見た近代日本』一八四頁）。大蔵卿大隈重信と工部卿伊藤博文も、外国船が横付けできて容易に貨物の積降のできる埠頭の建設を熱望していたので、ブラントンの計画を支持した。

一八七四年三月一八日には、明治天皇と皇后が横浜の灯台寮を公式訪問したが、この時林董を通訳に試験灯台などを案内したブラントンは、その後、横浜築港計画（第三案）の詳細についても説明し、それに興味を示した天皇が林を通じてブラントンに労いの言葉をかけたこともあった（『お雇い外人の見た近代日本』一八七～一八八頁）。

しかし、ブラントンの改良計画は日本人のみならず外国人社会でも議論となった。この計画が無用に膨大な規模であり、むしろ運河を作る方が一般に利益をもたらすという反対意見も多かった。そこで、ブラントンは社会一般に理解を求めるため、当地の各新聞に横浜築港計画の資料を添えて一文を寄稿したところ、激しい論争が巻き起こったが、大隈や伊藤の強い支持があったにもかかわらず、ブラントンの横浜築港計画は頓挫してしまう。

横浜築港計画は、ブラントンの他に内務省雇いのオランダ人技師ファン・ドールンにも依頼されていた。ドールンは、一八七四年、横浜港の東南側に係船埠頭を兼ねた防波堤をつくり、その内側に桟橋を設ける計画案を提出した。しかし、ドールンの計画案はブラントンと同じく海底地質調査や詳細な実地調査に基づくものではなく、政府も資金難のため築港計画は延期された（寺谷武明「横浜築港の経緯」）。

一八八三年、アメリカから下関事件の賠償金七八万五〇〇〇ドルが返還されたことを受けて、横浜築港計画は再び動き出す。「2 灯台建設の背景」の第二節「四国艦隊下関砲撃事件」で記したように、幕府が下関戦争にあたって連合国に支払うことになった賠償金は総額三〇〇万ドルと膨大であり六回の分納と決められていたが、幕府は三回分を滞りなく支払ったものの、残り半分は遅延を重ね、結局幕府によって支払われることはなく、明治新政府が受け継ぐことになる。ちなみに、賠償金を返還したのはアメリカだけであった（『横浜居留地と異文化交流』三四四頁）。

アメリカから返還された金額は円に直すと利子を含めて一三九万円で、これは築港予算約二〇〇万円の三分の二以上となった。一八八六年五月に、内務省雇いのオランダ人技師デ・レーケに依頼がなされ、同八月にも英陸軍少将ヘンリー・スペンサー・パーマーに横浜築港の調査が依頼された（「横浜築港の経緯」二六頁）。

デ・レーケは神奈川方面に乾船渠設置の適地を求め、二条の突堤にて約三六万坪の泊地を囲む、船舶の碇泊にも便利な案を作り、港内の水深維持のため帷子川・大岡川を港外に導出する必要があると述べた。内務卿山県有朋がデ・レーケ案を推した。これに対し、パーマーはブラントン案をベースとしたコンクリート工法案を計画し、外務卿大隈重信がパーマー案を推した。そこで、内務省が推すデ・レーケ案か、外務省が推すパーマー案かで大きな論争が起こった。パーマーは『ロンドン・タイムズ』の通信員を兼ね、同紙上で再三にわたって日本の文明開化を好意的に紹介していたが、これが勝因となりパーマー案が採択された。明治政府は条約改正のため、イギリスの対日印象を良くする必要に迫られていたからである（「横浜築港の経緯」三九頁）。

一八八九年、パーマーの第一期築港工事により、横浜港は国際的レベルの港として改修築をみるのである。その後、第二期築港工事、さらに大桟橋の改修築等を経て横浜港は近代的港湾に生まれ変わった（小林照夫「港都横浜の一五〇年」五頁）。

8　ブラントンと日本の近代化

一　最初の電信敷設

ブラントンは、明治政府が雇った外国人の第一号と言われている。一八六八年一二月、外国官判事で初代神奈川県知事でもあった寺島宗則は、そのブラントンにイギリスからの電信技師の雇い入れを委嘱する。明治政府は、電信の建設を官費で行う方針を決定したのち、これを灯台寮の管轄下に置くこととしたため、ブラントンが電信の建設を行うことになったのである。

ブラントンは、早速、妻エリザベスの父でエディンバラ在住のジョージ・ワーコップにこの件について依頼した。ワーコップは、スコットランドの鉄道会社で電信技師をしていたジョージ・マイルス・ギルバートを推薦した。ギルバートは、一八六九年九月に機材を携えて来日し、電信の敷設並びに日本人に電信の操作を伝授したのである。最初の電信線は横浜の灯明台役所と裁判所間に設置された。なお、ジョージ・ワーコップの息子（ブラントンの義兄）は父と同姓同名であり、来日して書記兼会計役を務めた彼の名は、本書中で何度か挙げている。
ブラントンによれば、電信の移入にあたっては、「刀を振り回す機会を求めていた狂信的なサムライによって数本の電柱が切り倒された事件」がありはしたが、一般市民からは敵意もなく受け入れられたという（『お雇い外人の見た近代日本』三二頁）。
ところで、ブラントンの認識によると日本で最初に電信敷設の許可を得たのはイギリスではなく、スイスが先だったという。ブラントンの手記にはこうある。

私は帝《ミカド》の国で電信線の建設に着手した最初の者であるが、私より先にこの国で電信建設の許可を得た者がいたのである。イギリスから輸入した資材によって電信線が架設されることを聞知したスイス国の領事はハリー・パークス卿に、自分は将軍の政府から日本国内の電信を建設する認可をスイス国のために取得していると通告してきた。

（『お雇い外人の見た近代日本』三一～三二頁）

スイスはヨーロッパ大陸のなかでもいち早く産業革命に成功し、一九世紀はじめには鉄道、銀行、保険業等が発展し、貿易も著しい進展を遂げていた。ところが、一八五〇年以降、隣国ドイツやフランスの保護関税政策によってスイスの貿易は悪化をたどることになる。こうした状況の下、日本開国のニュースが伝わると、スイスは直ちに日本との貿易の可能性を探るため調査隊を派遣した

（森田安一編『日本とスイスの交流』五頁）。海がないスイスは自国の軍艦を持っていないため、オランダ軍艦に便乗して来日し、幕府との間で修好通商条約を締結した。これが一八六四年二月六日（文久三年一二月二九日）のことである。スイスの歴史学者ロジャー・モッティーニによれば、列強とは異なり国内市場が狭いスイスは、一九世紀半ばから海外市場への進出を目指し、不安定な販路や市場に挑戦していったという（ロジャー・モッティーニ『未知との遭遇　スイスと日本』七〇頁）。日本にとっても海運国でない国との最初の条約締結として、当時は注目を浴びたようである。

スイスから日本への輸出品は主に繊維と時計であり、日本からは主に養蚕紙が輸出された。当時、ヨーロッパに蔓延していた伝染病でスイスの養蚕業が壊滅状態にあったからである。小国スイスは、幕末維新の動乱の中で日本がどのように落ち着くのかを見極めるため静観しており、列強とは違って積極的な行動を起こさなかった。

ところで、日本人の電信への興味は、ペリーが将軍に贈った電信装置から始まった。一八五四（嘉永七）年、二度目の来航時にペリーは大統領から将軍への贈り物として二式の電信機を持ち込み、贈呈前に横浜で電信の実演を行った。電線が一マイルほどまっすぐ張り渡され、両端にいる技術者の間で通信が開始され、一瞬のうちに伝言が英語、オランダ語、日本語で建物から建物へと伝わるのを見て、日本人はびっくり仰天したという。「毎日毎日、役人や大勢の人々が集まってきて、技手に電信機を動かしてくれるよう熱心に頼み、伝言の発信と受信を飽くことなく注視していた」と、その電信に初めて接した当時の日本人の様子が記録されている。幕府役人は電信に強い好奇心を示したようだ（M・C・ペリー『ペリー艦隊日本遠征記』下、一七七頁）。

同年九月、オランダも幕府に電信機を献上した。長崎オランダ商館長がペリーに対抗し本国政府に働きかけたのである。この電信機の組み立てや取り扱いを伝習した勝麟太郎（海舟）・小田又蔵らによって、翌一八五五（安政二）年八月二五日、江戸の浜御殿で将軍家定をはじめ幕府閣老が居並ぶ中、電信の実験が行われた（「近代日本製鉄・電信の源流」編集委員会編『近代日本 製鉄・電信の源流』二四四～二四六頁）。

この他にも、一八六一年一月（万延元年一二月）の日普修好通商条約締結後、プロイセンから幕府に電信機一式が献上された。また、先述した一八六四年二月（文久三年一二月）の日瑞修好通商条約締結後、スイスから幕府に贈られた二百余りの献上品のなかにも小型電信機二機が含まれていた（『近代日本製鉄・電信の源流』二四四～二四六頁）。

一八六七（慶応三）年七月、パリ万国博覧会に出席した徳川昭武一行がスイスを訪問し、最新の電信機製造地であるヌーシャテルに立ち寄った折、外国奉行向山一履は電信機一式を購入すると共に、電信機総裁フイップと電信機売買約定書を取り交わし、電信の技術の習得のため随員二名を電信機工場に一カ月間滞在させた（中井晶夫『初期日本＝スイス関係史』二九六～二九七頁）。先に見たブラントンの手記に、スイス国領事がパークスに「日本国内の電信を建設する認可」を取得していると通告してきた旨の記述があったが、この約定がその根拠である。

一八六五年五月一七日、パリで国際電信の一般的なルールや設備の標準を決めるための最初の会議が開かれ、万国電信連合が設置された。日本はローマで開催された第三回万国電信会議にオブザーバーとして一名を派遣し、さらにサンクトペテルブルクで行われた第四回会議にはオブザーバーとして三名を派遣した。日本が万国電信連合に加盟したのは一八七九年一月一七日で、一九番目の加盟国となった（マイク・ガルブレイス「日本の電信の幕開け」）。

二　鉄道建設への提言

わが国の鉄道は、一八七二年一〇月一四日、新橋・横浜駅間で正式に開業し、エドモンド・モレルをはじめとするイギリス技師団がその建設に関わっていた。しかし、それ以前にブラントンが日本政府に鉄道建設について提言していたことはあまり知られていない。

京浜間での鉄道建設については、一八六八年一月一七日、アメリカ公使館書記官アントン・L・C・ポートマンが老中小笠原壱岐守から許可を得たのがその嚆矢である。しかし、大政奉還の後だったため、鉄道建設をめぐる交渉は明治政府との間で行われることになり、明治政府は、幕府側の署名は新政府発足以前のものであり、外交的権限を有しないとして却下した。

新政府がポートマンの要求を強く拒絶した背景には、ハリー・パークスの進言があった。ポートマンの鉄道建設計画で、鉄道の敷設権と経営権をアメリカ側が持つことになっていたことが、外国への租借地付与につながる恐れがあり、日本の経済的自立が侵されると考えたからである。パークスは日本政府に、外国の資本や経営に依存しなくても、自国の資本で鉄道を建設することが可能であると説き、日本政府自らの意思で鉄道を導入するよう働きかけた。同時に、鉄道敷設の技術援助をブラントンから受けるべきであると助言した（及川慶喜『日本鉄道史 幕末・明治篇』三二頁）。

このような経緯で政府は、来日早々のブラントンに東京・横浜間の鉄道建設についての意見を求めた。ブラントンは早速、線路の設計とその明細書作りにとりかかり、一八六九年三月、政府に意見書を提出した。ブラントンもパークスと同じく、「外国人に依存することなく日本政府が鉄道を建設すべきである」との見解を示し、また、イギリスとアメリカの鉄道を比較しイギリスの技術の高さを強調している。政府はブラントンの意見書を参考に鉄道建設を進めていった（西川武臣『横浜開港と交通の近代化』七三頁）。

ブラントンは政府に提出した意見書の中で、一挙に鉄道を敷詰めることは資金的に困難なので「短き鉄道」をまず造ることを提言し、具体的には東京―横浜間をあげ、その理由として次の五点を列挙した（「鉄道建設に関するブラントンの意見書（明治二年二月）」三四七～三五一頁）。

①東京―横浜間の地面は平坦なため敷設が容易であり、費用も安く済むこと。
②東京―横浜間の距離は鉄道の効力を表すに十分であること。
③横浜は京都及び西方に通ずる大道に位置しており、延長すれば全国鉄道の根幹をなし得ること。
④東京湾には大船が入らないので横浜―東京間に鉄道を敷設すれば将来の繁栄につながること。

⑤東京・横浜の両地域は、商家が多く通行が頻繁であるため、敷設費を節約して鉄道を建設すれば、資本に対し良い割合で益金を得られること。

新政府内では、大隈重信と伊藤博文が鉄道建設に熱心であった。大隈の故郷佐賀藩では、日本最初の蒸気機関車の模型を走らせるなど近代化に向けた新しい施策に積極的で、藩校で学んでいた大隈もこれを見て育った。伊藤は長州藩の命で、一八六三（文久三）年、井上馨らと共にイギリスに密航しロンドンで学んだ。同年、ロンドンでは世界初の地下鉄が開業され、当初は蒸気機関車が牽引しており、鉄道の効果を目の当たりにしていたにちがいない。ちなみに、伊藤と共に留学した一人、井上勝は、帰国後、鉄道事業に尽力し「日本の鉄道の父」と言われた。

一八六九年八月、大蔵大輔となった大隈と大蔵少輔兼民部少輔となった伊藤が、大蔵・民部両省の実権を掌握し鉄道建設を提起するが、兵部省を中心に、軍備の増強の方が急務であり、貿易振興に果たす鉄道の機能は無用で、外国による侵略を容易にするものであるとの反対論が蔓延した。そこで大隈と伊藤は、パークスの力を借りて鉄道敷設を推進しようとしたのである。かつて東北、九州に飢饉がおこり米価が騰貴していた折、北陸その他の地方に安価な米が余っているのに運送手段が整っていないため輸送することができず、結局、外国米を輸入して救済した反省からも、鉄道敷設の必要性が高まっていた。

大隈と伊藤は、鉄道の使用権を外国に譲らず、かつ鉄道敷設の資金を調達できるよう交渉を続け、最終的にはイギリスのオリエンタルバンクから資金を調達し、鉄道敷設事業を続行することが決まった。イギリスの銀行家でインドの鉄道事業に経験があるウィリアム・カーギルが総支配人となり、技師長エドモンド・モレルのもと二〇〇人のヨーロッパ人技術者が鉄道事業に従事することになった。

ブラントンは、日本政府の高官に「汽車旅行の速いこと、乗心地がよいこと及び費用が安くつくことなどについて私が話したことが日本人の願望をかき立てたものと思われる」と手記の中で記しているが、自らの助言が日本の鉄道建設に大きな影響を与えたことを強調したかったのだろう（『お雇い外人の見た近代日本』一〇一頁）。

三代目歌川広重「東京汐留鉄道御開業祭礼図」（1872年）

しかし、これとは裏腹に、ブラントンは鉄道建設よりも立派な道路を造ることが日本の発展に繋がると考えていた。鉄道網の整備には多大な労力と経費が必要であり、ブラントンは機会のあるごとに、「この国の活力はより良い公共道路の造成に向けるのが適切であると私には思われた。これらの道路が発展を培養する路線となり、その発展はやがては鉄道の建設につながる」（『お雇い外人の見た近代日本』一〇一～一〇二頁）という内容の主張をしたというが、鉄道を国家発展の象徴的なシンボルと見なし建設を強く望んでいた政府高官らには、ブラントンの意見は届かなかった。

横浜―東京間の線路敷設工事は、一八七〇年四月半ばに開始されたが、工事は順調に進んだわけではなかった。ブラントンも、「建造物が完成したかと思うと打ち壊されて、別の場所に再建されたり、線路の変更も何回となく行われた。橋梁は完成したと思うと間もなく補強工事が行われた。線路は思いつくままに曲りくねって敷設され、その上に汽車を走らせることができるなどとても思えなかった」と記している（『お雇い外人の見た近代日本』一〇六頁）。

鉄道敷設の総経費は法外な額だったと伝えられるが、公式な発表はされなかった。ブラントンは「このような悲観すべき状態をもたらした原因は、工事を主導すべきカーギルを首班としたヨーロッパ人技術団が、作業に当って日本人役人たちの介入を許したためである。この種の工事に当然必要な、そして経済的な工事施工のシステムに全く無知な癖に頑固で、ひとりよがりで、許される限り横柄に振舞う彼らが、工事の破滅を回避するための絶対的要素である強い指導権をとったためであった」と痛烈に批判している（『お雇い外人の見た近代日本』一〇六頁）。

鉄道の建設こそ、日本が近代文明国家として出発したことを目に見える形で体現するにふさわしいものであり、一八七二年九月一二日、天皇の行幸を得て鉄道開通式は行われた。

三　大阪港の改良工事

ブラントンは大阪港の改良についても具申した。

大阪湾には淀川が注ぎ込み、河口には砂州があるため大型船は通行できず、四キロ離れた天保山沖に投錨して荷揚げし、艀で物資を運んでいた。しかし、天保山沖での停泊は、冬の時期は強烈な西風のため荷役が困難なうえ海難事故が続出した（大阪市港湾局編『大阪築港１００年』上、三一頁）。ブラントンが来日する半年前の一八六八年一月一一日にも、アメリカ海軍の船が大阪港口の砂州で転覆沈没し、海軍少将ベル、海軍中尉レイド、その他、乗組員一〇名が溺死するという事故が起きていた（リチャード・ブラントン「R・H・ブラントンの遺稿㈠」一八頁）。

淀川は商業の中心地である大阪から商品を積み出す唯一の船舶交通路であったから、河口の砂州の存在は、外国人にとっては大阪の開市を阻む大きな障害だったのである。加えて、一八六八年の二度にわたる大洪水によって、大阪の海運を守るには新しい港が必要だと考える人々も多くなり、政府も「治河使《ちかし》」を設置して対処の姿勢を示した。一方、外国官判事・五代友厚や大阪府知事・後藤象二郎らは、港湾整備の重要性を積極的に政府に説いたのである（『大阪築港１００年』上、三一頁）。

ブラントンが大阪港の改良計画に関わることになったのは、専門家の意見を聞きたがっていたパークスが五代に、ブラントンに港の改修工事の計画書を作らせるよう勧告していたからだという（『お雇い外人の見た近代日本』八五頁）。そこで、マニラ号で灯台建設予定地の視察に出かけたブラントンは、一八六八年一二月四日、神戸に着くと、別の船に乗り換えて大阪に向かい（横浜開港資料館編『R・H・ブラントン』九八頁）、大阪府知事であった後藤象二郎と、同府判事だった五代友厚（外国官判事兼職）に面会し、大阪築港計画を依頼される。

後藤は土佐藩出身で、藩主山内容堂の信頼を得て大政奉還論の提議や薩土同盟にかかわるなど藩政をリードし、維新後は大阪府知事や工部大輔、晩年には逓信大臣や農商務大臣などの要職に就いた。五代は、薩摩藩出身で薩英戦争では寺島宗則と共にイギリス軍の捕虜となり、その後藩の留学生として渡欧、維新後は新政府の参与という幹部の役職につき、外国事務掛（現在の外務次官級の立場）に任ぜられた。新政府では外交の仕事は港のあった大阪や神戸が中心だったこともあり、程なくして五代は大阪府判事に任命され、さらに初代大阪税関長にも就任した。

依頼を受けたブラントンはただちに測量を開始し、築港計画案を大阪府に提出した（『R・H・ブラントン』）。ブラントンの案は、淀川は洪水時に土砂の流出が多く、特に下流の安治川は勾配がゆるく、土砂が体積して砂州を形成しやすいので、安治川の北部に放水路となる新川を掘って、川水や沈泥を新川に転ずるとともに、同河口に堅固な防波堤を築き、船の停泊の安全性、利便性を向上させるというものであった。

大阪府はさっそく着工の準備を進め、一八六九年三月三日、五代友厚の名で在阪各国領事に新港開削を通告した。このことから、大阪港改良計画は五代友厚が差配していたものと考える。しかし、工事費が一二四万円を要することから維新政府の財政力では賄いきれず、実現には至らなかった（『大阪築港１００年』上、三二頁）。

ブラントンの計画が挫折した後、市民の間で大阪経済の立て直しを築港によって実現しようという機運が高まり、国も大阪築港の必要性を認めたびたび計画は持ち上がったが、工事が難しいことや莫大な資金が必要なことからなかなか実現には至らなかった。ようやく着工するのは、一八九七年のことで、オランダ人技術者ヨハネス・デ・レーケが築港工事の計画を立て、同年七月一日、旧天保山砲台を式場に盛大な起工式が執り行われた。

四　新潟港の改良工事

ブラントンは新潟港の改良工事計画にも関わっていた。

新潟港は、一八六九年一月一日、外国貿易のために開港された。外国船が頻繁に来航したのは一八六九年（一八隻）、一八七〇年（二〇隻）であり、それ以後は年内に数隻の外国船を見かける程度であった。イギリス船が最も多く、続いてアメリカ、オランダなど八カ国に及び、養蚕紙・銅・漆器・乾鮑・茶等が輸出され、ライフル・鉄砲・ピストル等の武器（一八六九・七〇年がピーク）、毛織物・砂糖・石けん・洋酒・ガラス・マッチ・時計等が輸入された。新潟港を窓口として西洋文明が日本海沿岸地域に伝わっていたのである（『新潟県史 通史編6』四三八頁）。

しかし、安政の五カ国条約が締結された時点では日本海側の開港場が新潟に確定していたわけではなく、五カ国との交渉の結果次第では、他の港が開港場に指定される可能性もあった。大阪港と同様に河口にあった新潟港は、信濃川の排出する土砂のために水深が浅かった。船が着岸できないため、荷役は沖合に停泊して行う「沖繋り《おきがかり》」で、貿易港として利用の価値に乏しく、横浜の商人たちも新潟を貿易港として重視していなかった。外国船の調査によっても、土砂の堆積がはなはだしく船の入港もままならないため、港には不向きであると判断されていた。

パークスは、これを日本にいる外国人貿易業者の利害に関する重大な問題と考え、日本政府に新潟港を外国船の利用できる港に改良すべく早急に措置をするように督促した。また、ブラントンに対しても、信濃川を視察し詳細な報告書を作成するよう命じた。

一八七一年六月、ブラントンは数週間新潟に滞在して調査を行い、その結果を横浜でひらかれた日本アジア協会（在日英国人によって組織された協会）の会合で報告した。ブラントンは、その冒頭で、信濃川と外国の川の流量を比較している。

信濃川は、信濃、越後及び武蔵の国に広大な流域を擁する放水路である。概して言えば、水路は北西に流れ、全長は約二五〇マイル（約四〇〇キロ）で、その流量は、私が当該地にいたときの測量では、毎分一五〇万立方フィート（一万立方フィートは約二八三立方メートル）であるが、夏期は毎分七〇万立方フィート、増水期は一四〇〇万立方フィートと計量されている。これらの数字は一八七三年、日本政府雇いのオランダ陸軍工兵隊のJ・A・リンド中尉が独自に計算したものである。因みにテームス川は毎分わずか四〇万立方フィート、英領アイルランド最大の川シャノン川は増水期でさえ毎分五〇〇〇立方フィートである。これによって日本の河川の水量についてある程度の比較考察ができるであろう。

（『お雇い外人の見た近代日本』九〇頁）

ブラントンの調査によれば、信濃川の河口から六四キロほどの区間は浸食によって川幅が広く、幅五キロ近くになる場所もあったという。この広い川幅のいたるところに浅瀬や砂州が形成されており、ところによっては水深が一メートル足らずとなって全く水運に適さない。川岸は細かい砂で形成され、低く平坦であるため、洪水の度に川は氾濫し、約四八平方キロの沃地が年に五、六度も冠水するということだった。信濃川の流域は、これまでにもたびたび広域な区域に洪水被害が起きていたのである。

日本政府の治水の方針は、大規模な放水路を造って増水を分流するというものであった。信濃川の河口付近は海岸と並行しているので、河口から六四キロ遡った大河津に巨大な分水路を設け、一三キロほどの水路を経て寺泊で溢水を海に放流するというのである。

ブラントンはこの方針に真っ向から反対している。これでは港を浅くしている砂の問題を解消できないからである。ブラントンの案は、木造の堤防をもった深い流水路を造るというものだった。増水時に生じる急流を利用し、河口に堆積した砂を外海の十分に深いところまで流しさろうというのである。ブラントンは、ヨーロッパにおいて同じような堤防が効果をあげている例を知っており、新潟港でも実現可能だと考えていた（『お雇い外人の見た近代日本』九一～九二頁）。

ブラントンの計画は、測量が河口のみに限られ、また外国の利潤を優先したものであり、そこに新潟港の近代的港湾施設の整備計画までは含まれていなかった。そのため日本政府はオランダ人技師J・A・リンドを派遣して信濃川全域を測量させたが、リンドの報告も分水工事の中止を促しており、ブラントンと基本的には変わることはなかった。

一八七五年、大蔵大臣大隈重信はブラントンの設計を実施することを決定し、そのことをブラントンにも通知したが、予算が承認されず政策への支持も少なかったため、結局、新潟港改修計画は無期延期された。

一八九四年、帝国議会で信濃川河口修築工事が正式に発案され、翌年、議会で原案が可決された。信濃川河口の流路を狭め、河口の両岸から日本海へ導流堤としての突堤を築き、その掃流力によって河口に溜まった砂利を日本海に吐き出す計画で、ブラントンの案と同じ内容だった。しかし、その後も度重なる洪水のため工事は延期され、計画案も修正された。

一九二六年、新潟港は近代港湾施設が完成し、開港以来、本格的に対岸貿易にのり出すことになった（知野泰明・大隈孝「お雇い外国人技師R・H・ブラントンの信濃川河口調査に関する研究」三五八頁）。

9　ブラントンと岩倉使節団

一　『ロンドン・タイムズ』への投書

岩倉使節団は、条約改正の予備交渉を主目的とし、同時に日本政府の首脳陣が諸外国の文明に親しく接し、見聞を広めることを企図して欧米に派遣された。岩倉具視を特命全権大使とし、副使の木戸孝允、大久保利通、伊藤博文、山口尚芳以下、各省派遣の専門官である理事官や書記官などを加えた大使節団であった。一行は、一八七一年一二月二三日、太平洋汽船アメリカ号で横浜を出港、翌年一月一五日、アメリカ西海岸のサンフランシスコに到着。一五発の祝砲と、市長、商工会議所会頭、役人などから温かい歓迎をうけ、連日のように宴会や招待が続き、現地の新聞や雑誌にも取り上げられた。

サンフランシスコに三週間滞在した後、サクラメントやソルトレイクシティー、シカゴに立ち寄りながら、汽車で大陸を横断し、一八七二年二月二〇日、東海岸の首都ワシントンに着いた。

早速、ハミルトン・フィッシュ国務長官に条約改正の予備交渉を求めたが、フィッシュがこれに応じなかったため条約改正交渉に前進は見られなかった。ただ、ユリシーズ・S・グラント大統領に面会することは叶い、連邦議会議事堂に招かれた。連邦議会は使節団の接待費として五万ドルの支出を議決するなど歓迎した。約二〇〇日に及ぶアメリカ滞在後の一八七二年八月六日、一行はボストンを発ち蒸気船オリンパス号でイギリスに向かった。

岩倉使節団の主要メンバー（左から、木戸孝允、山口尚芳、岩倉具視、伊藤博文、大久保利通）。サンフランシスコで撮影された

日本政府の許可を得てこの年の六月からイギリスに一時帰国していたブラントンは、岩倉使節団に大きな関心をもっていた。使節団副使の木戸孝允や伊藤博文と親しかったこともあるが、使節団の主要メンバーが明治政府の首脳陣であり、彼らにイギリスが好ましいという印象を与えたいと考えていたのである。

ブラントンは、アメリカのような大袈裟な歓迎ではなくとも、一国の使節団にふさわしい歓迎がなされることを期待したが、その思いとは裏腹にイギリスでは使節団に対する歓迎ムードが起きそうになかった。というのも、当時のイギリス人の多くは新興国であった日本にさしたる関心をもっておらず、日本に抱いていたイメージといえば、外国人を野蛮視し殺戮をおこなったり、国内のキリスト教徒に弾圧を加えたりする非文明国であり、風変りで異国情緒に富んだサムライの国といったものであった（宮永孝『白い崖《アルビオン》の国をたずねて 岩倉使節団の旅』二二四頁）。

そこで、ブラントンは、使節団来英に先立つ七月二七日、『ロンドン・タイムズ』に「B」という匿名で次のように投書（七月二九日掲載）をしたのである。

わたしは日本から戻ったばかりであるが、日本を高度に文明化した諸国の水準にまで引き上げるべく、かの国でつづけられている高邁な努力について、ここに証言することができる。日本で実施されている多様な改革事業を推進する点で、これまでイギリス人はもっとも大きな役割をはたしてきたが、それにもかかわらず、本国イギリスにおける日本への関心は、あまりにも小さいと言わざるをえない。豊かな鉱物資源、美しい風土、豊饒な植物、聡明な国民、開明的な政府、これらを考えると、日本人の努力が成功することは殆ど疑いの余地がない。

（萩原延壽『岩倉使節団　遠い崖――アーネスト・サトウ日記抄9』二二〇頁）

この他に、日本政府による多数の若い留学生の海外派遣、フランス人技師の指導による横須賀製鉄所、イギリス人の関与した灯台、東京―横浜間の鉄道、電信、大阪造幣寮の建設、東京の都市計画なども紹介した。また、一行がアメリカで大歓迎を受けていることにも触れ、イギリスでの歓迎ムードが低いことを嘆いた（『岩倉使節団』二二〇～二二一頁）。

ブラントンの投書から四日後の八月二日、『ロンドン・タイムズ』は「日本使節団」と題する社説を掲載した。岩倉具視をはじめ、木戸孝允、大久保利通、伊藤博文、山口尚芳の経歴を略記し、彼らが明治維新の変革とそれ以降の日本の政治にはたした功績を紹介し、岩倉使節団を歓迎することの意義を説いたのである。また、一八六九年八月、ヴィクトリア女王の第二皇子エディンバラ公が英軍艦ガラティ号で世界周遊の途中、日本を訪問した際、明治天皇に謁見するなど日本政府から歓迎されたことを挙げ、「その意味でも、われわれはかれらに恩義がある」と付け加えた（『岩倉使節団』二二二頁）。なお、エディンバラ公の来日は、外国の王族が日本を訪問した最初の事例であり、日本では慎重に計画が練られ、事前に接遇要領が作成されている。

八月一七日の夜、使節団がロンドンに到着すると、ブラントンは、すぐに一行が滞在するバッキンガム・パレス・ホテルを訪ね、温かく迎えられた。

岩倉は、八月一九日、外務省にグランビル外相を訪ね、ヴィクトリア女王に謁見して外交交渉に入りたい旨を伝えたが、女王は使節団が到着する二日前（八月一五日）に、夏の休暇のためスコットランドのバルモラル城へ出かけた後だった。イギリス政府の対応について、駐日英国大使を務めたヒュー・コータッツィは、「緊急事態でも起こらない限り、これらの日程を変更することはヴィクトリア時代のイギリスにおいてまったく思いもよらぬことであったろう。といって軽視するとか、侮辱するとかの意図はまったくなかった」と記している（ヒュー・コータッツィ「一八七二年のイギリスにおける岩倉使節団について」九四頁）。アメリカでの滞在が長くなったことがイギリス到着を遅らせ、ヴィクトリア女王との拝謁にも大きく影響を及ぼしたようである。結局、女王との謁見は一二月五日まで待たなければならなかったが、かといって約四カ月の間、使節団は無駄な時間を過ごしたわけではなかった。ブラントンも「使節団の希望のすべてはこの国の発達した工業を調査して見習うことにあった」と記しているように（『お雇い外人の見た近代日本』一四一頁）、イギリス各地の工場や公共施設、軍事施設などを精力的に見て回り、関係者から説明を受けた。

使節団には、ヴィクトリア女王の名代としてジョージ・ガードナー・アレクサンダー将軍と東京のイギリス大使館通訳ウィリアム・ジョージ・アストンが世話役として付き添った。また、一時帰国中の駐日公使ハリー・パークスとブラントンも使節団に同行したのである。ブラントンが同行したことについて、コータッツィは、「ブラントンは使節団の地位をよく知っており間違いなく、相応しい礼儀と尊敬を持って使節団が受け入れられるよう最善の配慮をした」と記している（「一八七二年のイギリスにおける岩倉使節団について」九三頁）。パークスは岩倉使節団のイギリス国内旅行の全旅程を通じて同行し、全般にわたって指揮監督の任を負った。

ブラントンは、手記の中で「岩倉、木戸、大久保らはアレクサンダー将軍とハリー・パークス卿の案内でウールウィッチ（陸軍士官学校の所在地）やチャサムやポーツマス（いずれも海軍基地）等を見学し、工部省の次官（工部大輔）の伊藤その他若い有能な随員たちは、私が案内して多くの工業家と面会した。九月中にロンドンで二十八箇所の製造所や工場を訪れた」（『お雇い外人の見た近代日本』一四二頁）と記しているように、使節団本隊とは別に伊藤のグループと行動を共にしている。訪問先の製造所は、蠟燭《ろうそく》、スカイバー（本の表紙などに用いる薄い皮革）、接着剤、ゼラチン、煉瓦、羽毛、マッチ、ゴム、セメント、時計、陶器、テラコッタ、火薬、塗料、皮革のなめし、染色、食肉保存など、多くの分野にわたっていた。ブラントンによれば、「どこの製造所主も彼らの知る限りすべて説明し、日本人の知識の吸収を助けたばかりでなく、見学者を鄭重にもてなし、なかには昼食の接待をする所さえあった」そうだが、使節団も製造の過程を詳細に見学し、書記らがそれを注意深く書き留めていたといい（『お雇い外人の見た近代日本』一四二頁）、イギリス側の配慮とそれに応えようとする使節団の姿勢が窺える。

伊藤の別動隊の動きについて、ブラントンは手記で次のように記している。

ヨークシャーのベル・ラッシュプール・ホール氏から、私と伊藤はシドルスボロにある有名なボルコー・エンド・バウハム会社の製鉄所を訪れるよう招待された。鉄の精錬と圧延は、現在の日本の製産能力からみて伊藤には特別に関心のある問題であった。ベル氏は伊藤を案内しながら懇切に各部分の工程を説明し、日本政府が国内の鉱山の開発を考えたときには援助すると約束した。（中略）

シェフィールドではまた種々の刃物製造所を見学し、カトラー邸で宴会に出席したあと、伊藤と私は再び使節団と別れ、ジェームズ・T・チャンス氏の招待に応じるため、バーミンガムのホアー・オーク・パークにある氏の邸《やしき》に向かった。三日間この知名の紳士の歓待を受けながら、伊藤はチャンス氏からガラスの製造について貴重な知識を得た。ガラス工業の移入は日本が最も希望しているものであった。

（『お雇い外人の見た近代日本』一四三〜一四四頁）

使節団一行がロンドンに戻ったのは一一月九日であった。

その一週間後の一一月一五日の夜、旅行中のため延期されていた天長節（天皇誕生日）の祝宴がホテルで開かれ、使節、理事官、随行者らに加え、イギリス在留の華族ら計約四〇人が集まった。パークス、アレクサンダー、アストン、ブラントンも招待された。その翌日の一一月一六日、木戸孝允の日記には、「今朝、ブラントンと約あり彼の宅に至る。（中略）ブラントンの妻始て面会す」とあり、ブラントンの自宅で妻エリザベスに会ったことが記されている（『木戸孝允日記2』二七六頁）。さらに、一八七三年七月二三日、欧米視察から戻った木戸は、「晴六字過城ヵ島沖より湾に入る八字前碇泊于横浜沖藤井八十衛大黒屋貞二郎来る又山尾工部大輔佐藤灯台頭英人ブラントン来る共に上陸してブラントンの宅に至り食事を認む」というように、横浜に上陸したその足でブラントン邸に行き、食事を共にしている（『木戸孝允日記2』四〇六頁）。木戸とブラントンの親しい関係が窺える。

二　ベルロック灯台とメイ灯台の視察

エディンバラ城から見たフォース湾（筆者撮影）

一八七二年一〇月一六日、岩倉大使一行はフォース湾（エディンバラの北に位置する湾）に浮かぶベルロック灯台とメイ灯台を視察した。二つの灯台の視察は当初から計画されたものでない。基本的に使節団がどこを訪問するのかは、事前に決定されておらず、一行の移動にしたがって順次決められていった。具体的な旅行日程の取り決めはパークスが中心となっていたようである（イアン・ラックストン「岩倉使節団――その意図、目的、成果」七九～八一頁）。パークスは、岩倉や木戸らの使節団首脳に、日本の灯台のルーツともいえるスコットランドの灯台を見せたかったのではないだろうか。

一行を案内したのは、エディンバラ市長ロード・ロー、州知事ティングウォール・フォーダイス、北部灯台委員会理事ベイリー・ミラー、灯台技師デヴィッド・スティーブンソンとトマス・スティーブンソンで、パークスとブラントンも同行していた（松村昌家『幕末維新使節団のイギリス往還記』二〇二～二〇三頁）。ブラントンの手記には、なぜか灯台視察についての記述はないため、ここでは岩倉使節団の報告書『特命全権大使 米欧回覧実記』と『木戸孝允日記』を参照して、当日の流れを追ってみたい。

一〇月一六日、朝八時半、岩倉大使一行は列車でエディンバラの東にあるグラントンに行った。そこには北部灯台委員会が所轄する蒸気船ファロス号が待機していた。一行が乗り込むと船は九時すぎに出港し、東へ四〇マイル（約六四キロ）航海して、午後一時半頃ベルロック灯台に着いた。

ベルロックは、北海に面した海港アーブロースから一八キロ沖の巨大な岩礁だが、干潮時にほんの一部が見えるだけで、満潮時には海中に没してしまうため、航海者の間では魔の岩として恐れられていた。一四世紀頃、アバーブロソク（アーブロース）の修道院長が航海の安全のため岩礁に鐘を取り付けたが、その鐘が波の動きによって危険を知らせたことからベルロックの名が生じたといわれている。別名をインチケイプ・ロックともいう（Bella Bathurst, *The Lighthouse Stevensons*, p. 68）。

ロバート・スティーブンソンは一八〇七年よりベルロック灯台の建設に取り掛かり、難工事の末、一八一一年に完成させた。『特命全権大使米欧回覧実記』には、灯台建設が難工事だったことや、保守管理について次のように記されている。

ウィリアム・ターナー「ベルロック灯台」(1819年)

この地点は海底に岩石があり、基礎を据え付けるのが難しかった。スティーブンソン氏は海底に道を築いて石材を運び、海底の岩石の屈曲した状況に合わせて石材を刻んで岩のすきまに挟み入れ、これを基礎に石を組み合わせて積み上げた。（中略）灯台守の人々は四五人、勤務規則では八週間の内六週間は灯台に勤務し、二週間は非番となって、交替で上陸している。

（久米邦武編著『現代語訳　特命全権大使　米欧回覧実記2　イギリス編』二五三頁）

当日は潮のぐあいが悪く上陸することができず、一行は船中でベルロック灯台についての説明を聞いた。次にファロス号は、フォース湾の入口の小島にあるメイ灯台に向かった。この小島には、一六三六年にスコットランドで初めて石炭を燃やした灯火が設置された。

メイ灯台

木戸孝允は日記に、「帰路メー島に至るこゝに灯台あり登て一見せり七十年前一貴族此島を所有し六万ポンドを以政府に買取しと云」と記している（『木戸孝允日記2』二五七頁）。

メイ灯台は一八一六年、同じくロバート・スティーブンソンによって造られた。一行はスティーブンソン兄弟より機械装置の説明を受けたのち、灯台の螺旋階段を昇り頂上から四方を眺めた。

この灯台の建築もまた美しい。管理局の役人が、この灯台の上に据え付けたプリズム付のライトを指さして、これは光の屈折を利用した器械であると言った。中心に点灯されたランプの光が、そのランプを囲んで外に取り付けたプリズムによって屈折し、その光は遠く四〇キロ先にも到達する。（中略）この灯台に勤務しているものは三人である。日没時に点灯し、夜明けに消す。灯台守は常に灯台に住んでいる。点灯にかかる費用、灯台の維持費を除き、人件費が一人年に一〇〇ポンド。年にたった三日だけ休暇を得て、上陸するだけである。ふだんは島内を清掃しており、草地に全く ゴミもなく、道も全く汚れがない。

（『現代語訳　特命全権大使　米欧回覧実記2　イギリス編』二五四頁）

一行は灯台の螺旋階段をのぼって頂上より四方の海を眺め、船に戻り船内で夕食をとった。グラントンの港に着いたときは八時半をまわっており、ホテルに帰ったのは九時を過ぎていたという。スコットランドでの日程を終えた使節団は、一〇月二一日、エディンバラを発ち、ニューカッスル、シェフィールド、バーミンガム、ミッドランド地方の重要な工場を視察し、ロンドンに戻った。

10　お雇い外国人としてのブラントン

一　お雇い外国人たちの来日動機

お雇い外国人とは、明治政府が日本の近代化のために欧米から招聘した助言者ないし相談役のことである。明治政府が雇った外国人の数は約三〇〇〇人ともいわれ、国別ではイギリス、フランス、アメリカ、ドイツの順に多かった。彼らを最も多く雇っていたのは工部省で、文部省と海軍省がそれに続いた。

工部省が外国人を多く雇っていたのは、土木技術が近代国家建設の根幹を担ったからである。そして、一八七〇年から一八七八年までの工部省予算の二〇～四五％が、灯台局に割りあてられていた（梅渓昇『お雇い外国人　概説』五七～七一頁）。近代国家としてこぎ出す日本にとって、灯台建設は喫緊の課題だったのである。

お雇い外国人の来日の動機として、『資料　御雇外国人』では、①本国における生活上の挫折感、②

日本への積極的な関心、③日本政府からの招聘、④日本政府が高給を支払っている風潮が欧米諸国に伝わり自発的に志願者を生んだこと、の四つを挙げている（ユネスコ東アジア文化研究センター編『資料 御雇外国人』二六頁）。お雇い外国人の多くは、日本政府から三年ないし四年の契約で雇用されたが、彼らは日本で働くことによって、母国において得ることのできる額をはるかに上回る収入を得、また責任ある地位につくことができた。

ブラントンの来日動機のうち、主に当てはまるのは③と④であろう。

ブラントンの「雇入契約書」によれば、月給は当初四五〇円（イギリスを出港した時から支給）で後に六〇〇円に増額、また、来日時の航海の手当てとしては英貨二〇〇ポンド（妻同伴のため二人分）が支給されることなどが取り決められていた。ちなみに、岩倉具視（右大臣）の月給が六〇〇円、伊藤博文（工部省大輔）のそれが四〇〇円であったことからも、ブラントンが破格の待遇で迎えられたことが窺える。

確かに、給料面では日本政府の首脳陣にも匹敵するだけの金額が支給されていたが、慣れない任地での仕事や生活を考えると高額な給料も当然と言えば当然だった。しかも、ブラントンが来日した明治元年は徳川幕府から明治政府へと政権が交代した激動期であり、外国人に対する反感や憎悪による暴力事件も横行していたことを考えると、給料面での厚遇だけでブラントンがこの仕事を引き受けたとは考えにくい。

アーダス・バークスは、「荷物をまとめて、当時は非常に遠く離れた国であった日本に出かけるためには、そして、特に日本に滞在して働くためには、ある程度の性質が必要であったことは確かである。「ヤトイ」の多くは「情熱的な変わり者」であり、(日本でつくられるかアメリカでつくられるかを問わず)小説や映画に出てくるような人物であった」と記している(アーダス・バークス「西洋から日本へ——お雇い外国人」一九四頁)。一九世紀半ばの西洋人たちの間には、欧米文化を受け容れることで、極東諸国には繁栄と福祉がもたらされるとの信念があったようである。それゆえ、単に「国益」視点にとどまらず、ひろく西洋文明を「未開」国に伝播しようとする一種の使命感があったという(『資料 御雇外国人』二八頁)。

自身もアメリカ出身のお雇い外国人で、帰国後は日本についての研究と紹介につとめたウィリアム・エリオット・グリフィスは、ブラントンを典型的な「ヤトイ」だったとしている(グリフィスと「ヤトイ」研究についてては「12 帰国後のブラントンと「手記」の執筆」で後述)。

二 出稼ぎ・移民というスコットランドの風土

ブラントンの来日について考える場合、出稼ぎ・移民を多く輩出したスコットランドの風土を忘れてはならない。

経済的に常にイングランドに比べて劣位にあったスコットランドでは、人口増加のはけ口を隣国イングランドかヨーロッパ大陸への出稼ぎに求め、中世の群雄割拠時代にはヨーロッパ各地の戦争に傭兵として出かけ、勇敢に戦い、名声を上げてきた（木村正俊・中尾正史編『スコットランド文化事典』二三〇頁）。一七〇七年のイングランドとの合同後、イングランドの影響下で急激に工業化が進むと、人口は山間僻地・離島から都市部へと集中し、さらに海外へと向かっていった。

イングランドの後進・従属的な位置に置かれてきたスコットランド人にとって立身出世の道は、植民地の外交官臨時職から栄進するか、「手を汚して働く」銀行家、技師、商人として成功しロンドンの社交界に入り、故郷に錦を飾ることだった（北政巳『国際日本を拓いた人々』二一六〜二一七頁）。技師たちは、イギリスが産業革命を達成するとヨーロッパ各地や北アメリカに出かけていった。さらに、一九世紀半ばにイギリス国内の鉄道網が完成すると、新天地に新たな職を求め、インド、オーストラリア、ニュージーランド、さらに南アメリカ、アフリカ、アジアに進出した。

スコットランド人の出移民現象は、特に一八七〇年代が著しかった。この状況を評して北政巳は、「産業革命がスコットランド実験室の枠を越えて世界に波及した」と言う。スコットランド人の海外移住を歴史的に分析したG・ドナルドソンが『海を渡ったスコットランド人』（*The Scots Overseas*）の中で、「スコットランド最大の輸出はスコットランド全地域から世界全地域に出かけて行ったスコットランド人である」と述べているように、スコットランドは出稼ぎ・移民王国であり、世界中にその人材を送り出していったのである（北政巳『近代スコットランド移民史研究』三〇九頁）。

現在、スコットランドの人口は約五〇〇万人であるのに対し、海外には約二〇〇〇万人のスコットランド系住民が存在するという。スコットランド人作家のナイジェル・トランターは、「これは実に不思議な現象であって、表面的には土着のスコットランド人よりもたくさんのスコットランド人がおり、彼らはその出自に大変な誇りを持ってはいるが、本国に帰りたがる者はごく少なく、たまに旅行に来るだけで、しかも来てみればそこで見たものにすっかり幻滅して帰ることも多いのだ」と記している（ナイジェル・トランター『スコットランド物語』三八一〜三八二頁）。

移民について、文化人類学者のジェレミー・イーズは、「経済的な要因が最も大きな場合においても、移民の当事者たちが同じ地域の出身者、同じ文化的背景や同じ宗教を持つ人々を求めるときには、文化的な要因とも密接な関連を持つことになる」と指摘する（J・S・イーズ「世界システムの展開と移民」九九頁）。どこかの地でスコットランド移民がほんの数人集まれば、カレドニア（スコットランドのラテン語古称）協会、聖アンドリュース（スコットランドの守護聖人）協会、バーンズ（スコットランドの国民的詩人）・クラブなどが次々と生まれ広がっていく。出稼ぎ・移民先でも、スコットランド人はネットワークを築き、地域社会に溶け込んでいくのである（『スコットランド物語』三八二頁）。

このことは、スコットランドから日本に渡ってきたブラントンについても言えるのではないだろうか。ブラントンは来日すると、灯台事業の進捗に合わせて灯台技師や灯台守らをスコットランドから呼び寄せ、横浜の灯台寮には多くの技術者がやってきて外国人社会が誕生した。日本の灯台建設の黎明期には、多くのスコットランド人の活躍があったのである。

三　明治天皇とブラントン

一八七一年一一月一七日、ブラントンは、各省のお雇い外国人の長と共に明治天皇に拝謁する栄誉を賜ることになった。しかし、この数カ月前に先に天皇に拝謁していた外国人がいた。北海道開拓使顧問として招聘された米国農務省長官ホーレス・ケプロンである。

ケプロンは一八七一年八月に来日したが、その一行は豪華な歓迎の宴に招待され、食事はいつもフルコース、三種類のワインがついており、外出する際には一人ひとりに二頭立ての馬車が用意され、召使、護衛、馬丁が付き添うなど「君主」のような厚遇を受けたという（藤田文子『北海道を開拓したアメリカ人』三七～三八頁）。ケプロンの宿舎があった増上寺境内には、開拓使の役人はもとより、太政大臣三条実美、外務卿岩倉具視をはじめとする日本政府の高官が次々と表敬に訪れた。

ケプロンはアメリカの威信と国益を重視し、イギリスには対抗心をあらわにしていたという。例えば、開拓使がイギリス人から買った二頭の馬が不良だったと聞き及んだケプロンは、その馬がアメリカ産とみなされることを危惧し、「こんな役立たずの家畜を育てている地域はアメリカにはない」と黒田清隆に一筆書き送ったという（『北海道を開拓したアメリカ人』五八頁）。イギリスへの露骨な敵対的態度を在日イギリス人たちが快く思うはずもなく、ブラントンもその一人だっただろう。

注目すべきは、日本に到着してわずか三週間後にケプロンが天皇に謁見したことである。九月一六日、宮中に参内したケプロンに対し、天皇は「北海道開拓への貢献を期待する」旨の勅語を三条実美を代読として伝えた。それを受けてケプロンは、「自分たちの長年の経験が日本の発展に寄与するであろう」と述べ、「開拓使の責任者に助言と支援をあたえるため全力をつくす覚悟である」と天皇に誓った（『北海道を開拓したアメリカ人』三七〜三八頁）。

この時点で、ブラントンの来日後、すでに三年が過ぎていた。いくつかの灯台は完成し実用化され、灯台事業は明治政府からも高く評価されていた。にもかかわらず、天皇謁見において先をこされたブラントンは心穏やかでなかったにちがいない。

このケプロンの謁見の後、宮内庁で発行された公報にブラントンは注目することになる。なぜなら、ケプロンが自らを「微臣」、すなわち「天皇陛下の最下級の僕」と表現したと記録されていたからである。これは一人称の「I」を官吏が勝手に「微臣」と訳したもので、ケプロンとその一行に対し日本人の優越を示すために日本側が使用した表現だとブラントンは考えた。そこでブラントンは、ケプロンと同じ轍を踏まないよう事前準備を怠らなかった。ブラントンは謁見の前に、予想される天皇の言葉とそれに対する自らの返事を書いて、英語に直し、事前にブラントンにその趣旨を説明することを官吏に要求したのである（『お雇い外人の見た近代日本』一三二頁）。

周到な準備をした上でブラントンは天皇の御前に伺候した。出迎えの馬車で宮廷を訪れ、工部卿伊藤博文に先導されて天皇との対面の部屋に向かった。天皇は緋色の絹地で覆った高座の上に、豪華な縁どりのある絹織物のゆったりした衣服をまとって座っていた。ブラントンも伊藤も、天皇の御座のある部屋には入らず、そこから二メートル以上離れて外側の控えの間に立った。

この時の印象を、ブラントンは「私が入ったとき、陛下は威厳のある態度でお辞儀をした。しかし彼の表情は硬ばって無表情で、歓迎の笑顔のかけらもその顔つきには見られなかった」と述べている（『お雇い外人の見た近代日本』一三二頁）。天皇とブラントンの通訳は、同席した伊藤が務めた。

天皇はブラントンに次のような言葉をかけた。


日本の海岸に灯台を建設する仕事は、あなたの助力を得て成功裡に進捗した。この仕事の援助によって沿岸航海の危険は大幅に減少した。

私は、これら既設の灯台の建設におけるあなたの努力を高く評価し、あなたが依託された仕事を精励よくここまで達成したのは、あなたの功績の浅からぬことを示している。

これまでと同様の経営を続けることによって、この仕事がもたらす利便が増加することを信頼している。

（『お雇い外人の見た近代日本』一三三頁）


これに対し、ブラントンは次のように答えた。

日本のような島国では、この沿岸には航海者にとって多くの危険と困難があるから、灯台の建設と、よく整備された灯台管理の制度の確立は最も重要な仕事であります。

陛下に奉仕する私の努力は常にこの目的の達成に向けられています。私は、程なく陛下の官吏の助力を得て、その成功を見るものと確信しております。

（『お雇い外人の見た近代日本』一三三〜一三四頁）

謁見の儀式は無事終了し、ブラントンは天皇に深々とお辞儀をして退出した。その後、浜離宮で大勢の政府高官が出席した大宴会が催され、ブラントンも招待された。この宴会で、ブラントンには日本政府から五〇〇〇ドルの小切手が贈られたという（『お雇い外人の見た近代日本』一三四頁）。

ブラントンが明治天皇に謁見した頃には、灯台建設事業もだいぶ進捗しており、日本の沿岸に一四基の灯台と二隻の灯船、一二のブイの碇地《ていち》、暗礁上に三基の立標《りつぴょう》が完成していた。来日から四年が過ぎた一八七二年三月に願い出た一時帰国の休暇も日本政府は許可しているし、一八七二年六月二〇日には、日本政府は太政官達を出して灯台事業の功績を高く評価している。

列強との条約で定められた灯台を建設し、日本近海に文明の光を灯すという当初の目的を達成したブラントンは、天皇から受けた労いの言葉や太政官達によって、達成感と共に自らの仕事に自信と誇りを持ったにちがいない。

なお、明治天皇にとっても、文明開化の象徴ともいえる灯台は大きな関心の的だったようである。一八七二年六月二八日〜八月一五日にかけて行われた西国・九州巡幸の際、下関の六連島灯台を視察しているし、一八七四年三月にも皇后を伴って横浜の灯台寮を公式訪問し、灯台頭佐藤与三とブラントンから灯台寮構内の製油所や倉庫、機械工場などの案内を受けている。また、試験灯台を見学した際には、天皇は階段を昇って灯器の内部に入るなど大きな関心を示したという（『ジャパン・ウィークリー・メイル』一八七四年三月二一日）。

一八七六年七月七日〜八月二四日にかけて行われた東北行幸の帰路では、灯台視察船明治丸に乗船し、青森から函館を経由して横浜に到着した。横浜入港日が旧暦の七月二〇日にあたることから、これを記念して、一九四一年に「海の記念日」が制定された。その後、一九九五年の法改正により、この日は「海の日」として国民の祝日となっている（ハッピーマンデー制度によって、現在では七月の第三月曜日）。

なお、明治天皇は鉄道にも大きな関心を寄せている。天皇が最初に鉄道に乗車したのは、六連島灯台にも立ち寄った西国・九州巡幸の帰途である。一八七二年八月一五日、風波のため御召艦が品川港に着岸できず横浜港に入港したため、横浜から品川まで仮開業中の東京—横浜間の鉄道に乗車した。その二カ月後の一〇月一四日には鉄道開通式が挙行された。直衣・烏帽子姿の天皇は内外の高官を従え、新橋駅から横浜駅を往復し、両駅において記念式典に臨席した。その様子は、『イラストレイテッド・ロンドン・ニュース』でも詳しく取り上げられた（及川慶喜『日本鉄道史　幕末・明治篇』五五〜五七頁、金井圓編訳『描かれた幕末明治——イラストレイテッド・ロンドン・ニュース日本通信1853－1902』）。

四　ブラントンの不満

幕末・明治期の日英交流史を研究するイギリス人歴史家オリーヴ・チェックランドは、「ブラントンは労せずして、そしておそらく楽しみながら権威というマントをまとったのである」（オリーヴ・チェックランド『明治日本とイギリス』六〇頁）と記しているが、実はブラントンに仕事上の自由な権限があったわけではない。ブラントンは手記で、日本人上司との対立について多くの頁をさいているが、その原因となったのは主に「誰に指揮権があるのか」という点であった。日本の役人たちは、お雇い外国人を指揮権のない助言者もしくは単なる指導者にとどめておきたいと考えたのに対し、ブラントンは、灯台建設が日本との条約に基づいた事業であり、自らも日本政府の要請を受けて来日したという経緯から、日本人役人が自分に従うのが当然であると考えたのである。

ブラントンが日本の役人に対して我慢ならなかったのは、経理面での秘密主義であった。灯台建設の仕事の経費は、首席技師であるブラントンにも知らされてはいなかったのである。ブラントンは、イギリスのように明細書を保存することを日本人上司に提案した。当初、日本人上司もこれに同意して経費の記帳にブラントンが関わることを認めたが、その一八カ月後には、ブラントンの知らないところで会計担当官が支払いをはじめ経費についての会計事務を行ってしまっていた（『お雇い外人の見た近代日本』一七一頁）。

もう一点、汚職についてもブラントンは我慢ならなかった。日本の官営事業に浸透していた汚職について、「臭いものには蓋をしておきたいという願望に外ならない。技師の承認がなければ支払いが出来ないようなシステムがあれば経理の操作や公金の横領は防げただろう。しかし、この方法は官営の事業で個人の懐を肥やした連中たちの願望には添わなかった。だから、支払いは私の承認があるなしに拘らず勝手に行われたのである」と厳しく批判している（『お雇い外人の見た近代日本』一七二頁）。

ブラントンは、日本人上司が専門知識もないのにプライドだけ高く、外国人に対して高圧的な態度をとることが許せなかった。ブラントンは、「実際の知識のない無能な陛下の官僚や、自尊心ばかり強く狡猾で収賄に熱心な腐敗した下役人は、高潔な外国人にとってはこんな輩と仕事を共にするのは特別に腹立たしいことであった」と痛烈に批判し、雇い主である日本の役人とうまくやっていくためには、次の二つの方法のうち、いずれかを選択せねばならないと述べている（『お雇い外人の見た近代日本』一六九頁）。

第一の選択とは、事を荒立てず、そっとしておくことであった。すなわち、成り行きに任せることであり、助言を求められたときは助言を与え、たとえその通り行われなくても気に留めないようにする。このような方法をとったお雇い外国人が日本人雇主のお気に入りとなり、そのような態度が明治初期の政府の事業に付随した汚職や醜聞をもたらしたとブラントンは批判している。

第二の選択は、自分が立てた計画通りの実行を主張することであった。この方法は、人間関係の不和をもたらし、摩擦を引き起こすこともあるが、ブラントンはこちらの方法を選んだ（『お雇い外人の見た近代日本』一六九頁～一七一頁）。

五　ブラントンへの批判

そのようなブラントンの仕事のやり方に対しては批判的な者も多い。

アメリカからのお雇い外国人であり、工部大学校（東京大学工学部の前身の一つ）の教授を務めたウィリアム・エリオット・グリフィスは、お雇い外国人を「主人たろうとした者」と「援助者たろうとした者」の二タイプに分け、主人たろうとしてやってきたお雇い外国人は、「まるでイギリスのパブリック・スクールのプリフェクト（上級の級長）のような気になっていた」と述べ、ブラントンをその代表と見なした（ヘーゼル・ジョーンズ「グリフィスのテーゼと明治お雇い外国人政策」二三二頁）。

ヘーゼル・ジョーンズは、「ブラントンは、遠慮せず、積極的に仕事を指揮する意図を主張した。パークスの後盾もあったのだが、それでも日本政府は、ブラントンの管轄権の拡大を防がねばならなかった。ブラントンは、時に許可なく指令を敢行し、その撤回を余儀なくされたりもした。その不愛想、権威主義的振舞は、日本人だけでなく自分の仲間のイギリス雇をも遠ざけ、ついには最初の仲間の多くが、工部省の他の局に移ることにもなった」と言う（「グリフィスのテーゼと明治お雇い外国人政策」二三四～二三五頁）。実際に、ブラントンと共に来日した助手のコリン・アレクサンダー・マクヴィンは、ブラントンとは馬が合わず、父親に宛てた手紙の中で「私の同僚であるブランデルはとてもいいやつですが、ブラントンはそうではなく、私を嫌っています」と記し、来日一年後にブラントンのもとを去っている（泉田英雄『明治政府測量師長コリン・アレクサンダー・マクヴェイン』四五頁）。

ジョーンズは、「ブラントンは多くのいらだちと戦わねばならなかった。八年間の在日中、灯台局の日本役人は、ほぼ六カ月ごとに交替した。また、財源について全く知らされなかったため、いらいらし、思うように仕事ができなかった」とブラントンに理解を示す反面、「彼は日本語を学ぼうとはせず、日本人の感情に適応しようともしないようだった。彼の振舞いのため、日本役人が時にその正当な職務指令を撤回させたと聞いても驚くには当たらない。その高飛車な態度は失敗を招くばかりで、日本人を灯台の見張りができるように訓練することさえできなかった」と厳しい（「グリフィスのテーゼと明治お雇い外国人政策」一二三五頁）。

さらに、「ブラントンは当初から、伊藤博文や大隈重信を崇拝したが、共に働く日本役人とは摩擦を生じた。彼は、プリフェクト心理をさらけ出し、自分を地位の高い者と同一視し、外国人の同輩とも、なかなかうまく行かなかった」と指摘するのである（「グリフィスのテーゼと明治お雇い外国人政策」一二三三頁）。

チェックランドは、ブラントンと同郷のスコットランド北東部出身で、明治日本の銀行業務に貢献したアレクサンダー・シャンドを例に挙げ、「シャンドが多くの日本人から慕われていたのに対し、ブラントンは日本で優れた仕事をしたにもかかわらず、有能な日本人同僚と親しい友人関係を築けなかったのはブラントン本人にとって悲劇であった」と指摘する（オリーヴ・チェックランド『日本の近代化とスコットランド』一一三頁）。銀行家と技術者という職種の違いも、お雇い外国人としての意識に差を生んだのだろう。

ブラントンの灯台建設と保守管理の業務が、工部卿伊藤博文から、「政府は完全に満足している」と評価されたにもかかわらず、ブラントンが解雇されることになった理由として、チェックランドは「ブラントンの高圧的な態度が多くの日本人の不興を買ったことに疑いの余地はない」と言うのである（『日本の近代化とスコットランド』一〇三～一〇四頁）。

六　お雇い外国人としての矜恃

しかし、ブラントンが担った灯台事業は、外国との条約に基づいており、同時に、母国イギリスの対日貿易にとって最優先の課題であった。ブラントンも手記の中で、「日本政府が企画した他の事業は日本国内のみに関することであるが、私に任された灯台の建設は厳粛な条約で、日本が列国から義務づけられた事業であり、広く人類の利益に関わることである。したがって私は、自分が直接の雇主と同様に列国に対しても責任を負っていると感じた」と記している（『お雇い外人の見た近代日本』一七〇頁）。

友ヶ島灯台官舎（筆者撮影）

樫野埼灯台官舎のマントルピース（筆者撮影）

確かにブラントンは頻繁に役人たちとの間に摩擦を起こし、ときに衝突し、雇主の日本人と良好な関係を築いたとはとても言えない。先のチェックランドの指摘にあるシャンドのように、日本人に敬愛されたお雇い外国人もいた。しかしブラントンは、周囲との軋轢を恐れず、自身の矜恃から「第二の選択」に従ったのである。

ブラントンによって造られた灯台は、一五〇年もの長い年月の間に幾度も地震や津波におそわれたが、今も一三基が現役で使用されている。灯台の近くには灯台保守員のための洋風の建物（吏員退息所）があり、私はそのいくつかを訪ねたが、いずれも天井は高く、マントルピースが備え付けられた部屋があり、その丁寧な造りに驚いた。かつてイギリス人灯台守が生活していた名残を感じるその建物からは、ブラントンの灯台に対する想いが伝わってくるようだった。

昨今、世界中で橋や道路、建築物などの「工事の手抜き」が話題になるが、ブラントンにとっては「手抜き」などということは頭の片隅にもなかったにちがいない。シビルエンジニア（土木技師）としてのプライドと、産業革命を成し遂げた大英帝国の誇りが、お雇い外国人ブラントンの仕事の背景にはあったと考える。

11　灯台とスコットランド

一　スコットランドの技術力と教育力

ブラントンは二六歳で来日し、日本の沿岸に洋式灯台を建設しただけでなく、横浜のまちづくりや鉄道敷設への提言など、我が国の近代化に大きく貢献した。鉄道技師としてのキャリアは積んでいたが、灯台技師としては二カ月程度の速成教育しか受けていなかったブラントンに、どうして八面六臂ともいえる活躍ができたのか。また、ブラントンの技術力の源泉は、いったいどこにあったのか。ここではブラントンの技術力の背景としてその故郷スコットランドについて述べたい。

スコットランドはグレート・ブリテン島の北部に位置し、冷涼な気候と厳しい風土のため、「イングランドでは馬の餌であるカラス麦を、スコットランドでは人間が食う」と揶揄されるような貧しい小国だった。

スコットランドが、貧しさから抜け出すきっかけとなったのが、一七〇七年のイングランドとの合同である。合同によって独立は失われたが、世界に拡大しつつあった大英帝国の一員として海外に向かって経済発展する基盤ができるなどの恩恵を受けた。

一八世紀に国際貿易の中心軸が地中海から大西洋へと転換したことを受けて、アイルランドのコークからスペイン大西洋岸のカーディスに至るヨーロッパの全ての西海岸では、港が飛躍的に発展した。スコットランドは地理的条件に恵まれ、中でもグラスゴーの外港は、タバコ、砂糖、原綿を輸入する一大センターとなった（ロザリンド・ミチスン編『スコットランド史』一五九頁）。

タバコ貿易は一八世紀後半の急速な経済発展を誘引し、イングランドから導入した綿工業と製鉄業が発展、製鉄業はニールスンの溶鉱法発明により飛躍的に伸び、イギリス随一の製鉄工業地帯を形成した。スコットランドから、イギリス植民地を中心とする世界市場への銑鉄輸出を可能としたのである。

ヴィクトリア時代に入ると、スコットランドは農業中心の社会から工業化した都市社会に変容する。蒸気機関車や蒸気船の運行も活発になり、一九世紀後半には複合エンジンの開発で安価な長距離輸送が可能になった。スコットランドから航路網が拡大し、スコットランド人は世界を舞台に活躍することになるのである（『スコットランド史』一六八〜一六九頁）。

スコットランドの発展の基盤には、実学教育の伝統があった。スコットランドは、ヨーロッパで最初の義務教育法（一四九六年）が施行され、イングランドに大学がオックスフォード大学とケンブリッジ大学の二校しかなかった一五世紀に、人口一〇〇万足らずのスコットランドでは、セント・アンドルーズ大学（一四一二年創立）、グラスゴー大学（一四五一年創立）、アバディーン大学（キングズ・カレッジ、一四九四年創立）の三大学が存在していたことからもわかるように、教育水準がすこぶる高かった。

さらに、一六世紀半ばに起きたジョン・ノックスの宗教改革は、教育的伝統を基盤にプロテスタント的な国民教育制度を目指した。宗教改革を主導したプレズビテリアン（スコットランドのカルビン派）は、カルビニズムの中でも穏健・調和的であり、自由で実用的な教育土壌を醸成したのである。スコットランドでは、教区学校から大学まで貧富の差はなく、能力による教育機会の開放がなされており、オランダのライデン大学やフランスのパリ大学との交流を通じて、医学、自然科学、社会科学分野でヨーロッパの最高水準に達していた。スコットランドの優れた教育力は、イングランドとの合同以降、商業の拡大に伴う経済発展の中で、イギリス産業革命の中核となったのである（高橋哲雄『スコットランド 歴史を歩く』一九一頁）。

特に、交通・道路建設、土木・港湾事業、工作機械、化学工業の優れた技師の多くがスコットランド人であった。蒸気機関の改良で知られるジェームス・ワット、熱風溶鉱法を発明したジェームズ・B・ニールソン、運河や橋梁など土木建築で知られ、初代英国土木学会会長を務めたトマス・テルフォード、蒸気ハンマーの発明で知られるジェームズ・ネイスミス、砕石を用いた近代道路舗装で知られるジョン・ラウドン・マカダム、ガス灯の開発者ウィリアム・マードック、ベルロック灯台などで知られる世界的な灯台建築家ロバート・スティーブンソンとその一族などである。

このうち、ロバート・スティーブンソンはグラスゴー大学でジョン・アンダーソン教授から土木工学について学んだが、他の多くの人々は見習い技師としてスタートし、仕事を通じて技術を習得した。ブラントンも私立学校で学んだ後、アバディーンでジョン・ウィレットの助手となり鉄道工事や流量測定、アバディーン旧市街の下水道工事などに従事して技術を習得した叩き上げの技術者だった。ブラントンの技術力の背景にはスコットランドの優れた教育力と技術力があった。

スコットランドの技術力は、明治初めの日本にも盛んに移入された。お雇い外国人として来日したスコットランド出身者は、鉄道技師エドモンド・モレル、造船所・港湾建設の指導にあたったフランシス・エルガー、上下水道設備を考案し「日本近代水道の父」といわれるウィリアム・キニモンド・バートン、工部大学校の校長となったヘンリー・ダイアーの名は知られているが、この他にも多くの技術者が日本の近代化に貢献した。ブラントンをリーダーとする灯台技師団の中にも、アチボルト・ウッドワード・ブランデル（鉄道技師）、コリン・アレクサンダー・マクヴィン（測量技師）、スターリング・フィッシャー（測量技師）、ジェームズ・オーストレル（鉛管工）といったスコットランド出身者が多くいたことも忘れてはならない。

二　灯台先進国スコットランド

スコットランドと灯台についても、ここで少し触れておきたい。スコットランドの地図を広げてみれば、東海岸は比較的凹凸は少ないものの、西海岸では「Cape」「Head」「Point」などが付いた地名が多いのが分かる。長い海岸線をもち、切り立った崖・岬・島が点在するスコットランド周辺海域は古くから航海の難所であった。

スコットランドは、灯台が建設されるまではヨーロッパで最も危険な海域の一つであり、特に強風や嵐の吹き荒れる冬には船の遭難事故が多発し、海岸をライトアップする必要性が叫ばれ続けてきた。

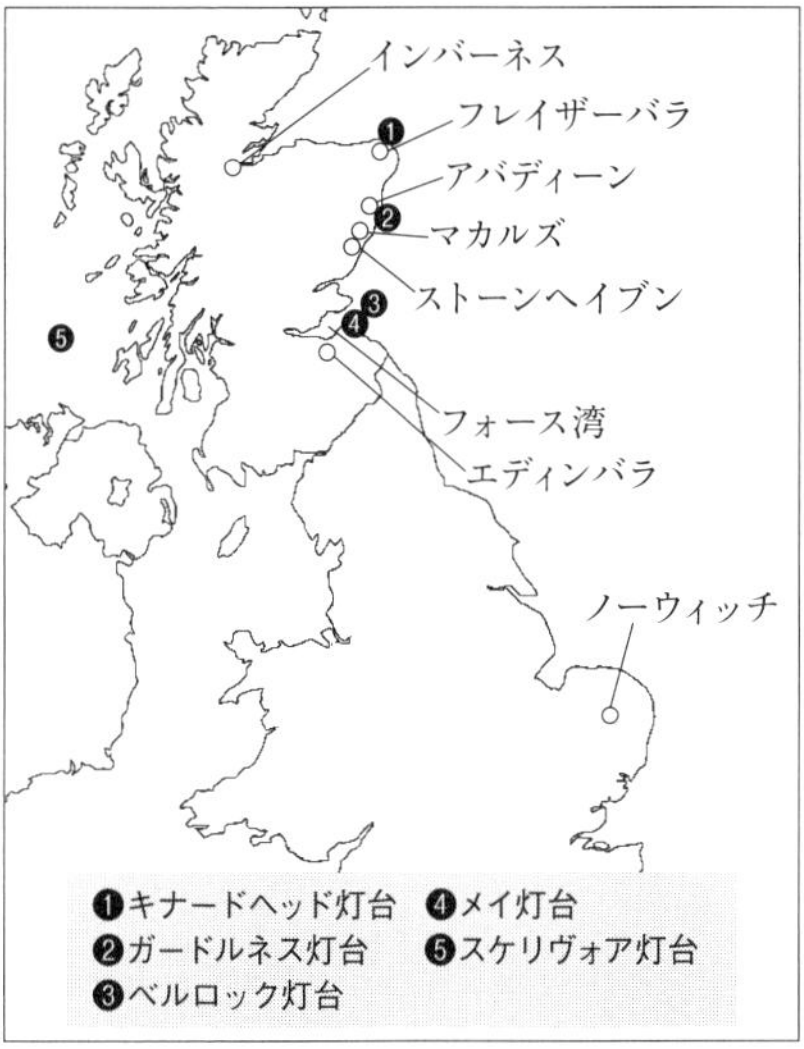

スコットランドの主要な灯台

スコットランドでは、一六世紀にエディンバラ近くのリース港に航路標識を作り、一五六六年にはアバディーン港にオイルランプを灯した可動式照明器具を設置するなど、港湾の照明設備を改善してきた。フォース湾のメイ島には灯台が建設されたが、一八世紀後半にいたって海上貿易の発達に伴ってスコットランド沿岸を航行する船舶の数も増えたため灯台の増設が急務となった（木村正俊・中尾正史編『スコットランド文化事典』四八六頁）。

北部灯台委員会本部。エディンバラのジョージストリート84番地にあり、玄関上部には灯台の模型が置かれ、北部灯台委員会の旗が掲げられている（筆者撮影）

スコットランドの灯台は、船が遭難しやすい岬や沖合の岩礁の上に立てられることが多く、灯火のほか警鐘、霧笛などが取り付けられた。灯台には当然ながら光学機器の最先端の技術が必要だったが、それだけでなく、ライトキーパー（灯台守）やその家族の住居も兼ねていたため、飲料水の供給など海洋土木の技術も不可欠だった。

一七八六年、グレート・ブリテン議会（一七〇七年の合同で、イングランドとスコットランドの議会が廃止され誕生した新しい議会）はスコットランドとマン島における航路標識の設置と管理を所管する組織である北部灯台委員会（Commissioners of the Northern Lighthouse Board、略称NLB）を設置した。北部灯台委員会は、議会が必要と判断すれば、いつでもどこにでも灯台を設置する権限が与えられていた。これによって、フレイザーバラのキナードヘッド、南西部のキンタイア半島先端にあるマル・オブ・キンタイア、オークニー諸島のノース・ロナルドセイ、ハリス島沖のエリアングラスの四カ所に灯台が建設されることになったのである。一七八七年一二月一日、キナードヘッド灯台が操業を開始したのを皮切りに、一七八九年一〇月までに四つの灯台がすべて稼働した。灯台建設のために国家レベルでこの種の委員会を立ち上げたのは、スコットランドが世界で最初であった（Bella Bathurst, *The Lighthouse Stevensons*, p.21）。

三　灯台のスティーブンソン家

スティーブンソンといえば、鉄道のスティーブンソン親子、また、『宝島』や『ジキル博士とハイド氏』で有名な作家ロバート・ルイス・スティーブンソンを思い浮かべる人は多いが、灯台のスティーブンソン家については灯台関係者以外にはあまり知られていないのではないだろうか。灯台のスティーブンソン家は、作家ロバート・ルイス・スティーブンソンの実家であり、彼の祖父ロバート・スティーブンソンを祖とする。

ロバート・スティーブンソン

ロバートはグラスゴーで生まれた。父アランは西インド諸島と貿易していたグラスゴーの会社の店主として働いていたが、窃盗犯を追跡中にカリブ海のセントクリストファー島で熱病にかかり死亡した。アランの妻ジェーンは再婚し、幼い一人息子のロバートを抱えてエディンバラに引っ越すが、その再婚相手が蒸発してしまう。

一方、近所に住んでいた灯台技師トマス・スミスは、初婚、再婚の妻とも死別し、仕事で飛び回らなければならないのに五人の幼子を抱え途方に暮れていた。そこで、スミスの亡くなった二人の妻とも親しかったジェーンはロバートを連れてスミスの家に住み込み、スミスの子供たちの世話をすることになり、やがてスミスとジェーンは再々婚をしたのである。この時、既にロバートはスミスの灯台建設の手伝いをするようになっていた。そして、ロバートは二七歳になったとき、それまで義理の妹だったスミスの娘ジェーンと結婚したのである（よしだみどり『物語る人《トウシターラ》――『宝島』の作者R・L・スティーヴンスンの生涯』二二頁）。

ロバート・スティーブンソンの師匠であり、後に義父となったトマス・スミスは、一八五〇年頃、ダンディー汽船の船長の子としてブローティ・フェリーで生まれた。トマスが幼い頃、父の船がダンディー港で難破し、父は溺死した。裕福な貿易船業者の娘であった母のメアリーは、息子に地元で良い教育を与え、陸の仕事を選ばせた。トマスは、一二歳で板金細工師に弟子入りした後、ブリキ職人として商売を始めた（『物語る人』四八頁）。

ダンディー港には捕鯨船の出入りが盛んとなり、町では鯨油を使う簡単な新しいランプが使用されるようになった。オイルランプの製造はスミスの仕事とも密接な関係があり、スミスはいつの間にか灯台にも関心を持つようになった。一七八二年頃、アルガンドの画期的な考案によるアルガン灯が出現すると、スミスは明るさをさらに高めるためにパラボラ型反射鏡を取り付けた灯台灯器の模型を作り、北部灯台委員会に提案した（岩崎宏「燈台技師スチブンソン家の人々」）。

一七八六年、グレート・ブリテン議会で四灯台を建設することが決まり、北部灯台委員会が設置されると、トマス・スミスは最初の技師となった。それまでスコットランドには石炭の火による航路標識しかなかったが、スミスは石油ランプの光を反射鏡を使って投射する方法を初めて考案した。これが従来の方式に比べて優れていたため、灯台建設の仕事が増え、一七九四年、スミスはロバート・スティーブンソンに灯台建設の仕事を依頼するようになる。一七九七年からはロバートがスミスの後を継いで、北部灯台委員会の技師として働くことになった。

ロバート・スティーブンソンの灯台は代表作であるベルロック灯台やメイ灯台の他、シェトランド諸島南端サンバラヘッド灯台、スコットランド北西端ケープラス灯台、スコットランド北東端ダンネットヘッド灯台、ピーターヘッド南のブッカンネス灯台、アバディーン近郊のガードルネス灯台など二三基がある。ロバートは灯台建設だけでなく、運河の建設、港湾の改善、河川の拡幅事業、排水事業にも積極的で、灯台建設に関わるビジネスを始めた。

スケリヴォア灯台

ロバートの三人の子ども、アラン、デヴィッド、トマスも優秀な灯台技師となった。

長男アランは、一八四三年から五三年までの一〇年間、北部灯台委員会の技師として働き、高さ四八メートルというスコットランドで最も高いスケリヴォア灯台を建設したことで有名である。skerryとは岩の多い小島の意味で、その名の通り、スケリヴォア周辺は船にとって大変な難所であった。

スティーブンソン兄弟。上から、アラン、デヴィッド、トマス

アランが引退した後、デヴィッドとトマスが家業を継ぎ、デヴィッド&トマス・スティーブンソン社と称した。また、北部灯台委員会のメンバーも兼ねるなど、スコットランドはもとよりイギリス全土でも有名な灯台建築家となった。

スティーブンソン一家は、スコットランドの沿岸に九七基の灯台を建設し（『物語る人』二一一頁）、その業績はイギリスをはじめ海外でも広く知られており、彼らが設計する灯台は各国の雛形とされ、インド、日本、シンガポールなどからも灯台建設の依頼があった（*The Lighthouse Stevensons*, p.219）。

スティーブンソン社には、鍛冶工、修理工、鉛管工、銅工、造船工、石工などの技術者や灯台守が、一五名から多いときで二五名在籍していた。スコットランド各地から優秀な灯台守を集めて日本に派遣したのも、スティーブンソン社であった。スティーブンソン社は、建造材の大半を、彼らが長年にわたって緊密かつ継続的に協業してきたエディンバラの資材補給業の会社を使って供給し

角島灯台のD＆T・スティーブンソン社の銘板（筆者撮影）

友ヶ島灯台レンズ台座のチャンス・ブラザーズ社の銘板（筆者撮影）

た（オリーヴ・チェックランド『明治日本とイギリス』六〇頁）。エディンバラのミルンズ社がいつも鋳造金属フレームと機械部品を製造し、バーミンガムのチャンス社がレンズとプリズムを作製した。これらはスティーブンソン社を通して日本に輸出されたのである。

和歌山市の友ヶ島灯台のレンズの台座には「チャンス・ブラザーズ社　バーミンガム」と記された銘板が、また、山口県の角島灯台には「D&T・スティーブンソン社　エディンバラ」と記された銘板が取り付けられている。

12　帰国後のブラントンと「手記」の執筆

一　帰国後のブラントン

ブラントンは一八七六年三月一〇日、イギリス汽船オーシャンニック号で日本を離れた。そのデッキから、ブラントンは自身が建設に関わったいくつかの灯台をどのような思いで眺めただろうか。

帰国後、アイルランドの灯台局技師の職をイギリス商務省より斡旋されたが、俸給があまりにも少なく、逐次昇給する見込みがあるという商務省の勧告があったにもかかわらず、ブラントンはこれを辞退し（「R・H・ブラントンの遺稿――ある国家の覚醒」）、一八七八年にグラスゴーのヤング・パラフィン・オイル社の支配人になった。そのきっかけは日本での活動である。ブラントンは日本の灯台灯器の燃料確保のため、日本政府に鉱物油の採用を提言し、ヤング・パラフィン油を輸入した（『お雇い外人の見た近代日本』一六五～一六六頁）。パラフィン油用に開発されたパラフィン社製のパラ灯器を日本に輸入したことは、一九世紀後半のスコットランドにおいて、鉱物油が灯火用燃料としての地位を維持することに寄与した。日本の灯台建設を通じて、ヤング・パラフィン社に利益をもたらしたことが、ブラントンの再就職に繋がったようである（伊東剛史「犬吠埼灯台から考える「科学のリロケーション」」）。

ブラントンは、帰国直後、英国土木学会で「日本の灯台」（"The Japan Lights"）と題して日本でおこなった灯台建設事業について発表し、それに対し学会からはテルフォード賞が贈られた。テルフォード賞とは、スコットランドの土木技師で英国土木学会初代会長トマス・テルフォードの寄付金を基にして一八三五年に設立されたもので、英国土木学会で最も栄誉ある賞である。

また、一八八一年、ブラントンは「パラフィンとパラフィン油の製造」（"Paraffin and Paraffin Oil"）と題する論文を発表し、再度、テルフォード賞を受賞した。二度のテルフォード賞受賞はブラントンが優れた土木技術者だったことを示しているだろう。

同年、ブラントンは若い友人と共に建築装飾品製造工場を買収し、以後一五年間にわたり劇場やホテル、公会堂などを建築した。建築や美術的な装飾術のみならず、特殊建物の詳細にまで習熟し、その後、ロンドンに出て建築家としてイギリス各地の建物の設計や建築に携わった。

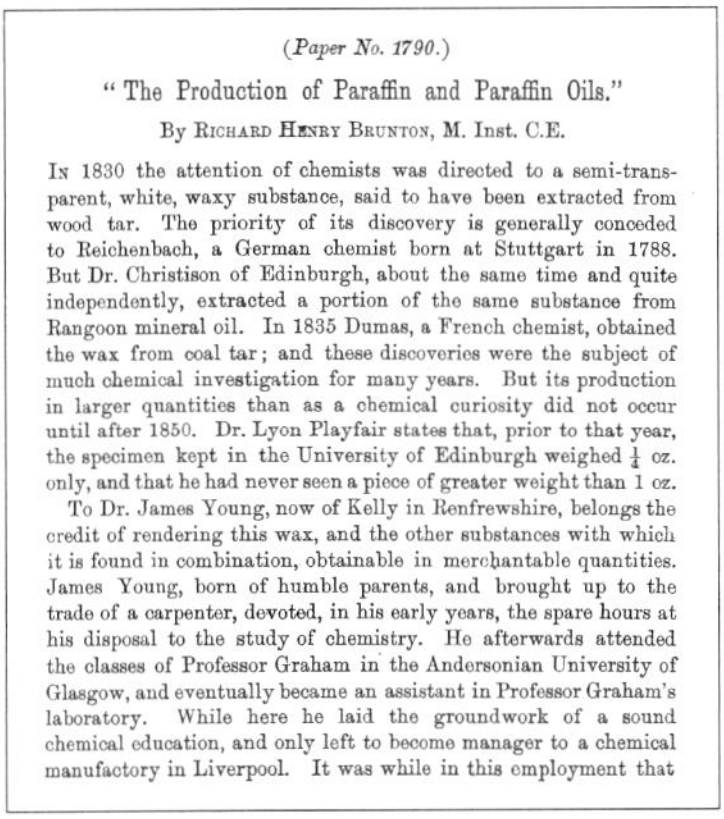
(*Paper No. 1790.*)

"The Production of Paraffin and Paraffin Oils."

By Richard Henry Brunton, M. Inst. C.E.

In 1830 the attention of chemists was directed to a semi-transparent, white, waxy substance, said to have been extracted from wood tar. The priority of its discovery is generally conceded to Reichenbach, a German chemist born at Stuttgart in 1788. But Dr. Christison of Edinburgh, about the same time and quite independently, extracted a portion of the same substance from Rangoon mineral oil. In 1835 Dumas, a French chemist, obtained the wax from coal tar; and these discoveries were the subject of much chemical investigation for many years. But its production in larger quantities than as a chemical curiosity did not occur until after 1850. Dr. Lyon Playfair states that, prior to that year, the specimen kept in the University of Edinburgh weighed ¼ oz. only, and that he had never seen a piece of greater weight than 1 oz.

To Dr. James Young, now of Kelly in Renfrewshire, belongs the credit of rendering this wax, and the other substances with which it is found in combination, obtainable in merchantable quantities. James Young, born of humble parents, and brought up to the trade of a carpenter, devoted, in his early years, the spare hours at his disposal to the study of chemistry. He afterwards attended the classes of Professor Graham in the Andersonian University of Glasgow, and eventually became an assistant in Professor Graham's laboratory. While here he laid the groundwork of a sound chemical education, and only left to become manager to a chemical manufactory in Liverpool. It was while in this employment that

「パラフィンとパラフィン油の製造」冒頭部分（青羽古書店提供）

二　ブラントンの「手記」

ロンドンでの建築家としての仕事の傍ら、ブラントンは日本で灯台建設等に従事した体験について、「ある国家の目覚め——日本の国際社会加入についての叙述と、その国民性についての個人的体験記」（"The Awaenking of a Nation, Being an Account of the Entry of Japan into the Sisterhood of Nations, with an Elucidation of the Character of the People from Personal Experinces"）という題で執筆に取り掛かった。なぜ、ブラントンは日本での体験をまとめようとしたのか。ブラントンは「私のこの著作の目的は、読者に、日本人の物の考え方や、行動の仕方を知ってもらうためである」とし、序文で次のように述べている。

この目的を達成するには、私がした日常の日本人との接触を記述するのが一番有効な方法であると考えた。たとえそうすることが自己中心に陥る虞《おそ》れがあるとしても、そのことに意義を感じて筆を執った。この国をたまたま訪れた旅行者によってこの国民が過大に美化されている弊害を私は強く感じている。そしてこの国民の性質についての誤解を正すにはその職分にある人物の内的性質を理解し、ありのままに叙述するのが最も正しい方法であると考えたのである。十ヵ年近くこの国に在住してほとんどあらゆる階層の人々と親しく接触した私は、その経験がある特殊な分野に限られたものであることは断言するが、しかしこの経験こそは現在この国民に文明の恩恵を与えるに良い機会であったと思っている。
（「訳者 あとがき」『お雇い外人の見た近代日本』二六九頁）

ブラントンが原稿を書き終えたのは、一九〇一年のことである。同年四月二四日、ロンドンのコートフィールド・ロードの自宅でブラントンは脳卒中のため死去した。そのため、ブラントン自身の手によってこの原稿が出版されることはなかった。この原稿が出版されるまでの経緯を、その日本語版の訳者、徳力真太郎の記述から追ってみたい（「訳者 あとがき」『お雇い外人の見た近代日本』二六五〜二七四頁）。

ブラントンの原稿は、数年間、友人の女性、シャーロッテ・ストープスの手許にあったが、彼女はブラントンの日本での業績と彼の原稿の価値を出版社に対して十分説明できなかったこともあって、出版されることはなく年月が過ぎ去った。

この原稿に手を差し伸べたのが、ブラントンと同じお雇い外国人であったアメリカ人、ウィリアム・エリオット・グリフィスであった。グリフィスは、福井藩の藩校明新館や東京大学の前進である大学南校で教鞭をとり、工部大学校の設立にも参画していた。帰国後の一八七六年には、日本の歴史や日本でのお雇い外国人の体験を綴った『ミカドの帝国』（*The Mikado's Empire*）をアメリカで出版しており、日本に深い関心を持っていた。グリフィスは、日本政府から解雇された後、「ヤト

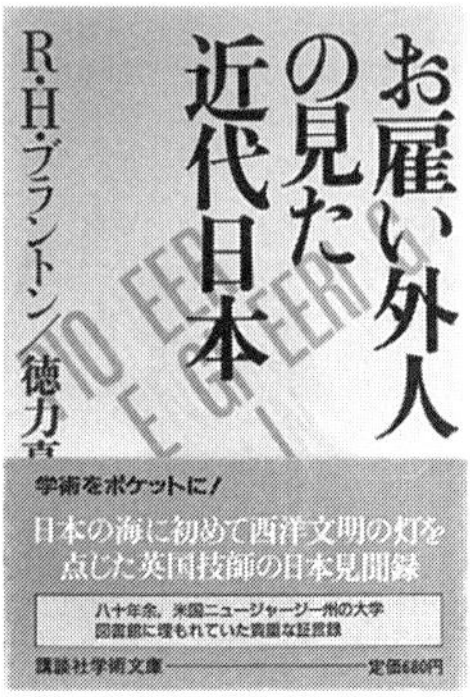

『お雇い外人の見た近代日本』（講談社学術文庫、1986年）

イ」（グリフィスはお雇い外国人をこのように呼んだ）に関する資料収集に残る人生の大部分を費やし、何百枚もの葉書をヤトイ経験者宛に送り、日本政府勤務中およびその後の動静に関する情報を集めた（ヘーゼル・ジョーンズ「グリフィスのテーゼと明治お雇い外国人政策」二一二頁）。

グリフィスは一九〇五年から翌年にかけて北部ヨーロッパを旅行したとき、ロンドンでブラントン夫人エリザベスとストープスに会い、ブラントンの名誉が世に認められるよう努力することを約束して原稿を買い取った。グリフィスは、お雇い外国人の世界的調査に乗り出しており、ブラントンが日本での体験をまとめた原稿を残しているとの情報を得て、ブラントン夫人とストープスに会ったのかもしれない。

グリフィスはブラントンの原稿を整理し、補注と序文及びあとがきを加え、『日本への近代技術移植の先駆者——日本帝国の基礎を造る仕事を援助した記録』（*Pioneer Engineering in Japan: A Record of Work in Helping to re-lay the Foundation of the Japanese Empire*）という表題で出版の準備をしていた（『近代化の推進者たち』二一二頁）。しかし、一九二八年にグリフィスが亡くなってしまったため出版は果たせず、原稿はグリフィスの著書や資料とともに、彼の母校であるラトガース大学に寄贈された。

長い間、大学で眠っていた原稿が目覚めたのは、一九八六年のことだった。逓信省灯台局（戦後

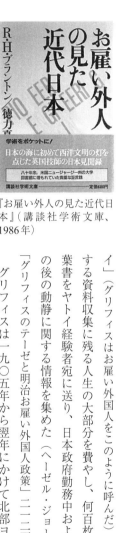

は海上保安庁）に勤め、灯台技手として活躍した徳力真太郎が、ラトガース大学からブラントンの原稿のコピー（ブラントンのオリジナルではなく、グリフィスが整理したもの）を取り寄せ日本語に翻訳し、『お雇い外人の見た近代日本』と題して刊行したのである。

徳力は、原稿執筆時期から推して、ブラントンが病床においてなお筆を執っていたのではないかと述べている。そのような情熱をもって著された原稿が、同じお雇い外国人であり欧米への日本の紹介に努めたグリフィスの手に渡り、さらには未発表のまま日本の灯台技手の導きによって海を渡ってきたことになる。ブラントンの手記が、母国イギリスではなく、彼が灯台建設をはじめ近代化に尽力した日本で最初に出版されたのは驚くべきことである。

三　ヴィクトリア朝人としてのブラントン

ヴィクトリア女王が即位したのは、ブラントンが生まれる四年前の一八三七年六月二〇日のことだった。そこから女王が没する一九〇一年一月二二日までの六三年七カ月はヴィクトリア時代と呼ばれ、イギリスが産業革命の恩恵を受け、世界経済の覇者となった時代だった。ブラントンは女王が世を去った三カ月後の四月二四日に死去している。ブラントンの六〇年の生涯は、まさにヴィクトリア時代と重なっている。

ヴィクトリア時代のイギリス人は、自らの文明の高さに酔いしれると共に、非ヨーロッパ世界を概して「未開」「野蛮」な世界とみなし、そこを「文明化」することに義務と責任を感じていたという（東田雅博『図像のなかの中国と日本』一六頁）。ヘーゼル・ジョーンズは、ブラントンについて「慈善衝動を伴う国家の栄光というヴィクトリア王朝感覚に満ちた人物であった」と評す（『グリフィスのテーゼと明治お雇い外国人政策』二三四頁）。ヴィクトリア朝人であったブラントンにとって、非文明国・日本に灯台を導入し、西洋近代文明の光を灯すことは、当然の責務であっただろう。ブラントンの手記からも、自分こそが日本に西洋近代技術を導入したという自負が垣間見える。

その日本が近代化を推し進め、軍備を増強して清国を破ったニュースに世界は驚くことになる。日清戦争における日本の思いがけない勝利によって、世界は日本を、好意的にであれ警戒心をもってであれ、アジアにおける侮りがたい大国として認めざるをえなくなった（東田雅博『大英帝国のアジア・イメージ』二一六頁）。

陸奥宗光も『蹇蹇録《けんけんろく》』の中で「世界の世論は一変して、日本を讃嘆し、あるいは日本を嫉視するに至った」とし、フランスの新聞の「日本は、清国に対してよりも、いっそう大きな勝利をヨーロッパに対して得た」「日本は、他の強国と同じように、もう勝手に他国の土地を取り、蚕食してもよいのだ」という論調を引いた上で、戦勝気分に沸く日本を冷静に観察している。

日本人は戦勝に酔って、進め進めという以外、耳に入らない。妥当中庸の説を唱うる人は、卑怯未練といわれるので黙っているほかはない。愛国心は別に悪いものではないが、愛国心の使い方をよく考えないと、国家の大計と相反することもある。

（岡崎久彦『陸奥宗光』下、三八一頁）

ブラントンも陸奥と同じく、日本が過大評価され美化される風潮に、ある種の警戒感を抱いていた。手記の中で「日清戦争での勝利によって誇張された評価は、日本人に過剰な自尊心を持たせてしまった。そのことは災いへとつながるかもしれない。いやおそらくそうなるであろう」と記している（*Schoolmaster to an Empire: Richard Henry Brunton in Meiji Japan, 1868-1876*, p.155）。

しかし、一九世末、ボーア戦争への対処におわれ、また極東では義和団事件に続くロシアの満州占領という事態に、イギリスでは日本との同盟への機運が高まりつつあった。日英両国はロシアから共通の脅威を受けていると認識され、一八九九年の春にはロンドンでジョゼフ・チェンバレン植民相が加藤高明駐英公使に日英同盟締結の可能性を打診していた（木畑洋一ほか編『日英交流史 1600−2000 1』）。

日本と日本人について、自らの体験をありのままに記述することで、ブラントンは、親密になりつつある日英関係を見直し、イギリス国民に警鐘をならそうとしたと考えられる。

13 ブラントンの灯台に対する評価

一 海外における日本の灯台の紹介

グローバル化が急速に進展しつつあった一九世紀後半の世界において、船舶は最も重要な交通手段であり、海図や水路誌、灯台設備の最新の正確な情報はなくてはならないものだった。ロンドンの地図・海図の老舗ローリー社から出版されたアレキサンダー・ジョージ・フィンドレーの『世界灯台便覧』は、世界中に設置されている灯台設備について網羅的に記した便覧（ハンドブック）である。王室地理学協会のフェロー会員であったフィンドレーは、海図製作者としての評価が極めて高く、当時のほとんどの航海士が彼の著作の恩恵を受けていたものと思われる。

『世界灯台便覧』の冒頭には、当時の灯台施設の基本的知識、歴史、各国の状況が説かれ、世界各地の灯台施設の個別情報が、①名称と灯の特徴（灯質）、②位置、③設備と灯についての詳細情報、④等級、⑤施設の海面からの高さ、⑥視認距離、⑦設置年、の七項目より記され、それぞれの灯台

『世界灯台便覧』(第19版)表紙と「日本の灯台」紹介頁(青羽古書店提供)

JAPAN. LIGHTHOUSES. INLAND SEA. 147

Name and Character of Light.	Lat. N. Long. E. ° ′	Description, &c. (Bearings by compass from the light.)	Description of Apparatus	Height above H. W.	Visible in Miles.	Year established.
JAPAN.						
Lightvessels on the Coast of Japan lower their lights when out of position. In thick weather a bell is struck every 5 minutes. Half-hours are regularly struck at all times.						
SATANO MISAKI One bright fixed light	30 58.5 130 40.	Iron tower, white, 35 ft. high, on small island off Cape Chichakoff, or Satano-Misaki, S. point of Kiusiu. Obscured landward, from N.N.W. ½ W. to N.E. by E. ¾ E.	1b	200	21	1870
NAGASAKI One bright fixed light	32 43. 129 46.	White iron tower, 38 ft. high, on N. point of Iwo-Sima, at entrance to harbour. Masked landward to outside of Mitzuse Rocks, from S.W. by S. to E. ¾ S.	..	205	15	1870 1872
Taske Harbour One bright fixed light	33 23.5 129 33.2	On N. side of entrance	..	..	..	....
Yebosi Sima One fixed bright light	33 41.5 129 58.8	White octagonal iron tower, 44 feet high, on summit of Yebosi Island	2a	182	20	1875
TSUNO SIMA (Kado Sima) One flash. lt. ev. 10 s.	34 21.5 130 50.	Granite tower, 100 ft. high, on N.W. pt. of Tsuno Sima, W. coast of Nipon. Lt. vis. seaward betw. S. ½ E. and N.E. by E.	1b	142	18	1876
Niegata One fixed light	37 57. 139 4.	Seldom exhibited	..	..	..	1867
Fushiki One fixed bright light	36 47. 137 5.	Toyama Bay. Lt.-ho. of wood, painted white, 33 ft. high, on N.W. side of river entrance. Good anchorage with lt.-ho. S.S.W. ¾ W., distant ¾ mile	..	38	10	1878
SIMONOSEKI STRAIT						
Rockuren Island One bright fixed lt.	33 59.2 130 52.4	Granite tower, 25 ft. high, on E. end of island, at W. entrance of strait. Shown from N.E. ¾ N. to S. by W. ½ W.	4a	89	12	1872
Isaki One fix. *red* or br. lt.	33 58. 131 1.	Granite tower, 31 ft. high, on N.E. extreme of point, at W. entrance of strait. Lt. is red Northward and East, from W. by N. to S.E. ¾ E.; thence br. to S. ¾ W. Bearing N.W. ¾ W., on red and bright lts., clears shoals off Motoyama	4a	122	17	1872
Shirosa or Low Reef One fixed *red* light	33 59.5 130 47.4	Temporary white building on S. end of reef, 1½ mile S.W. of Ai-Sima	..	42	10	1872
SETO UCHI or INLAND SEA						
Fuku Ura One fixed light	33 57.5 130 56.		..	..	..	....
ISAKI POINT One bright fixed lt.	33 58.2 131 1.	On N.E. extreme of Kiusiu Island	..	..	12	1865
Oka Mura One fixed light	34 10.3 132 52.8		..	..	..	1861
NUBE SIMA One fixed bright lt.	34 23. 133 49.	Granite tower, 31 ft. high, on summit of island, near S. extreme of Yo Sima, Bingo Nada	3a	85	15	1873
TSURI SIMA One bright fixed lt.	33 53. 132 38.2	Granite tower, 30 ft. high, on N.W. point of island. Obscured landward from S. by W. to E. by N. ½ N.	3a	286	20	1873
Mi-hara One fixed light	34 24. 133 7.		..	..	..	1861
Akasi One fixed light	34 39. 134 59.1		..	..	..	1861
AWADJI ISLAND One bright fixed lt.	34 36.7 135 0.5	Stone tower, 15 ft. high, on N. point of the island. Shown southward, from E. round to S.W. by W. ¾ W.	1a	158	18	1871
Miceo One fixed light	34 38. 135 3.		..	..	..	1866
Wada Misaki One *red* fixed light	34 39.5 135 12.	Octagonal white tower, 46 ft. high	..	52	10	1871

L 2

148 JAPAN. LIGHTHOUSES. YEDO GULF.

Name and Character of Light.	Lat. N. Long. E. ° ′	Description, &c. (Bearings by compass from the light.)	Description of Apparatus	Height above H. W.	Visible in Miles.	Year established.
SETO UCHI or INLAND SEA—(*continued*).						
Kobé One fixed *green* lt.	34 41.2 135 12.5	In Gulf of Osaka. Shown from staff, 34 feet high, on East pier	..	42	6	1877
Oösaka River One bright fixed lt.	34 39.7 135 26.6	Square white tower, 30 ft. high, on Temp-san Fort	..	53	10	1871
Kishu Gawa Entrance One fixed *red* light	34 37.8 135 27.8	From outer extr. of southern embankment at Kishu Gawa cntr., 2 miles S.S.E. from Osaka Bar. Brick lt.-ho., 29 ft. high, black and white horizontal bands	6a	40	8	1878
Sakai River One fixed light	34 35.2 135 28.	On the fort	..	..	5	1866
ISUMI STRAIT One fixed bright light	34 16.7 135 0.5	Granite tower, 21 ft. high, on West end of Tomangai Island, in centre of strait	3a	208	19	1872
SIWO-MISAKI One fixed bright light	33 26.3 135 46.3	Stone lt.-ho., painted white, 60 ft. high. Lt. shown seaward betw. S. 84° E. & N. 46° W.	1a	163	20	1878
OÖ SIMA One br. rev. lt., 1 min	33 28. 135 52.	On E. point of island; bright half a minute, eclipsed half a minute	..	130	18	1870
Matoya One br. rev. lt., 1 min.	34 22. 136 54.8	White wooden tower on Tonio or Anoei Saki, the S. head of entrance	4b	102	15	1873
Toba Harbour One fixed bright light	34 30.7 136 54.	Brick tower, 28 ft. high, on Suga Sima, at entrance to harbour, on W. side of Owari Bay	4a	176	15	1873
OMAE SAKI One br. rev. lt. ½ min.	34 36. 138 14.3	White lt.-ho., 57 ft. high, on Sand hill, S. part of cape, W. point of entr. to Suruga Gulf. Shown from W. by N. ½ N. by the S. to N.E.	1b	172	19	1874
Iro-o-Saki One *red* fixed light	34 36. 138 51.5	Octagonal white tower, 20 ft. high	6a	185	10	1871
ROCK ID. (Mikamoto) One bright fixed light	34 24.3 138 57.2	White stone tower, 75 ft. high, on Rock Island, off Simoda harbour	1a	164	20	1871
YEDO GULF						
JOKA-SIMA One green fixed lt.	35 9. 139 37.	On W. end of Id. Lt. is green over arc of 309° from S.E. ½ E. to E. by N.	4a	106	9	1870 1875
SAGAMI MI-SAKI One br. flashing lt.	35 8. 139 41.	Tower, 36 feet high, on W. side of entrance. Flash every 10 secs. Lt. is bright southward, from W. by S. to N.E. ½ E.; thence red to N.N.E. ¾ E., over the Plymouth Rocks	..	110	16	1871
KANON SAKI One bright fixed lt. Lower *red* light	35 14.7 139 44.3	Square stone tower, on W. pt. of entr. Shown from N.N.E. ¾ E. to S.S.E. ½ E. A red sector of lt. is shown from window, 32 ft. below principal lt., betw. N. ½ W. (cutting 2 cables W. of Saratoga Spit buoy) and N.N.E.	4a ..	170 146	14 7	1869 1878
Yokohama Bay Lt.-V. One fixed *red* light	......	Two masts; ball at fore; at extreme of shoal water off Mandarin Bluff	..	36	10	1870
Yedo Bay 1. One fixed *red* lt. 2. One fix. *green* lt.	...... 35 31.6 139 47.3	1. At E. entrance to Tsikidji Channel 2. White iron tower in 7 ft. water, off Haneda Pt., S. pt. of Yedo anchorage. Lt. vis. over bay betw. S.W. by W. ¾ W. & N.N.W. ½ W.	4a 4a	53 40	9 8	1870 1875
NOSIMA POINT One bright fixed lt.	34 53.3 139 51.4	Octagonal tower on E. side of entrance, E. of Mela Head	1a	134	20	1870

GULF OF TARTARY. LIGHTHOUSES. KAMCHATKA. 149

Name and Character of Light.	Lat. N. Long. E. ° ′	Description, &c. (Bearings by compass from the light.)	Description of Apparatus	Height above H. W.	Visible in Miles.	Year established.
INUBOYE SAKI One rev. br. lt. ½ m.	35 43.5 140 53.5	Circular brick tower, 105 feet high, painted white. Light obscured towards land	1b	168	19	1874
East Coast	37 20. 141 4.	One fixed light	..	..	..	1863
KINGKASAN ISLAND One fixed bright light	38 19. 141 36.	Granite tower, 28 ft. high, in Sendai Bay. Lt. shown betw. N. by E. and S.W. ¼ W.	1a	178	19	1876
Kita-Kami River One bright fixed light	38 26. 141 15.	From a staff on E. bank of river, in N. part of Sendai Bay, E. coast of Nipon	..	52	6	1874
SIRIYA SAKI One fixed bright light	41 26.2 141 29.4	Brick tower, 94 ft. high, painted white, on N.E. pt. of Nipon Id.; lt. shown betw. S. ½ W. through E. and N. to S.W. by W. Rattler Rock lies 1½ m. N. 70° E. of lt.-ho. Fog-bell, 15 strokes a minute	2a	150	18	1876
Awomori One fixed *red* light	40 51.8 140 45.3	From staff, 100 yards from high water mark, in front of town. Strait of Tsugar	..	45	6	1874
Hakodadi Bay Lt.-Ves. One bright fixed light	41 47.5 140 44.7	At the extreme of bank extending from Point Anama, the N.W. point of the town; painted red, two masts, ball at the fore; in 7½ fms.	●	36	10	1865 1871
CAPE NOYSHAP One fixed bright light	43 21. 145 45.	White lt.-ho., 35 ft. high, on E. extr. of cape. Lt. shows seaward betw. S.S.W. ¾ W. and W.N.W. ½ W. Fog-bell, 12 strokes a minute. April 1 to Dec. 15	5a	74	10	1873 1877
Nemoro One fixed *red* light	43 20.8 145 35.	On N.E. extremity of Benten Sima, S.W. side of entr. to anchorage. April 1 to Dec. 15	..	75	6	1873
GULF OF TARTARY.						
NOVOGOROD PORT *Building*	42 33.7 131 10.	Building on Garnova Cape. Coal mines in the neighbourhood	..	..	..	....
Vladivostok One fixed bright light	43 1.7 131 58.	On South point of Scriplew or Skrypleff Id., E. entrance to East Bosphorus Strait	..	150	15	1877
NAHODKA PORT *Building*	42 38. 133 0.5	Building on Pororotnoi Cape, American Gulf	..	..	..	....
OLGA PORT *Building*	43 22. 135 15.	Building on Tchikhatchew Island, at the entrance	..	..	..	....
PORT IMPERIAL *Building*	49 0. 140 27.	Building on Mouraviev Cape, at the entrance	..	..	..	....
SAGHALIN ISLAND One bright fixed light	50 50. 142 6.6	Square tower, 40 ft. high, on the slope of a steep hill near Dui. Shown from S.W. ¼ W. round West, to N. by E. ½ E.	●	374	15	1864
CASTRIES BAY One bright fixed light	51 26. 140 52.	Lt.-ho. red with white lantern, 69 ft. within extr. of Kloster-Camp, or Quoin Point, in the Gulf of Tartary	●	262	8	1861 1878
River Amur One bright fixed light	53 7.3 140 41.8	Square white tower, 29 ft. high, on Constantine Battery, opposite to Nikolaevsk	6a	40	8	1861
KAMCHATKA.						
DALNI One fixed bright light	52 52.5 158 47.	E. side of entrance, Avatchka Gulf. Shown from W. by S. northwards, to S.E. ¾ E. Telegraph to Petropauloski. Lighted occasionally	..	449	24	1851
Baboushkin Point One fixed bright light	52 54.7 158 42.6	On second point, W. side of entrance. (Uncertain)	..	294	19	....
Rakof One fixed bright light	52 57.5 158 43.6	On signal-station, ½ a mile S. of entrance to Rakovya Harbour. (Uncertain)	..	378	22	....

施設がどのようなものかを一瞥して理解できるように工夫されていた（青羽古書店「書籍目録／フィンドレー『世界灯台便覧』」）。

『世界灯台便覧』（第一五版、一八七五年）の一四七～一四八頁には、「日本の灯台」の項目があり、SATANO MISAKI（佐多岬）からCAPE NOYSHAP（納沙布岬）に至るまでの各灯台の情報が記されている。当時建設中の角島灯台や金華山灯台、尻屋埼灯台は記されていないが、四年後に刊行された第一九版（一八七九年）にはこの三つの灯台も明記されている。

瀬戸内（SETO UCHI or INLAND SEA）の項目からは、紀伊半島南端の潮岬灯台（SIWO-MISAKI）は白い塗装で不動灯、樫野埼灯台（OOSIMA）は大島の東に位置し回転灯であることがわかる。

当時の日本各地に配備されていた灯台施設の概況を知ることができるだけでなく、世界の他地域との比較もできるため、当時の日本の航路環境が相対的にどのような状況に置かれていたのかを知ることができる。また、同時に世界の航路網に日本も組み込まれていったことが窺える。

イギリスの絵入り週刊誌『イラストレイテッド・ロンドン・ニュース』（一八七二年一〇月一二日号）にも「日本の新しい灯台」と題して、佐多岬、潮岬、神子元島、石廊埼、天保山の各灯台のイラスト（写真をもとにした線画）が掲載された。それぞれの灯台について簡単な解説が記されているが、これは『ジャパン・メイル』に寄稿されたF・ベヴィルの点検航海の報告から引用したものであった（金井圓編訳『描かれた幕末明治』一八三頁）。

佐多岬灯台、潮岬灯台、神子元島灯台は外国との条約によって、石廊埼灯台は地元の要請によっ

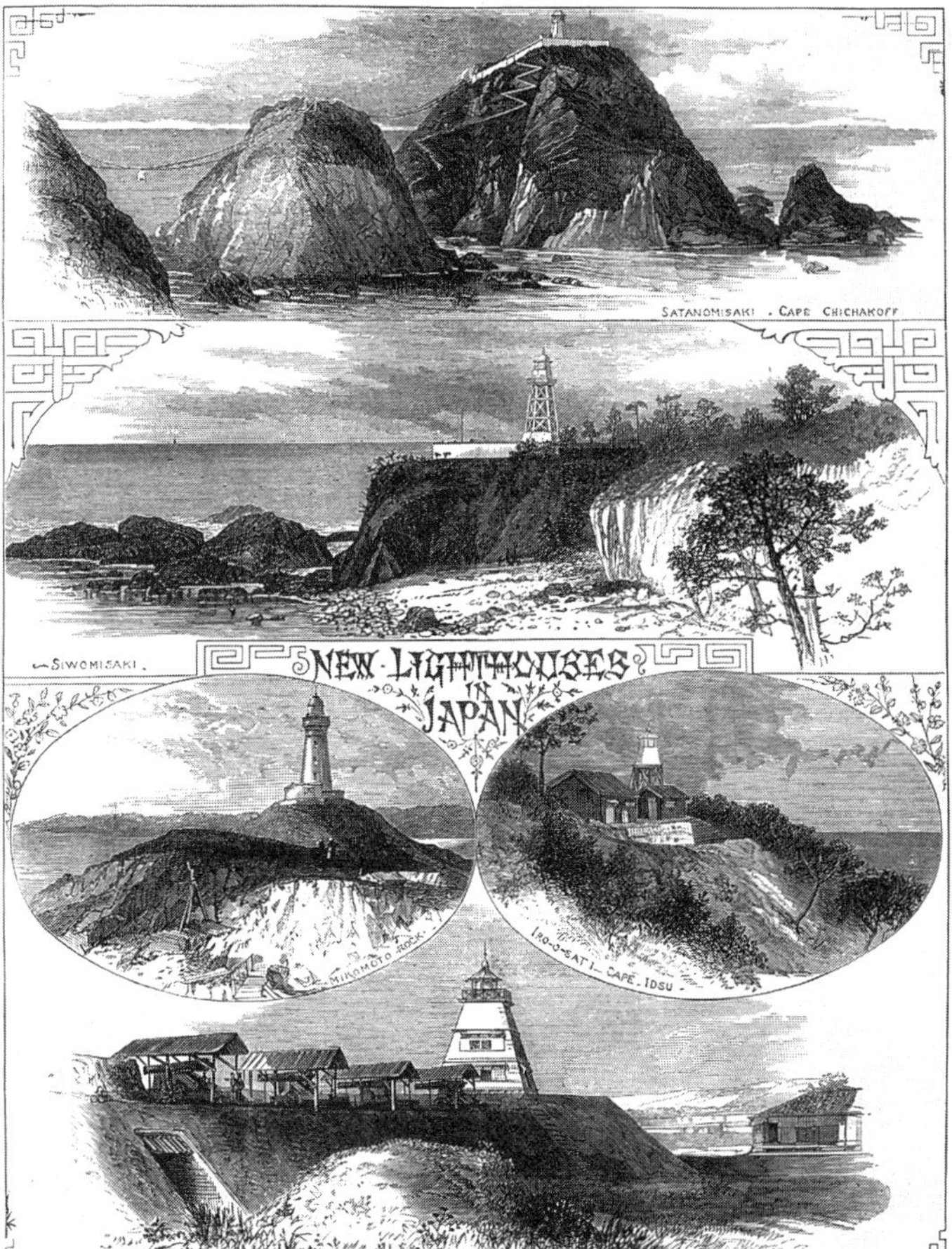

「日本の新しい灯台」(『イラストレイテッド・ロンドン・ニュース』1872年10月12日号)。上から佐多岬、潮岬、神子元島(左)、石廊埼(右)、天保山の各灯台

て、天保山灯台はブラントンの提案によって造られた。

また、佐多岬は鉄造、神子元島は石造、潮岬、石廊埼、天保山は木造と、形状もバリエーションに富む灯台が『イラストレイテッド・ロンドン・ニュース』では選ばれたわけだが、これは日本の灯台の進捗状況を世界に向けてアピールするのが目的だったからではないだろうか。「日本の新しい灯台」の記事掲載は岩倉使節団の訪英中のことであり、「日本の使節」と題する無記名の記事も掲載されていた。日本の沿岸でしだいに整備されていく灯台の様子や岩倉使節団のロンドンでの評判は、古き日本から脱却し近代国家へと移り変わる日本を伝える最新ニュースの一つであった（『描かれた幕末明治』一三二頁）。

マックル・フラッガ灯台

ブラントンが岩倉使節団のイギリス旅行に同行したことや、『ロンドン・タイムズ』へ匿名投稿をしていたことについては既に触れた。『イラストレイテッド・ロンドン・ニュース』への情報提供もブラントンによってなされたものと考えられている（横浜開港資料館編『R・H・ブラントン』七一頁）。『イラストレイテッド・ロンドン・ニュース』で、神子元島灯台の挿絵を見たイギリス人は、ドーム型の屋根やダイヤ型の窓、灯塔の下にある半円形の付属舎など、スコットランドのマックル・フラッガ灯台とそっくりな姿に驚いたに違いない。同時に、近代イギリスの技術が日本の近代化に大きく貢献していることや、大英帝国の偉大さを改めて思い知ったことだろう。

二　ブラントンの灯台に対する評価

ブラントンが一時帰国するまでに、「改税約書」で設置が決まった灯台六基（神子元島、樫野埼、潮岬、伊王島、佐多岬、剱埼）と灯船二隻（横浜、函館）、兵庫開港に伴う条約で設置が決まった五基のうち四基（江埼、和田岬、六連島、部埼）、それに天保山と石廊埼が点灯もしくは仮点灯していた。

ブラントンの帰英中に点灯したのは、友ヶ島、安乗埼、鍋島、白洲（仮点灯）、納沙布岬、ブラントンの再来日（一八七二年四月五日）後に点灯したのは、釣島、菅島、御前埼、犬吠埼、羽根田、烏帽子島、角島の各灯台であった。尻屋埼灯台と金華山灯台はブラントンの離日後に点灯された。

ブラントンの灯台に対する評価は様々な人々から寄せられた。

テーボール号の船長としてブラントンの灯台事業を支えたアルバート・リチャード・ブラウンはブラントンを「相当な才能の持ち主であり、かつ大のがんばり屋」と評するも、「ひじょうにぶあいそうで、気がきかず、そのため日本人にも同じイギリス人仲間にも人気がありませんでした」と率直に述べた。しかし、ブラントンの灯台については「彼は日本のために立派な長持ちのする仕事をしました」と高く評価している（梅渓昇「日本海運業の育成者アルバート・R・ブラウン」）。

テーボール号で各地の灯台を視察した『ジャパン・ウィークリー・メイル』の特派員は「報告書」の最後に、「結論として私は、ブラントン氏が完成した仕事と、それを成就した方法は、彼自身にとっても、また政府の関係者各々にとっても名誉に価するものであると思わずにいられない」と記し、ブラントンの灯台を賞賛した（「日本の灯台——汽船テーボール号の灯台視察航海の同乗記」七）。

横浜のアメリカ合衆国領事C・O・シェパード大佐は、ブラントンに宛てた手紙（一八七三年九月二日）で、「日本人が採用した外国技術による改良のうち、灯台部門ほど価値ある結果を挙げた事業はない」と高く評価した（『お雇い外人の見た近代日本』一九八頁）。

ブラントンも手記の中で、各国の軍艦の艦長や郵船などの汽船の船長から「一様に賞賛の言葉を耳にして、私は非常に満足を感じた」と記している（『お雇い外人の見た近代日本』一九九頁）。

このように各方面から評価されたにもかかわらず、一八七五年三月、ブラントンは日本政府から一年後に雇用契約を解除するという予告を受けた。伊藤博文はブラントンと面会し、灯台業務から解除することは決定済みだが、政府はブラントンの功績を高く評価しているため解雇までは考えておらず、「他の職を見付ける」と伝えた（『お雇い外人の見た近代日本』二〇〇頁）。

ブラントンは伊藤を信頼していたが、横浜港の工事の延期決定以後、政府の財政が不安定な状態であることを知っていたので、それほど期待はしていなかった。案の定、ブラントンは一八七六年三月一五日に解雇されたのである。

ブラントンに宛てた伊藤の手紙には、「貴殿に課せられた日本の海岸に灯台建設並びにその管理保守の業務は最も完全で、政府が十分に満足できるように行われたとお知らせするのを非常な喜びと思っている。（中略）その設計と建設と運用はすべての点で満足すべき理由がある」と、ブラントンに対するねぎらいの言葉が記されていた（『お雇い外人の見た近代日本』二〇一頁）。

このように、ブラントンが評価されながら結局解雇されてしまった原因は、先にも見た通りその「高圧的な態度」にあり、それが「多くの日本人の不興を買った」（オリーヴ・チェックランド『日本の近代化とスコットランド』一〇九頁）のだろう。確かにブラントンは日本人役人とたびたび対立し、その都度パークスに訴え、彼の力を借りて灯台建設を完遂させてきた。ブラントン自身も灯台事業が成功したのは「主としてハリー・パークス卿を通して、渋る日本政府の役人に圧力をかけることができたからである」と述べている（『お雇い外人の見た近代日本』一九九頁）。外国人より日本人の地位を上に置きたい旧態依然とした日本人役人が、ブラントンと対立したのは当然のことであろう。

しかし、ブラントンは、木戸孝允や伊藤博文、井上馨といった政府首脳と昵懇であり、彼らもブラントンの良き理解者であった。灯台建設という国家的プロジェクトを遂行するためには、パークスの後ろ盾と共に彼らの協力が欠かせなかった。ブラントンが批判したのは、あくまでも日本人役人であり、秘密主義や賄賂といった当時の官吏の体質についてだった。

ブラントン解雇の要因としては、ブラントンの人間性というよりも、日本政府の財政面での問題が大きかったのではなかろうか。高額な給料で多くの外国人を長期間雇うことが政府を経済的に圧迫していたからである。お雇い外国人は、一八七四年、一八七五年の約五二〇人が最高で、一八八〇年には半減し、その後一八八六年から一八九一年の間の一時期を除いて漸減し、一八九四年からは一〇〇名を割っていた。職業別の推移でみると、一八七〇年代では技術者、教師が圧倒的に多く、一八七四年には技術者約二一〇人（約四〇％）、教師約一五〇人（約二九％）であったが、一八八〇年代にはその順番が逆転し、教師、技術者の数は共に一八七四年に比べて半減している（梅渓昇『お雇い外国人 概説』五三〜五五頁）。

明治初期、お雇い外国人に技術者が多かったのは、灯台、上下水道、鉄道などの近代国家建設のインフラ（産業基盤）整備のためであった。その中でも、灯台建設は最も早い時期にスタートし、ブラントンをはじめ外国人技師や灯台保守員が多く来日していたが、次々と灯台が建設されてゆくにつれて、需要がなくなった灯台技師や灯台守は解雇されていったのである。

一八七〇年に船大工A・ドレーク、一八七一年に木工長W・カーセル、石工J・マークス、一八七二年に鉄工トマス・ウォーレス、石工ジョン・ミッチェル、一八七三年に測量方サミュエル・パーリー、一八七五年に機械職J・ヘルドマン、電信方助・倉庫方・灯明番A・F・フィギンス、一八七六年に書記兼会計方ジョージ・ワーコップが解雇された。

ブラントンの解雇後も灯台局に勤務したのは、築造方補助ジェームズ・マクリッチ、鉛工ジェームズ・オーストレル、職工長兼器械監督R・A・ビッグルストン、灯明番教授方ジョージ・スミス・チャルソンなど数名であった。そして、彼らも、一八八〇年までには日本を去っていた。彼らに代わって灯台業務の中心を担ったのは、イギリスで灯台建築を学び帰国した藤倉見達《しょうたつ》や石橋絢彦《あやひこ》らの日本人であった。また、灯台保守の役割も、各地の灯台でイギリス人灯台保守員から技術を習得した日本人がその責務を担ったのである。

Ⅱ　ブラントンの灯台

日本にはブラントンによって造られた灯台二六基と灯船二隻がある（「R・H・ブラントンによる設置灯台一覧表」横浜開港資料館編『R・H・ブラントン――日本の灯台と横浜のまちづくりの父』六二頁）。これらの灯台はどのような経緯で造られたのか。また、灯台建設を地域の人々はどのような思いで眺めていたのだろうか。

ブラントンの灯台建造は大きく二期に分けられる。第一期は、ブラントンが来日した一八六八年八月八日から一時帰国のために離日した一八七二年四月二四日までである。この期間に造られた灯台は、主に「改税約書」と兵庫開港に伴うものであった。第二期は、一時帰国から戻った一八七三年四月五日から、解雇される一八七六年三月一五日までである。この期間に造られたのは、主に地方からの要請や日本政府によって設置が決定された灯台であった。条約国の要求によって建設された灯台が次々に完成し点灯を開始すると、日本政府はその効果の大きいことを認め、旧来の薪を燃やす標識を廃止し洋式灯台に換えることを決定し、地方庁に対しては、旧来の篝火《かがりび》灯台は今後建てないように通達した。

第一期に造られた灯台については、灯台視察船テーボール号に同乗した英字新聞『ジャパン・ウィークリー・メイル』の特派員の詳細な報告“The Lighthouses of Japan. / Being the Narrative of a Tour of Lighthouse / Inspection in the Steamship Thabor. / (By our own Correspondent)”（『ジャパン・ウ

ィークリー・メイル』一八七二年一月一三日～二月二四日）がある。これは、徳力真太郎によって、「日本の灯台――汽船テーボール号の灯台視察航海の同乗記」と題されて翻訳され、燈光会の会誌『燈光』に七回にわたり掲載されている。

『ジャパン・ウィークリー・メイル』は、一八七〇年一月、横浜のジャパン・メイル社にて発行が開始され、『ジャパン・ヘラルド』、『ジャパン・ガゼット』と並ぶ、明治期の三大英字新聞の一つである。その内容は、政治や商業に関するものだけでなく、日本文化や芸術などにわたって多彩であり、西洋人の視点から明治期の日本や日本人を描いていることから、近代化が進む日本と西洋の微妙な国際関係の変化について知ることができる。

灯台視察船テーボール号（落合素江画、1870年頃）

灯台視察船テーボール号は、元はフランス郵船会社の所有であったが、一八七〇年に日本政府に売却されて灯台寮の所属船となった。船内装飾が華麗を極めたこともあり、内外の高官がしばしば乗船したことでも知られている。

テーボール号は横浜から各地の灯台に荷物を輸送するため、年五回ほどの航海をしていた。ブラントン、築造方補員スターリング・フィッシャー、書記兼会計方ジョージ・ワーコップらが灯台視察のために乗船し、各灯台にどのような物資の供給が必要であるかなどを確かめた。帰航すると、灯台や附設された住居の状態、その他関係事項を調査した報告書を作成した。このような視察航海の一つに、『ジャパン・ウィークリー・メイル』の特派員が随行したのである。

『ジャパン・ウィークリー・メイル』の紙面には、特派員の名は記されていない。しかし、『イラストレイテッド・ロンドン・ニュース』（一八七二年一〇月一二日号）に「日本の灯台」と題された記事が掲載されており、そこには「F・べヴィル氏の寄稿したある点検旅行の話が『ジャパン・メイル』から最近〔他紙〕に転載されたが、そこにはすべての灯台に関する詳細な記述が見える」（金井圓編訳『描かれた幕末明治――イラストレイテッド・ロンドン・ニュース日本通信 1853‐1902』一八三頁）というように、特派員とおぼしき人物の名が記されているのである。

一八七二年六月五日付の『ジャパン・ウィークリー・メイル』には、そのF・べヴィルが新聞記者であったことが記されている。彼は、一八七四年五月九日に東京で創刊された週刊誌『トーケイ・ジャーナル』の編集長を務め、一八七五年三月まで東京外国語学校で教鞭を執っていたことがわかっている。しかし、同年三月一八日付の文部省届には「何の届け出もなく無断欠席し、フランス郵船で香港へ脱去した」と記されており、その後の消息は分かっていない（笠原英彦「ルジャンドルと政府系英字新聞」）。おそらくはこのF・べヴィルが、テーボール号に同乗し各地の灯台に関する記事を書いた『ジャパン・ウィークリー・メイル』の特派員なのだろう。

それでは、彼は何の目的で灯台視察に同行したのだろうか。特派員は取材目的について次のように記している。

灯台というものは余り世間一般の注目を引かないから、私はそれを述べる必要があると思ったのである。日本では弁天にある工部省の一つの局で現在推進され、計画されている重要な公共事業を十分に認識しているものは社会の各方面にも極めて希である。

（「日本の灯台──汽船テーボール号の灯台視察航海の同乗記」一）

一八七一年一二月八日早朝、テーボール号は横浜を出航し、剱埼灯台（一二月八日）、神子元島灯台（九日）、安乗埼灯台（一〇日）、樫野埼灯台（一一日）、潮岬灯台（一一日）、江埼灯台（一二日）、和田岬灯台（一三日）、天保山灯台（一四日）、鍋島灯台（一五日）、釣島灯台（一六日）、部埼灯台（一七日）、六連島灯台（一八日）、佐多岬灯台（二二日）、伊王島灯台（二六日）を視察した後、往路と同じ航路を通って帰路につき、友ヶ島灯台（一八七二年一月三日）、石廊埼灯台（五日）に立ち寄った。

特派員の報告から、灯台が造られた各地域の様子や人々の生活、灯台に付属する官舎（吏員退息所）、外国人灯台保守員や日本人灯台保守員の様子についても知ることができるが、それだけではない。明治初期に日本各地を描いた外国人の記録はいくつかあるが、それらは東京とその近郊の箱根や日光、また横浜、神戸、長崎などの開港場に関するものが多く、地方について書かれたものは少ない。ましてや半島や離島といった僻遠の地に関する記録はほとんどないのではないだろうか。この点、『ジャパン・ウィークリー・メイル』の特派員の報告からは、灯台が建設された地方の様子について、また外国人灯台保守員と土地の日本人との交流についてなども知ることができるのである。明治初期、西洋の近代文明を移入して造られた灯台は、地域の人々の目には異国そのもののように映ったのではないだろうか。人々は灯台を通して文明開化に触れたのである。

この第Ⅱ部では、『ジャパン・ウィークリー・メイル』の記事なども適宜引用しながら（頻出するので「同乗記」と略記する）、ブラントンが造った二六基の灯台と二隻の灯船を北から順に並べ、灯台が造られた経緯や灯台建設に対する地域の人々の反応などについて解説する。灯台が造られるに至った経緯については、ブラントンの「手記」や、ブラントンが英国土木学会で講演した「日本の灯台」も適宜参照していく（両者とも『お雇い外人の見た近代日本』に収録）。

第Ⅱ部では、できる限り建設当時の姿に近い灯台の写真を掲載した。剱埼・神子元島・石廊埼・樫野埼・潮岬・天保山・和田岬・江埼・部埼・六連島・伊王島・佐多岬については「ジャパン・ライト」と総称される一二枚の灯台写真群を使用した。これらの写真はおそらくは外国人によって撮影され、一八七三年のウィーン万国博覧会にも出品されたようだ。その来歴についてははっきりしないが、対象はすべてブラントン建設の灯台であり、ブラントンの業績を示す記録資料だといえるだろう（池田厚史「明治初年の燈台写真」）。

ブラントンが造った灯台・灯船

（丸囲み数字は、第Ⅱ部の章番号に対応）

1　納沙布岬《のさっぷみさき》灯台（北海道）

納沙布岬灯台は、根室半島の先端に立つ。国後島《くなしりとう》や択捉島《えとろふとう》など北方の島々への玄関口という開拓上極めて重要な土地であったため、根室は北海道の中でも早くから拓かれることになった。珸瑶瑁《ごようまい》水道の荒波にもまれる納沙布岬付近の海域は岩礁が数多くあり、海霧に覆われる日も多く、危険な海域であった。しかも、山など目標となるものが一切ない平坦な地形のため、航海は困難を極めた。

一八六九年、北海道開拓使根室出張所が開設されると、同年八月、開拓使根室出張所判官として松本十郎が赴任した。松本は庄内藩士であったが、戊辰戦争で庄内藩が官軍に敗れた後、彼を高く評価した黒田清隆の推薦で開拓使判官に任命されたのである。松本は税制を改め、学校、病院、牢獄を建てた。アイヌに理解を示し、住民からもらったアイヌの民族衣装「アットゥシ」を身に着けていたことから「アツシ判官」と呼ばれ、慕われた（松浦義信編『松本十郎大判官書簡』九九頁）。

松本の書簡には、「根室灯台の事」と題して、灯台（標木）設置に至る経緯が記されている。

明治三年の夏、軍艦の春日艦と英艦のセルフィ号が根室国の海岸線一帯を測量するために仁志別沖に投錨した。その時、私は仁志別に出張したが、仁志別は非常に不便だったので、私は春日艦に乗って根室港に案内し、両艦を港外に着かせた。それ以来、両艦の艦長の柳少佐や副艦長伊藤大尉、それに英艦の艦長セルフィーアワヌーと時々行ったり来たりして歓談した。ある日、艦長らが、「花咲納沙布の突端には標識なるものが無いのか、また根室の弁天島にも標識がないのは困ったものである。われわれが測量を行った後に、標識を建設することにした方がよい」と言って、建設するよう望んだ。

私は、是非必要だと感じ、自費で建設することに決め、艦長のすすめに従った。そして艦長が設計してくれたヒナ型によって、燈台を製造させ、丁度よくあった難破船の帆柱を利用して建てた。

（『松本十郎大判官書簡』九五～九六頁）

この難破船の帆柱を使って松本が建てた標木が、納沙布岬灯台のそもそものはじまりとなった。

松本十郎が設置した標木（松本十郎画、『松本十郎大判官書簡』）

艦長の「柳少佐」は初代水路部長柳楢悦《やなぎならよし》、「英艦セルフィ号」はイギリスの測量艦シルヴィア号、「艦長セルフィーアワヌー」は、英海軍中佐ヘンリー・セント・ジョンを指していると考えられる。

一八六九年一〇月、日本は、函館戦争直後の北海道事情を知るための蝦夷地海岸の調査に際して、測量技師たちの援助についてイギリスに口添えしてほしいと公式に要請していた。創設期の日本海軍の測量機器が旧式のため、イギリスから経緯儀等を借用する必要もあった。イギリス公使ハリー・パークスも、この計画に好意的で、一八七〇年七月、イギリス外務省に通知した。蝦夷地の海岸は危険地域が多く、一八六八年九月には宗谷海峡でイギリス軍艦ラトラー号が難破していた。

また、蝦夷はサハリンのロシア人居留地に近く、日英両国にとって戦略的に重要だったため、イギリス外務省も海軍省もシルヴィア号の蝦夷地調査派遣を承認した。ただ、海軍省は、シルヴィア号に護衛艦をつけ、地元の水先案内人を乗せることや、指揮官が外国人との争いに巻き込まれないようにすることなど、細かい条件を付けた。

一八七一年四月五日、横浜を出港し、一二日に函館に到着したシルヴィア号は、日本船「キアンス号」と協力して、蝦夷の南東岸を根室まで調査し、その後半島を回って根室と国後の間の海峡に入り、八月下旬までに測量を完了した。九月はじめに南部まで南下すると、そこで三週間調査してから横浜に戻った（W・G・ビーズリー「衝突から協調へ——日本領海における英国海軍の測量活動」一一七〜一一八頁）。日本側の資料と対照すると、「キアンス号」とは春日艦のことではないだろうか。

柳楢悦はこの時の調査について「春日紀行」を記し、これをもとにして一八七三年、我が国最初の水路誌である「北海道水路誌」が発行された。「春日紀行」によると、春日艦が根室を訪れたのは一八七一年三月のことで松本の書簡とは一年の食い違いがある。函館の調査を終えた春日艦は、厚岸、浜中、根室、国後島、択捉島、野付および紋別等の港や、避泊できる錨地の調査を実施し、その間、数カ所において開拓支所の役人と面接し、当時の事情について聴取した。

納沙布岬と根室に航路標識の設置を求めた経緯については、「春日紀行」に「柳少佐は実測し両礁に澪印を建て、このことを判官直温氏に通知し通航船の便を計った」（沖野幸雄「春日紀行と水路誌編集について《1》」）と記されている。「判官直温」とは旧名を戸田直温とする松本判官のことであり、この記述は概ね松本の書簡の内容と合致する。松本は、両艦長へのお礼として牛を一頭ずつ贈り、建設の労をねぎらった。この航路標識はその後、太政官に献上された。

一八七一年夏、今度は工部大丞山尾庸三とイギリス人の雇人らをのせた工部省の付属船電信丸が根室に入港した。この時のことを松本は次のように回想している。

私は、直ちに船まで迎えに出て、山尾氏から燈台の建設についての喜びと励ましを受けた。その翌日、電信丸に乗って納沙布沖に行きハシケで上陸し、英人が書いた設計図と見本をつかって早ばやと測量を終えて根室に帰港し、弁天島竿燈の測量も行なう。一日間で両方の測量を終了したので、その夕刻、本陣で日本料理による小宴を催し、大丞と英人を慰問した。

（『松本十郎大判官書簡』九九頁）

この「英人」とは、ブラントンの助手スターリング・フィッシャーのことではないだろうか。

一八七一年六月七日から七月一日までテーボール号は北日本沿岸調査に出帆し、犬吠埼、金華山、厚岸の大黒島、納沙布岬等の灯台設置場所を選定したが、ブラントンは信濃川河口の流量測定のため新潟に出張中で、この調査には同行していない（横浜開港資料館編『R・H・ブラントン』一〇〇頁）。

一八七二年二月一七日、納沙布岬灯台の建設伺いが工部省から太政官に出された。この他にも、金華山、犬吠埼、御前埼など六カ所の灯台の設立申請がなされた。五月、根室港竿灯と納沙布岬灯標の機材がテーボール号で移送された（『R・H・ブラントン』）。六月に弁天島に白色竿灯を築造し、七月には納沙布岬にも木造六角形で高さ一三メートル、頂点に直径一・八メートルの円形籠を備えた白色灯標が築造された。同年八月一五日に点灯。灯火の光源は白色、植物油のランプ方式によるもので、晴天の日には灯火は一一キロに達したという。

一八七七年六月一日、納沙布岬灯標は灯台に改築された。これに伴い光源燃料も石油に換わった（煤賀克文「納沙布岬灯台点灯百四十周年に因んで」一三三～一三九頁）。

納沙布岬近海は夏季に濃霧が発生するため、一八七八年六月、工部省に依頼して霧鐘を設置し、霧で陸地や灯火が認識できないときは、五秒毎に鐘を鳴らして知らせた。霧鐘は、尻屋埼灯台に次いで全国二番目であったが、北海道では最初の設置となった。

納沙布岬灯台は一九三〇年には、現在のコンクリート造に改築された。

2 函館《はこだて》灯船（北海道）

函館（箱館）は、一八五四（安政元）年、日米和親条約によって下田と共に開港された。当時の函館は松前藩の支配下にあり、開港以前は蝦夷地の物産を扱う小さな港町に過ぎなかった。ブラントンも、当初開港した日本の港のうち横浜を「主たる貿易港」として挙げ、「次いで重要な」港を神戸と長崎とした後、函館に触れ「高緯度にあるため同港の貿易はほとんど夏期の数ヵ月に限られているが、夏期においても特に盛んというのではない」と記している（『日本の灯台』二〇五〜二〇六頁）。ペリーが函館の開港を求めたのは、北太平洋で操業するアメリカ捕鯨船の補給基地として大きな港を必要としていたからである。

日米和親条約締結から一カ月後の一八五四年五月下旬、ペリー率いる五隻の艦隊が函館に入港した。ペリー艦隊に随行した画家ウィリアム・ハイネは、「函館湾の幅は広い所で一二キロメートルほどもあり、潮の流れが穏やかなのも碇泊に適していた。岩礁や浅瀬もなく、陸地から一キロメートル余りの海域まで大型船の入港が可能であった」とし、函館が外国船の入港に適していると記して

函館山から望む函館港（ウィリアム・ハイネ画、『ペリー航海記』）

いる（フレデリック・トラウトマン『ペリーとともに――画家ハイネがみた幕末と日本人』二一八頁）。

一八五九（安政六）年、函館は、横浜や長崎と共に国内初の国際貿易港として本格的に開港したが、輸出品は昆布、スルメなどの海産物が多かった。対象国はイギリスに次いでアメリカであったが、貿易額は横浜や長崎よりかなり少なかった。

函館灯船は、幕府と英・仏・米・蘭四カ国が結んだ「改税約書」に基づき、横浜本牧灯船と共に設置が決まった。灯船とは海上や河口などに碇置した船に灯籠や形象物を掲げ、灯台の機能を果たした船のことである。つまり、航路標識が必要ではあるが、地形的にその建造が難しいと判断された場所に設置されるのが灯船である。一七三四年にイギリスで初めて近代的な灯船が造られたときに、船体が赤色で塗装されて以来、灯船は赤い塗装がなされることが世界的標準となったと言われている。

函館灯船はブラントンの指導により日本人船大工の手で造られた木造西洋型船で、一八七一年四月に函館弁天岬の北方沖に設置され、同年六月一日に仮点灯、九月一日に本点灯している。横浜本牧灯船からは点灯が一年半ほど遅かったが、これが北海道における最初の航路標識となった。

ブラントンは灯船の構造について、次のように記している。

船は長さ七〇フィート八インチ（約二一・五五メートル）、梁《はり》（両舷の肋材の支える）の幅一八フィート一〇インチ（約五・七四メートル）、甲板から船底まで九フィート二インチ（約二・八メートル）で、設計者の計算では荷重一三〇トンである。

灯船は二重甲板になっており、甲板の間は六フィート六インチ（約一・九八メートル）である。下層の甲板は船の全長に縦通し、船長その他乗組員の寝室になっている。この甲板の下は貯水槽、索具格納庫、バラスト用のスペース、燃料、円材等の置場になっている。龍骨、船尾材、船首材、円材等はケアキ材で造った。（中略）マストは二本で、灯器の入った灯籠《ランターーン》が、直径一六インチ（約四〇センチメートル）、高さ四〇フィート（約一二メートル）の主檣《しゆしよう》のトップまで吊上げられる。

この船は平底で、船首はイギリスの灯船の形に則って荒波を凌げるように特別な形をしている。灯船は一五（約四・五七メートル）ないし三〇フィート（約九・一五メートル）の舫《もや》い綱で一一二ポンド（約五〇・八キログラム）の錨に碇置してある。

函館灯船（『工部統計誌 灯台之部』）

錨は日本人が製造したもので有効である。

（「日本の灯台」二二八～二二九頁）

また、灯器については次のように記す。

灯船の灯籠《ランターン》は船の檣《マスト》を取囲んでいる。灯籠は八角形で、幅は五フィート（約一・五三メートル）、籠内の高さは二フィート半（約七六センチメートル）の大きさである。（中略）灯籠の床にも八個の換気孔がある。灯籠内には八個の灯器が枠に取付けてある。灯器はアルガンド・ランプで、ランプの背面には径八インチの銀メッキをした椀形の反射器、灯火の前面に半径七五ミリメートルのレンズを設け、レンズの上部と下部に環状のプリズムレンズを装置して、ランプの光を平行光線として照射する。灯器はギンバル（水平を保つための十字吊）で三十度以内の船の動揺では常に水平に保てるようになっている。

（「日本の灯台」二三四頁）

一八七三年、青森―函館間に定期航路が開かれ、翌年には東京―函館間の定期航路が始まると、灯船だけでは港湾認知の標識としては不十分とされた。そこで、一八八五年一二月、弁天岬と相対する葛登支岬《かっとしみさき》に葛登支灯台が設置されることになるのである。

3　尻屋埼《しりやさき》灯台（青森県）

尻屋埼灯台は、下北半島の北東端の岬に立つ。周辺海域は津軽海峡から太平洋へと潮の流れが変わりやすく、夏にはよく海霧が発生し、古くから航海の難所として恐れられてきた。

一九六〇年代初めにこの地を旅した宮本常一は、尻屋に人々が住むようになった理由を次のように述べる。

何よりも海の幸が多かったことである。もとは実にたくさんコンブがとれたし、イワシもまたやって来た。そのうえ漂着物も多かった。特に難破船などの漂着物が多かった。漂着物はひろった者の私有に帰した。（中略）

尻屋は荒海の中に長く突出した岬であり、海流も早く、そのうえ霧のかかることが多い。この沖合で方向を見失って遭難した船は数を知らぬ。そうした漂着物がこの渚によってきた。他人の不幸にたよって生きねばならぬことは大きな矛盾のようにみえるが、これをひろわねば、またどこかへ流れてゆくものでもあった。

（宮本常一『私の日本地図3　下北半島』一三三～一三四頁）

このような風習は、志摩半島の安乗崎や小倉沖合においても見られた。海上交通は盛んだが、都から遠く離れた沿岸地域に住む人々が難破船を待ち望む風習は、日本だけに留まらなかった。一八世紀から一九世紀半ばにかけて、イギリスの沿岸各地では特に海の荒れる冬季に難破船の貨物強奪が頻繁に行われたという。難破船の扱いについては、古来、船体や積荷をもとの所有者に返還すべきとする考え方が支配的である一方で、それらを発見した沿岸部の人々が「神の贈り物」あるいは「敵の置き土産」として取得（といっても客観的には略奪であろう）する慣行が長らく存在していたという（金澤周作『海のイギリス史』二五七頁）。

イギリス南西部のコーンウォールでは、難破船からの漂着物は自由に拾って私物化してよいことになっていた。嵐の夜には村人が浜にたたずんで難破船が来ないかじっと見張った。難破船が到来するとそのニュースはたちまち村中に伝わり、地主も、牧師も、村中がつるはしや手斧を片手に浜に殺到したという（加藤憲市『イギリス古事物語』三〇九頁）。

下北半島は、蝦夷地と大阪を結ぶ北前船の重要な中継地であり、また木材や海産物の供給地として多くの湊が展開した。中でも、陸奥湾の田名部湊は南部藩の海運基地で、湾内の他の浦々ととももに日本海まわりで上方と盛んに交易し、銅、ヒノキ、昆布が若狭や大阪に運ばれた。また、田名部湊には北陸や上方の商人が土着し、廻船問屋を営んでいたという（司馬遼太郎『街道をゆく41　北のまほろば』三六五～三六六頁）。

尻屋崎に灯台が建設されたのは、一八七一年六月五日、斗南藩から「尻屋岬への灯台建設の建言」（『公文録』国立公文書館）が出されたことによる。「当藩管内尻屋ノ岬ハ東海第一ノ難処ナル事ハ航海之人口ニ膾炙ス」という書き出しで始まる建白書には、「尻屋崎の周辺海域は暗礁が多く航海の難所で、見渡すところ何の目印もないため特に夜間の航海は難しく、古くより遭難事故が多発し沈没船も多かった。もし尻屋の岬に灯台が建設されるならば、海上の数十里先から尻屋を認識することができるので遭難の憂いは少なくなることが予想される。従って、尻屋に灯台の建設を請願するものである」と記されていた。その後、太政官から工部省に対し、実地調査のうえ適宜建築許可を致すことなどの沙汰があった（『青森県史資料編　近現代1』五四〇頁）。

斗南藩は、戊辰戦争に敗れた会津藩二八万石が、一八六九年、陸奥国北郡・三戸郡・二戸郡内において三万石を領有し再興した藩である。荒無不毛の辺地で実収七千石といわれるところに、藩士とその家族約一万七〇〇〇人が移住したため生活は困窮した（星亮一『斗南藩』一六～一七頁）。司馬遼太郎が「斗南藩は、生き残りの活路の一つを貿易に見出した。浦々を合併し、大湊という新称をあたえ、ゆくゆくは長崎のような繁華を夢みたのである」と記すように（『街道をゆく41　北のまほろば』三七五～三七六頁）、斗南藩の人々の灯台建設の請願は、彼らの生き残りをかけてのことだったのである。

尻屋埼灯台は一八七三年六月一一日に起工、三年四カ月を要して、一八七六年一〇月二〇日に竣工し、同日から点灯した。イギリス人技師ジェームズ・バッジが監督したというが(笹沢魯羊『下北半島町村誌』)、灯台の建設期間中、バッジは釣島灯台や潮岬灯台に灯台看守として勤務しており、尻屋埼灯台の建設工事に携ったという記録は見つかっていない。また、尻屋埼灯台を建設していたころは、多くのお雇い外国人がいた明治初年とは違い、外国人灯台技師は極めてわずかであったという(「明治の灯台の話」第一二回)。最初で最後の外国人灯台看守であるバッジは点灯からわずか二〇日後に尻屋埼灯台を引き払っていることから、「灯台の運用も点灯開始後すぐに、日本人灯台看守だけでやっていた」と考えられる。ブラントンが造った太平洋岸の大型灯台では外国人技師が灯台建設を監督していたが、尻屋埼灯台では主に日本人技師が建設に従事していたという(「明治の灯台の話」第一二回)。彼らはお雇い外国人技師と共に各地の灯台建設現場で働き、西洋の建設技術を習得した人々であった。

尻屋埼灯台

尻屋埼灯台は、地上から頂部まで約三三メートルの高さを誇る煉瓦造灯台であった。しかし、煉瓦については、ブラントンが「他の材料が得られなかった場合に使用した」と記しているように（『お雇い外人の見た近代日本』二一九～二二〇頁）、当時、その製造法は日本に移入されたばかりで、日本では良質な煉瓦が製造できなかった。尻屋崎周辺には適当な石材がなかったため、やむなく煉瓦を使用したのだろう。尻屋埼灯台に使われた煉瓦は函館で製造されたものであったという（「明治の灯台の話」第一二回）。なお、塔部の構造は、外壁部と内壁部の二重円筒構造で、内壁と外壁は放射状の接合壁で繋がれていた（野口毅撮影・藤岡洋保解説『ライトハウス』一三二頁）。

尻屋埼灯台の霧鐘（犬吠埼灯台敷地内）（筆者撮影）

灯台に取り付けられる器具の一つに霧鐘がある。灯台の灯籠外縁に吊るされ、霧や雪で視界不良となったとき、昼夜を分かたず打ち鳴らし、灯台の位置を航海者に知らせるものである。この霧鐘を我が国で最初に設置したのが尻屋埼灯台で、それは一八七七年一一月のことだった。

ブラントンらイギリス人が造った灯台の多くは、おおむね日本の南岸に位置したため、霧信号装置の設置を考えなかったが、北海道や東北など海霧の多い地方に灯台が建設されるにつれ、灯火と共に音波標識として霧鐘などの器具の必要性が認識されるようになっていったのである（海上保安庁灯台部編『日本燈台史』三七頁）。
尻屋埼灯台の霧鐘は、エディンバラのスティーブンソン社の設計のもとに、川口鋳造所が製作したものであった。重量は約一・五トン、時計仕掛けの打鳴機による強烈な振動のため使い勝手が悪く、約一年で取り外された後、一八九二年、北海道の葛登支岬灯台に移設され、一九三八年に故障のため休止するまで使われた。現在は、犬吠埼灯台敷地内にて保存されている。尻屋埼灯台には、霧鐘の代わりに日本最初の霧笛が設置された。

尻屋埼灯台は、太平洋戦争末期の一九四五年七月一四日から一五日にかけて、米軍艦載機の機銃掃射や潜水艦による攻撃を受け、灯塔上部が大破し、回転機械とレンズが焼失した。地上から約二一メートル付近の煉瓦壁には穴が空き、一部螺旋階段が破損、落下し、灯台職員一名が殉職したという。

4　金華山《きんかさん》灯台（宮城県）

金華山は牡鹿半島の沖合に浮かぶ周囲一七・三キロ、面積約一〇平方キロの島である。島内にある黄金山《こがねやま》神社は古くから信仰の対象とされ、地元の漁師からは航海安全・豊漁の守護神として崇められてきた。灯台は、島の東南端鮑《あわび》荒崎《あらさき》に立つ。

一八七二年二月一七日、金華山灯台の建設伺いが工部省から太政官に出された。申請書には、納沙布岬、犬吠埼、御前埼など六灯台の設立も含まれていた。金華山と犬吠埼は横浜及び南方から函館に向かう内外の船舶にとって重要な地点であるが、両所の距離は遠く離れ、しかも航海の難所であったので灯台の設置が求められたのである。

また、日米を最短で結ぶ航路上に浮かぶ金華山は、北米航路を航海する船にとって進路を決める重要ポイントであった（野口毅撮影・藤岡洋保解説『ライトハウス』一六頁）。横浜を出た船は、太平洋岸を北上し金華山の灯を確認して東に向かったのである。航路計器が発達した現在でも、北米から来る船は金華山を重要な目印にしているという。

一八七六年、元老院幹事の官にあった陸奥宗光は、八月から九月にかけて、灯台視察船テーボール号で、太政大臣三条実美を頭とする北海道・東北巡視に随行した。陸奥が巡視団に志願した動機は、北海道が徒流刑場として好適であることを実地に確かめることにあったという。

陸奥が著した「東北紀行」には、近代黎明期の北海道・東北の住民・交通・産業・経済・行政・教育・医療・史蹟などの姿がとらえられている。「六日午前第九時五十分ヲ以テ瀛船テーボル号ニ搭シ横浜港ヲ発ス本船ハ灯台寮所轄ニ係ル」、「本牧岬ヲ過キ十一時観音崎ヲ経、灯台ノ在ル所ナリ左リ浦賀ヲ瞰テ金田岬ヲ超ユ亦灯台アリ」など、陸奥は観音埼灯台、野島埼灯台、犬吠埼灯台について触れている。「野島崎ノ灯台ニ什具ヲ送ル為メニ止ル」、「七日晴午前五時犬吠岬ニ至ル岬頭ノ灯台ニ什具ヲ送ル為メニ碇マル」などの記述からは、灯台員が必要とする道具や家具をテーボール号で各地の灯台に運んでいた様子が窺える。しかし、金華山と尻屋崎の箇所では灯台についての記述はない（村井章介「陸奥宗光「東北紀行」（上）」二一七～二一九頁）。

陸奥が、テーボール号で東北沖を通過したのは八月八日から一一日にかけてである。この時、金華山灯台と尻屋埼灯台は竣工していたが、未だ点灯には至っていなかった。それゆえ、東北沖は「暗黒の海」であった。

灯台の建設工事が始まったのは、一八七四年二月二五日である。台風などの風雨災害や、離島で諸材運送が困難だったことから、工期は大幅に遅れ、一八七六年五月二七日に竣工した。竣工の前後五カ月間は鉛工兼器械取付方ジェームズ・オーストレルが灯器の取り付けに携わっていたが、それ以外の工事は日本人技術者によって行われた（「明治の灯台の話」第一三回）。

では、この灯台建造にブラントンはどのように関わっていたのか。『牡鹿町誌』には、「工期が二年二カ月もあったのであるから、鮎川から船で通って指導したのではないかと思われるが、ブラントンについての言い伝えはなく、寄留生活についての痕跡すら残されていない」と記されている（『牡鹿町誌』下巻、三三二〜三三三頁）。ブラントンに関して何の言い伝えも残っていないのは、ブラントンが金華山灯台に限らず現場で灯台建設に携わっていなかったからである。それには以下のような経緯がある。

金華山灯台（郵政博物館提供）

ブラントンは自身のような土木建築の技師は現場での指導をすべきではなく、その役割にはもっと他に適任者がいると考えていた。ゆえに新しく灯台建設を始めるときにはヨーロッパ人の熟練した職工と工事の指導者の雇い入れを要求したが、政府はこれを拒絶したという。政府役人は決まって「日本人を指導するのがブラントンやその助手の職務だ」と言い、したがって「熟練工を監督に雇うのは余計である」ということになる。これに対しブラントンは、「土木建築の技師は建設作業の総轄《そうかつ》的な知識を有するもので、実際の作業には熟練していないために、無経験な労務者の教育には適していない」と反駁したというが、政府の役人にこのことを理解してもらうには多大な労力を要したようである（『お雇い外人が見た近代日本』一九〇～一九一頁）。最終的には政府の役人が折れて、ほとんどすべての工事にヨーロッパ人の工事監督が付くようになった。

金華山灯台が点灯したのは、一八七六年一一月一日である。花崗岩の石造灯台で、高さは一三メートルと高くはないが、これは約四六メートルの断崖上に造られたからである。第一等不動レンズが取りつけられた。

金華山灯台は、一九四五年七月二六日、米軍潜水艦の艦砲射撃を受け、灯台長は殉職、吏員退息所が大破し、霧笛舎、無線塔も被害を受けた（『牡鹿町誌』下、三四六頁）。
また、二〇一一年三月一一日に発生した東日本大震災では、金華山は震源地に最も近い島だったが、灯台への被害は比較的軽微であった。

5 犬吠埼《いぬぼうさき》灯台（千葉県）

犬吠埼灯台は、銚子半島の最東端、太平洋に突き出た岬に立つ。周辺海域は暗礁が点在し航海の難所であった。江戸時代の船乗りたちが使用した海路用の道中記『日本汐路之記』（一七七〇年）にも、「上総犬棒　出鼻（中の湊へ十八里）　此鼻沖へ遥に出て有。此上には山なし。汐行甚はだ東へはやし難所也。出鼻の下口に磯多し」と記されている（住田正一編『海事史料叢書』第八巻）。

戊辰戦争最中の一八六八年一〇月五日には、榎本武揚率いる幕府の軍艦八隻が江戸を逃れ函館に向かう途中、銚子沖で暴風雨に遭い、美加保丸《みかほまる》が犬吠崎近くの黒生《くろはえ》岩礁に乗り上げ、乗組員一三名が死亡する事故も起きていた。

「イナボエ」崎と呼ばれた犬吠崎へ灯台建設を要求したのはアメリカであった。一八六七年、アメリカの太平洋郵船会社がサンフランシスコ―横浜―香港間を往復する太平洋定期航路を開設した。アメリカから日本にやってくる船舶にとって、また、帰路に横浜からアメリカに向かう船舶にとっ

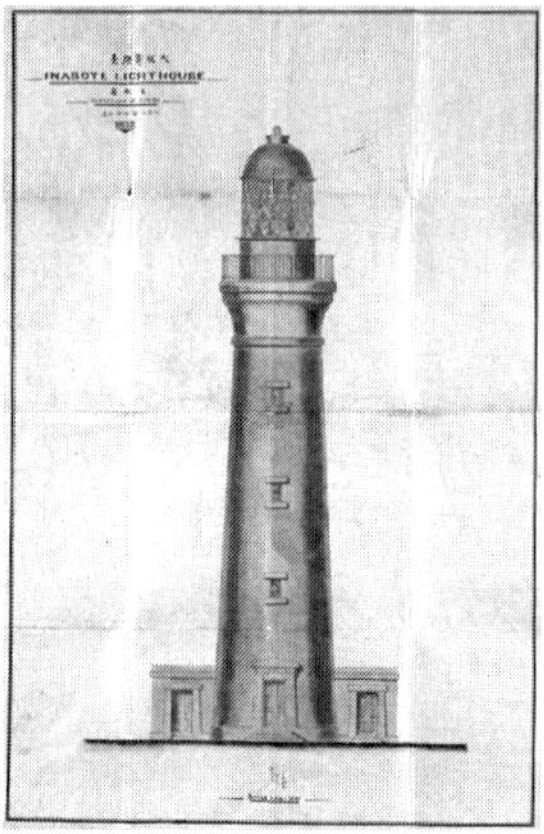

犬吠埼灯台立体図。工部省が着工前後に作成し、太政官に提出したものと考えられる（国立公文書館蔵）

て、犬吠崎は重要ポイントであったのである。

一八六六年一二月二二日、駐日アメリカ弁理公使ファン・ファルケンボーグが幕府に犬吠崎に灯台の設置を要求している。幕府は「追々考慮する」旨を回答し、この件を後回しにしたが、一八七二年二月一七日、犬吠埼灯台の建設伺いが工部省から太政官に出された。何度か述べてきたように、この申請書には、金華山、御前埼、納沙布岬など六カ所への設置もあげられていた。

犬吠埼灯台は、一八七二年九月に起工、一八七四年一一月一五日に点灯した。灯台のレンズはフランス製の第一等八面閃光レンズで、灯器も当初は石油灯を使用し、六万七五〇〇燭光の明るさであった。海抜二〇メートル、地上から頂部まで灯塔の高さは約三一メートルであった。灯台の基部は茨城県筑波郡北条町小田原産の花崗岩を敷き並べ、その上に一九万三〇〇〇枚の煉瓦を積んだという。灯台の壁は二重構造になっていて、内側と外側の壁は放射状の八本の壁で補強されている。

灯台の造営に関わったのは、鉛工兼器械取付方ジェームズ・オーストレルらイギリス人を中心に、日本側では灯台寮技師中沢孝政、地元大工棟梁松本久左衛門らであった。中沢は、尼崎藩の普請工事などを統括する土木技術者で、明治維新後、工部省の技術者として灯台建設に携わることになり、犬吠埼灯台以外にも佐多岬、神子元島、釣島、白洲、烏帽子島などの各灯台の建設現場を担当したことでも知られている。

多量を要した煉瓦を国産品にするか外国産にするかは、工事費にも大きく関わる重要な問題だった。中沢は国産煉瓦を用いることとしたが、日本製煉瓦の品質を信頼していなかったブラントンはこれに同意せず、イギリス製煉瓦を用いることを主張して譲らなかった。中沢は国産煉瓦の完成に腐心し、ついに新治《にいはり》県香取郡高岡村高田に良質の粘土を探しあて、土地の旧藩士に煉瓦製造を伝授して、外国製品に比べて遜色のない優良な煉瓦を完成させた（銚子観光協会編『犬吠埼灯台史』八〜一〇頁）。なお、セメント、ガラス、金属器具、灯明機器などはイギリスからの輸入品であった。

初代灯台長にはウィリアム・バウエルスが就き、その下で日本人保守員二名が灯台業務の習得に努めた。外国人灯台保守員は、一八七八年一〇月三〇日まで五代にわたって続き、その後は日本人によって管理されるようになった。

犬吠埼灯台（筆者撮影）

『犬吠埼灯台史』には、灯台建設にとまどう地域の人々の様子が記されている。

灯台の落成間近にこの巨大なレンズを見た漁民

たちは驚いた。この頃、どこからとも流言飛語が伝わってきた。それは、灯台が出来上がって大洋燈がついて、海上を照らすことになれば、附近の魚族はみな逸散してしまい、漁師らは干乾しになって、大いなる悲運に遭うだろうというものだった。このため、銚子の漁業者一同は、燈台工事の中止を求め請願書を作成連署したが、灯台が初点灯した翌年、比類ないカツオの大漁があったので、初めて疑いが解け、人々に灯台の真価が知られるようになった。

（『犬吠埼灯台史』一一～一二頁）

灯台が建設された全国各地で、きっと同じようなことが起きていたであろう。西洋近代技術の地方への移入はすんなりとはいかなかったようである。

犬吠埼灯台は、一九四五年八月一〇日に、米軍艦載機の攻撃を受け、一発の爆弾が灯室ガラスを貫通して内部で炸裂、対空監視中の職員一名が殉職した。

6 羽根田《はねだ》灯台（東京都）

羽田（羽根田）は、江戸時代には三角州上の自然堤防に位置し、農村の羽田村と漁村の羽田漁師村に分かれていた。海苔の産地として知られ、漁民は奥多摩山中から筏で流した木材や物資を江戸へ回漕する積替え業にも従事した。また、同地の羽田弁天は、江戸時代中期から海上の守護神として江戸商家や廻船問屋の信仰を集めていた。羽田弁天には上宮、下宮があり、上宮は高灯籠に火を灯し、常夜灯として船舶の標的となる役目を果たした。その後、砂州の堆積が年々進み、常夜灯も船の目印になりにくくなったため、羽田沖の砂州に櫓を建て、周囲を油紙の障子で張った高灯籠を設け、常夜灯としてかかげるようになった。羽田常夜灯は四国の金毘羅大権現の御神燈から採火したと言われている。

明治に入り、現在の羽田空港の南端付近に鉄造灯台が建設されることになった。その経緯が『灯台要覧』には、「本灯台は六郷河口を距る南約一海里余の浅洲即ち円山洲高潮水深十三尺の地に在り

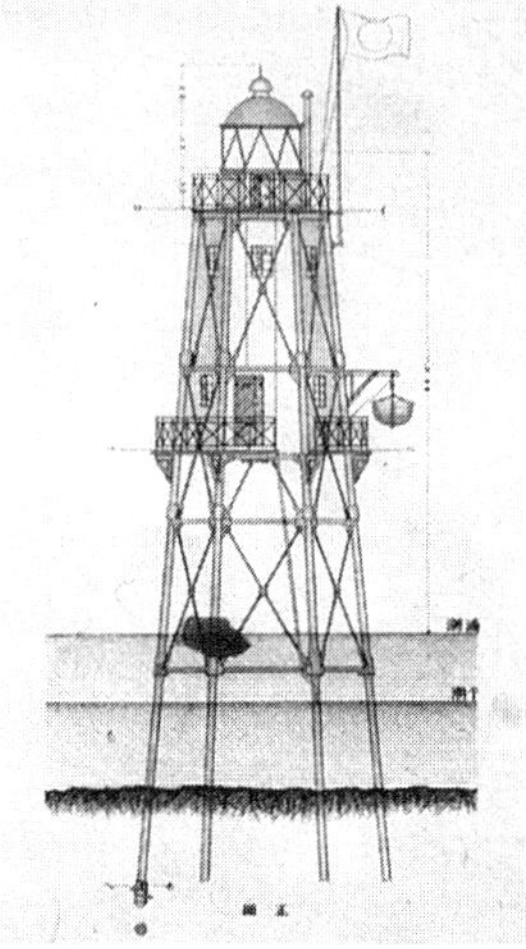

羽根田灯台（『工部統計誌　灯台之部』）

羽根田灯台（『灯台要覧』）

明治六年当時灯台局雇英国技師長「ブラントン」より本灯台の設計を蘇蘭技師「ステブンソン」氏に依頼し同国にて製造せしめ同七年六月現位置に建築し八年三月落成点灯したるものなり」と記されている（航路標識管理所編『灯台要覧』）。一八七四年三月に起工し、一八七五年三月一五日に点灯した。六角形の鉄造灯台で、スコットランドのスティーブンソン兄弟が設計し、イギリスで一旦組み立てられた後、解体されて日本に運ばれ、再び現地で組み立てられた（「日本の灯台」二二三頁）。

羽根田灯台は、六本の巨大な銑鉄製のスクリューパイルを砂中深く捻じ込み、これを基礎として灯塔を組立てたものであった。これが水中工事による灯台建設の始まりとなった（海上保安庁灯台部編『日本燈台史』二四五頁）。

一八七四年にイギリス留学から帰国した藤倉見達が、イギリスでの経験を活かし、この特異な羽根田灯台の建設に携わった可能性が高いようだ（「明治の灯台の話」第一六回）。藤倉は、ブラントン来日直後から通訳として常に彼の傍らにあって薫陶を受け、一八七二年、ブラントンの推薦で灯台技術研究のためイギリス留学を命ぜられ、エディンバラ大学に学んだ。この間にスティーブンソン兄弟からの指導も受けていた。ブラントンが解雇され、多くの外国人技師が日本を去った後、藤倉は日本人による灯台整備の先頭に立つなど指導的役割を果たした（『日本燈台史』三四頁）。

なお、灯塔内には看守員の宿泊できる設備を有している。

羽根田灯台は、一九二三年九月一日の関東大震災により、灯器及び機械に被害はなかったものの、鉄の脚柱が二本折損し、東へ四度三〇分傾斜したため、一九二六年九月一五日、円形コンクリート造の羽田灯標へと生まれ変わった。

7 横浜本牧灯船《よこはまほんもくとうせん》（神奈川県）

一八七八年五月二〇日、イギリス人女性旅行家イザベラ・バードを乗せたアメリカ太平洋郵船会社のシティ・オブ・トキオ号が横浜に入港した時、彼女は「赤い灯船」を目にした。その印象について次のように記している。

トリーティ岬（本牧鼻）を少し過ぎたところで一艘の赤い灯船に出くわしたが、それには「本牧鼻」という文字が大きく書かれていた。ここより外側には、外国船は一切停泊できないのである。（中略）灯船の近くから内側は湾入して美しい湾を形成し横浜港になっているが、そこから北へは、江戸から名を改めた東京まで二〇マイル［三二キロ］にわたって江戸［東京］湾が続き、その薄青色の海には白帆をたてた漁船が無数に点在している。

（イザベラ・バード『完訳 日本奥地紀行1』四二〜四四頁）

バードが見た「赤い灯船」は、その船体に書かれた「本牧鼻」の表記通り、横浜本牧灯船だった。バードが来日したのは、この日本初の灯船が設置されてから約九年後のことだった。

横浜本牧灯船は、「改税約書」に基づき設置された。「横浜には年間三百隻の外国船が入港した」とブラントンが記すように、日本最大の貿易港である横浜には早急に航路標識の設置が求められた。ブラントンは、着任早々の一八六八年一一月、船大工A・ドレークを雇い入れ、灯明台役所構内の製作所にて灯船を建造し、横浜港に碇置した。ブラントンが造った最初の灯船である。点灯は一八六九年一二月二一日。テーボール号で一八七一年一二月八日に横浜を出航した『ジャパン・ウィクリー・メイル』の特派員は、次のように記している（『同乗記』六）。

横浜本牧灯船（『日本燈台史』）

灯船は横浜の灯台役所の船渠で建造された。船体はよく乾燥した欅材で造り、吃水から二フィート上まで銅板を張り、なおまたマンツ・メタル（注、真鍮の一種）でおなじ線まで外装されている。船は、長さ七一フィート、幅は一九フィートで一三〇トンである。この船には二隻のボートと予備の錨と鎖、帆布一組その他この種の船舶に必要な装備一切がしてある。灯船は、三〇ハンドレッドウエイト（注、一ハンドレッドウエイトは一一二ポンド）の錨二つに、それぞれ四五尋余の錨鎖によって碇置されている。船には二本のマストがありフォアー・マストに灯篭が揚げてあり、メイン・マストは帆走用で、現在は入港船舶との信号用に使われている。船には船首から船尾まで下層甲板が縦通して、寝室、貯油タンク、物品倉庫その他の必要な施設がある。

船のサイズはすでに述べた函館灯船と同じである。主要部分にはヒノキやケヤキ、スギ材が使われ、船体は灯船の慣例にならって赤く塗装されていた。灯火の装置は、銅枠に厚さ四分の一インチのガラスをはめた灯籠の中に、全光反射式の灯器八個が収められ、灯器には赤色の火舎がつけられているので射光は紅色であった。

灯船には、ヨーロッパ人の船長と保守員が士官として乗り、日本人も三人の見張員、七人の水夫が乗組んでいた（「同乗記」六）。

ところで、冒頭で紹介したバードは、ブラントンが帰国後に著した『日本図』（一八七六年）をイギリスを発つ直前に購入し、滞日中に携行していた。旅程の決定に、「ブラントンの地図」を活用している様子が『日本奥地紀行』にも記録されている（金坂清則「バードの旅、ブラントンの地図」）。

8 剱埼《つるぎさき》灯台（神奈川県）

剱埼灯台は三浦半島の南東端、相模湾に突き出した岬に立つ。一八六六（慶応二）年、「改税約書」により設置が決まった八灯台の一つであり、一八七〇年三月に起工、一八七一年三月一日に点灯した。下田から運ばれた伊豆石によって建てられた、高さ約七・五メートルの石造灯台である。

剱埼灯台は当初、鉄造の予定だった。しかし、建設用の鉄材や機器類を積んだイギリス帆船エルレー号が東シナ海で沈没してしまう。剱埼への灯台設置は横浜貿易に従事する外国船にとって喫緊の要事であったため、ブラントンは急遽、灯塔を石造に変更するなどして臨機応変に対応した。エルレー号には、他にも神子元島、潮岬、伊王島、佐多岬に使用する機器類が積み込まれていた。

ブラントンは「日本の灯台」で、横浜には年間二〜三〇〇隻の外国船が入港していたと記すが、これらの船舶を導く役割を担ったのが剱埼灯台だった。この灯台を「世界の諸国の港から横浜に入港する多くの船舶にとって欠くことの出来ない重要な灯台」と表現した『ジャパン・ウィークリー・

メイル』の特派員が現地を視察したのは、一八七一年一二月八日のことである（「同乗記」一）。

灯台の立っている岩山の麓で私達は、灯台員ディック氏と補員のムレイ氏に出迎えられた。両氏は、テーボール号の訪れ以外にニュースを聞くこともないので、我々を待ちわびていた。我々はかなり苦労して岩山を登り、私が訪れたときには植物が全然ない、しかしディック氏は春や夏には草花で一ぱいだという空閑地を通って灯台の構内に入った。

灯台員たちの様子から、人里離れた灯台勤務がいかに孤独であったかが窺える。ディックとは第Ⅰ部「5 灯台の維持管理」でその経歴について述べたジョセフ・ディックである。ムレイは神子元島への転出が決まっており、特派員らと共に剱埼灯台を去り、テーボール号で神子元島に赴任した。

剱埼灯台の灯塔の基部は半円形で、両側に翼棟が付けられていた。翼棟の一部は貯蔵庫に、その他は工作室と物品の倉庫として使われていた。視察に訪れた特派員は、鉄の階段を登り直径三・六メートルの円形の灯室に入った。オイルクロス（テーブルや家具の覆いに用いる油布）が敷き詰められた床は「およそ人の労働ではこれ以上は望めないと思うほど清潔に」磨き上げられていた。特派員は「当直の灯台員は常時ここに居るのである。横臥することは許されず室には机と椅子があるだけである。航海中の人間同様に、ここには何等興味を惹くものがないから当直中に眠らずにいるには読書で気を引き立てるしかないであろう」と、灯台員の孤独な勤務状況について報告している。
灯室の真上に位置する灯籠は、硝子を巡らした円形の室で、天井は鋼製の二重の円屋根であった。

灯台寮は相模の灯台にフォルフォタル式（全光反射式）を採用した。そして毎十秒に一閃光にするために、二十一個の反射鏡を、三個ずつ七つの枠に取付けた。この枠は回転して十秒毎に航海者に向けて閃光を発する。遠く海上にいる者は、枠の各面に据えられた三個のランプの光線の中に入ったとき十秒毎に閃光を見るのである。二十一個のランプは、大きな鉄製の台上に据付けてあり、この台は前述の灯室の回転装置に連結しているのである。

フォルフォタル式とはスティーブンソン社が考案した方式で、地震が頻発する日本において大型灯台プリズムを破損から防ぐため、球状と放物線状の反射器の焦点にランプを置き、光線を並光にするためその正面にレンズを装置した灯器である。

灯台構内は、海側に灯台があり、その反対側に灯台保守員の住居があった。定期的に訪れる視察員のための居間と寝室があり、補員のために別に寝室もあったが、これは他の灯台も同様だったという。各室には敷物が敷かれ、役所の費用で簡素ではあるが良い調度品が備えられるなど、責務を遂行する職員が気持ち良く生活できるよう、あらゆる配慮が払われていた。

食糧の供給は、テーボール号の事務長が手配していた。事務長が持っていた物品の定価表の価格

剱埼灯台（「ジャパン・ライト」）

は低廉で、多くのものは横浜の相場より安かった。

人里離れた灯台勤務の唯一の楽しみは、何といっても食事だったようである。当時、灯台があるほとんどの地域では狩猟ができ鹿などが容易に獲れたので、灯台で新鮮な食料に事欠くことはなかった。剱埼灯台の食糧事情は特に恵まれていたという。というのも、通航船舶のパイロットや買弁（中国人商人）がボートを降ろして湾に入ってきて、牛肉などが運ばれてきたからである。

剱埼灯台に勤務したのは、外国人首席灯台保守員一名（月給一一〇ドル）、外国人補員灯台保守員一名（月給八五ドル）で、彼らの指導の下、二名の日本人保守員（月給一五ドル）が灯台の保守・管理を学んでいた（「明治四年度灯台事業支出概要書」『大隈文書』）。

剱埼灯台は、一九二三年九月一日の関東大震災で崩壊した。震災復旧工事として、一九二四年九月一八日に起工され、翌一九二五年七月一日に完成した八角形鉄筋コンクリート造の灯台が、現在も相模灘と東京湾の玄関口である浦賀水道を照らしている。

9　神子元島《みこもとじま》灯台（静岡県）

神子元島灯台は、下田の南、約一一キロ沖にある周囲約二キロ、面積〇・一平方キロ、高さ約三二メートルの岩場の無人島に立つ。周辺海域には岩礁や暗礁が点在し、『ペリー艦隊日本遠征記』にも「ロックアイランド」と記されている。

「改税約書」に基づき、ハリー・パークスが各国海軍の艦長や船長から灯台設置場所について意見を聴取した際には、上海から横浜に向かう外国船にとって、佐多岬沖、大島・潮岬沖と共に「三大難所」に挙げられるほどであったため、真っ先に灯台の設置が決まったところである。

神子元島は孤島であったことから、ブラントン建築の灯台の中でも、烏帽子島、佐多岬と並び最難関工事の一つであった。ブラントンは神子元島灯台の立地について次のように記している。

西方から横浜に向かう船はみなこの岩山で進路を変えるが、この岩山と陸岸の間に岩礁があるので、ここは航海者にとって最も危険な場所であるから、灯台設置場所としては特に重要な所であった。この岩山の側面は絶壁になっており、暴風のときには大洋の大波はこの岩山を呑込んでしまう。

岩山は堅くて脆《もろ》い火成岩で出来ていて風浪の作用で鋭い角になっている。そこは岩山の側を流れる急な潮流のために海面は常に波立ち、そのうえ頻繁に強風が襲う難所である。なおこの地方は度々地震によってひどい被害に遭っている。

（「日本の灯台」二二四頁）

ブラントンは、一八六九年四月、灯台の起工に際し助手マクヴィンを伴って渡島し、彼を島詰として石材やモルタル用石灰などの資材調査に従事させた。その後、ブランデルと一月交代で工事監督にあたらせたが、島詰での勤務は大変だったようで、マクヴィンは程なくブラントンのもとを去り、ブランデルも一八七〇年四月に後任のフィッシャーの来日を待って灯台業務から離れた。マクヴィンは一八七一年九月から工部省測量司長となって工部省勤務を続け、ブランデルは鉄道工事に従事した。両名とも一八七六年四月に離日している（横浜開港資料館編『R・H・ブラントン』五七頁）。

石材は、下田の恵比寿岬付近で石山（伊豆石）を見つけ、火薬を使って採掘し、大型の運搬船を二、三隻建造して運んだという。陸地と島の間の運搬には小舟を使い、ブラントンは「日本人は舟を操るのが大変に巧みであった」と感心している（「日本の灯台」二二四頁）。

島内には物揚場および山頂までの通路を造り、器械方職人等の木造小屋を建築し、風波除けの石塀も築かれた。また、石灰釜を築き、伊豆稲取の火山灰と梨本の石灰岩で焼成した即製のセメントを作り、各石材の継ぎ目の接合に使用したという（堀勇良「「ブラントン滞日一年間の業務報告」と「伊豆神子元島灯台築造日誌」」）。

神子元島灯台は一八六九年一一月一〇日に仮点灯し、本点灯したのは一八七一年一月一日である。

神子元島灯台（「ジャパン・ライト」）

本点灯の前日の一八七〇年一二月三一日、木戸孝允は大久保利通らと共に品川沖から灯台視察船テーボール号で出港し、横浜でパークス夫妻、アーネスト・サトウらと合流した後、横須賀製鉄所を見学している。翌一八七一年一月一日、横須賀を発ち神子元島に向かうものの、風浪が激しいため上陸できず、船上より灯台を見てから下田に上陸した。翌一月二日早朝、下田から小舟で神子元島に上陸し、灯台に登り周囲を見渡したという。木戸は神子元島灯台について「此灯明台皇国第一等の部也」と記している（『木戸孝允日記』）。

点灯に際して、木戸、大久保などの政府高官や、イギリス公使パークスらが来訪していることからも、神子元島灯台は日本の近代化を世界に誇示するために、明治政府が威信をかけて建設したことがわかる。また同時に、イギリスにとっても対日貿易上重要な灯台であり、ブラントンは大英帝国の威信をかけて事業にあたったことであろう。それは、『ノース・チャイナ・ヘラルド』（一八七一年三月一日）の記事からも窺える。

ロック島［神子元島］灯台が完成し、予告通り今月一日からあかりがともった。貴顕一行がブラントン氏とともに落成式を行うためセイバー号に乗り込んだことは既にお伝えした。島に上陸するには不向きの悪天候だったが、上陸は行われた。――六マイル離れた下田から甲板のない小舟で漕ぎ渡らなければならなかったが。この小旅行で、同行した日本の閣僚たちにもブラントン氏とその部下がどんな苦労を強いられたか少しは分かるだろう。また、通商に対する大きな恩恵をこれほど意気高く的確にもたらしていることで、祖国は面目を施したと思うことができよう。――非常に危険な沿岸海域を第一級のあかりで照らし出したのだから。

『ジャパン・ウィークリー・メイル』の特派員も、一八七一年一二月九日に神子元島を訪れている（「同乗記」二二）。

この様な場所の灯台勤務では、灯台員は幾分か不満を感じ、なかには自棄的になる者もあるのではないかと想像される。ここよりも自滅を誘う場所は私は見たことがない。しかしチャールソン氏は、ここの勤務に全く満足しているのを身をもって表現し、レッジ氏は、ワーコップ氏から転勤を告げられると、悲しげな顔をして、言葉には出さなかったが他のどんな灯台へ替えられるのも嫌だと表明した。

チャールソンはエディンバラの北部灯台委員会から派遣されてきていた。転勤を告げられたレッジの代わりはムレイという人物で、チャールソンの助手として劔埼灯台から転任した。

一本の草も生えず、野菜を育てる所もないこの島では、野菜を含めすべての食糧は、テーボール号の事務長から買う以外は本土の下田から取り寄せる。島と陸地の連絡は、天候の穏やかな日にかぎって、時どき島による漁舟によって保たれている。しかし天候は、およそは荒天の時が多く、また島に沿って流れる速い潮流のため上陸は常に危険を伴う。

神子元島の生活で最大の問題は、水の確保であった。降雨以外には一滴の清水も得られないからである。そのため飲料水は下田から運び、大きな鉄の貯水タンクに蓄えられた。しかし、水や食料の確保もままならない孤島での生活にもかかわらず、意外にも外国人灯台員は日常生活に満足しているようだ。特派員は「この島には子供もいる――元気で、丸々と太って、隔離生活に冒されてはいない」とも述べており、灯台保守員は家族で常駐していたのだろう。

初代灯台長はイギリス人一等灯明番ジェームズ・マケントンで、その下で三名の日本人が業務の習得に勤めていた。二代目は三等灯明番ジョージ・レドック、三代目は四等灯明番ウィリアム・ダウンであり、外国人灯明番は一八七六年まで続いた。

特派員は、日本人灯台員について「住み心地のよい日本式の住宅に寝泊まりし、この建物もヨーロッパ人のと同じ岩の谷間にある。目に付く程のものは快く、すべてが隅々まで清潔に整頓している」と報告している。

「明治四年度灯台事業支出概要書」(『大隈文書』)によると、外国人首席保守員の月給は一二〇円、外国人補助は九〇円で、佐多岬と並んで最高額であり、剱埼と比べても首席で一〇円、補助で五円高い。保守員が転勤を嫌がったのはこの高給のためかもしれない。日本人保守員の月給は一五円で、これは他の灯台と同様である(『R・H・ブラントン』九三頁)。ちなみに、当時の小学校教員の初任給は月給七円であった。

神子元島は何の娯楽もないところだったので、灯台関係者らは出張と称して、しばしば下田の河内温泉や蓮台寺温泉に通ったり、下田付近で狩猟を楽しむなどして息抜きをしていたようである。「伊豆神子元島灯台築造日誌」(灯明台掛・菅谷十兵衛の日記)には、「明治二年九月八日、ブランデル、ヘンソン、ロースウ他二名と外国館灯明台掛原清一郎(巡察試輔)、通弁榊原安太郎ら日本人一一名が連れ立って下田付近の稲生沢で狩猟を楽しみ、子猪二頭狩取った」と記されている(「「ブラントン滞日一年間の業務報告」と「伊豆神子元島灯台築造日誌」」)。

10 石廊埼《いろうざき》灯台（静岡県）

石廊埼灯台は、伊豆半島の最南端の岬に立つ。周辺海域は古来より船舶の往来が盛んであったが、神子元島との間にはいくつもの浅瀬があり航海の難所であった。それゆえ、一六三六（寛永一三）年、湊明堂《みなとあかしどう》と呼ばれる灯明台が建てられた。湊明堂の運営には長津呂村から出された灯火の番人があたり、代官所から受けた御下金で賄われていた。

一八六九年に神子元島灯台が仮点灯すると、これと見誤るおそれがあることから灯明台は廃止された。しかし、地元民が港の入口を示す灯火の存続を要求したため、ブラントンの設計で八角形の木造灯台が設置されることになった。

「明治の灯台の話」の第二三回「石廊埼灯台」に「条約で設置が決められた灯台のほか、次々と日本各地に予定外の灯台が建設されようとしていた現状では、日本人からだけの陳情が出されていた予定外の石廊埼灯台に対しては、短期間で且つ低予算で完成できる小規模の木造灯台しか、選択肢がなかったのではないか」とあるように、一八七一年七月に着工、同年一〇月五日に点灯し、わずか三カ月で灯台が完成したことになる。

『ジャパン・ウィークリー・メイル』の特派員がテーボール号で石廊埼灯台のある伊豆岬に着いたのは、一八七二年一月五日の早朝のことであった（「同乗記」六）。

灯台の立っている岬が港の一方の側になっていて、港の入口は際立って立派である。入口は大変に狭く、港というより水路のようで、所によっては岩が行く手を塞いで狭い溜りを造り、二〇〇フィートもの絶壁が両側に切立っている。この絶壁は、外見が大変に特徴がある。凸凹のある岩肌は波浪によって水面から一〇〇フィートばかりの高さまで削られているが一ヶ所に狭い梯子が掛けてあって、この場所に慣れた者は、港の奥まで行かなくても梯子で崖の上に出ることができる。しかし我々はそんなことは知らないから、なお奥に進み小さい部落に上陸した。

特派員はそこから灯台に向かったが「常緑樹や灌木や羊歯《しだ》類で覆われていて、道は険しかったが歩いて行く気分は良かった」と述べている。岬の先端に立つ石廊埼灯台を「日本でこれまで建てられた灯台の中で最も小さいものである」と紹介し、その小ささを以下のように説明した。

灯台は、高さ一五フィートで貯油庫も物品倉庫もなく、一人しか中に入れない。そのうえ灯室は大変に狭いので、私は中に入ることが出来ず、頭と肩だけを入れて梯子に立っていなければならなかった。それでもこの灯台は有効であり、海面上一八五フィートの高さに在るので八マイルの距離からでも視認できる。これはこの港を利用する舟には十分な光達である。

また、灯火については、「赤色の火舎をつけた石油を燃料とするアルガンド・ランプ三箇が反射器を背にして、船のマストの上に掲げてある反射器付きの航海灯と同じように、小型のレンズの焦点に装置してある」と報告している。

石廊埼灯台（「ジャパン・ライト」）

石廊埼灯台は、近くの神子元島灯台や剱埼灯台のような外国船のための航路標識ではなく、日本船舶のための航路標識として地元の要請によって建設された。それゆえに灯台保守員には三人の日本人が就いた。特派員によれば、住居は「普通の日本の家屋で、そこに灯油と物品の貯蔵室があった」といい、他の灯台と同様、整頓され掃除が行き届いていたという。

『イラストレイテッド・ロンドン・ニュース』（一八七二年一〇月一二日号）に、「日本の灯台」と題して、佐多岬、潮岬、石廊崎、神子元島、天保山の各灯台のイラスト付きの記事が掲載されたことは第I部「13 ブラントンの灯台に対する評価」で紹介したが、イラストには日本人家屋や貯蔵庫と思われる建物も描かれており「日本で建てられた最小の灯台を有し、ここにはほんの木造の小屋一軒とこれに連なる住宅があるだけである」と説明されている。また、『ファー・イースト』(一八七四年二月号)にも、白く塗装された石廊埼灯台の写真が掲載されている。

一八七四年三月二〇日、石廊埼灯台近くの入間沖で、横浜に向かうフランス郵船ニール号が暴風のため沈没した。地域住民が救助にあたるも、乗組員・船客九〇名のうち救助されたのは四名という大惨事であった。ニール号には一八七三年のウィーン万国博覧会の展示品が多く積まれていたが、展示品の半数は、翌年、海底から回収された。身を挺して遭難者の救助にあたった地域住民に対し、ニール号船支配人から大蔵卿大隈重信経由で謝辞と金鎖付クロノメートル時計一個が送られた。

ブラントン設計の石廊埼灯台は、一九三二年一一月に関東地方を襲った台風のため破損し、翌一九三三年三月に鉄筋コンクリート造灯台が再建された。

11 御前埼《おまえさき》灯台（静岡県）

御前埼灯台は、静岡県の最南端に位置し、駿河湾と遠州灘を二分して太平洋に突出した岬に立つ。その沖合は、急激な潮流と多くの岩礁や暗礁が散在し、常に難破船が絶えない航海の難所であった。

江戸幕府が開かれ、大阪や西国から年貢米や物資を運ぶ菱垣廻船や樽廻船の往来が急増すると、幕府は、一六三五（寛永一二）年、航行する船舶の安全を図るため見尾火灯明堂を建設した。灯明堂は三・六メートル四方、高さは二・六メートルという小さなもので、屋根は大板葺、床は建物が風によって飛ばされないよう石が敷き詰められていた。賦役として村人が二人ずつ交代で灯明番を務め、油代と障子張紙代は幕府から支給された。しかし、高波や強風の時には灯明堂はほとんど役に立たず、難破船は後を絶たなかったという。

一八七一年二月一五日、鳥取藩の軍艦が御前崎沖で座礁した。御親兵として招集された五〇〇名が乗っていたが、幸い死者は出なかった（『御前崎町史 通史編』六四九頁）。事態を重く見た明治政府は、同年に灯明台を高さ五メートル、一辺二・六メートルの八角形の硝子ガラス張りのカンテラ灯

御前埼灯台

台に建て替え、灯明台専任の勤番が置かれた。

一八七二年二月一七日、御前埼灯台の建設伺いが工部省から太政官に出され、申請書には、納沙布岬、金華山、犬吠埼など六カ所が挙げられた。御前埼灯台は、一八七二年五月二六日に起工、二年の歳月をかけて一八七四年五月一日に完成、初点灯した。前年に建て替えられたカンテラ灯台は、たった一年で役目を終えたことになる。

灯台の基礎には伊豆石が使われた。満潮時に出来るかぎり磯まで船を乗り入れ海中に石材を落とし、干潮を待って下岬の浜に担ぎ上げたという。大石は、浜伝いに岬を回り、灯台東の通称「高スカ」の坂を「ロクロ」や「カグラサン（人力ウィンチ）」を使用して、大勢の人の力で引き上げたと伝えられている（『静岡県近代化遺産（建造物等）総合調査報告書』二三〇頁）。『御前崎町史』には、灯台建設に湧きかえる地域の状況が記されている。このような状況は、多くの灯台建設の地域でも起きていたことだろう。

石工は伊豆から選りすぐった職人が出張してきた。大工、左官も入り込んで、俄かに建築ブームに湧きかえり、インフレ景気で大さわぎであった。工事が進むにつれて、日雇いに出る村びとも多くなったが、賃金への不満も出て、今高を問いつめる事件もおこった。村の世話役はこれを案じ、仲裁に乗り出して五厘の賃上げで十四銭三厘で妥協した。

（『御前崎町史　通史編』六五五頁）

御前埼灯台は高さ二二・四七メートル、灯塔は円形の煉瓦造で、尻屋埼灯台や犬吠埼灯台と同じ二重円筒構造であった。遭難の多い難所だけに、遠くまで光が届くようにフランスのソーター・ハーレン社から購入した回転式第一等フレネルレンズが使われた。

太平洋戦争中に米軍艦載機の機銃掃射の銃弾を受け、レンズや灯器が破壊され、その後、三等レンズに取り替えられた（御前崎市教育委員会社会教育課編『大原川・中西川流域の文化財』二七頁）。一九四九年の復旧工事により灯台は復元され、その後何度かの改修を経ながら、現在でもその姿を留めている。

12 菅島《すがしま》灯台（三重県）

菅島灯台は、鳥羽市から約三キロ沖に浮かぶ周囲約一二キロ、面積四・五二平方キロの菅島の北東端、海抜約四六メートルの地に立つ。周辺海域は江戸時代から廻船の重要な航路であったが、数多くの岩礁があり遭難する船が絶えなかった。

一六七〇（寛文一〇）年、幕府は川村瑞賢の意見を取り入れ西回り航路を開設したが、菅島付近で難破する運搬船が続出したので、鳥羽藩主内藤飛騨守忠政に命じて、一六七三（寛文一三）年、航路標識として御篝堂という篝火小屋を建てさせた。屋根は瓦葺きで、その瓦には内藤家の家紋「下がり藤」が付けられていた。柱や天井は竹のすだれを当てて漆喰で固められていた。鳥羽藩は、番人として二名を家族と共に常駐させた。その経費は当初、浦賀奉行が支給していたが、やがて幕府よりの支給に変わり、鳥羽藩が管理を任された（松村育弘『わがふるさと回想——鳥羽市の離島・菅島』一五四〜一五五頁）。

一八七一年四月、安乗崎に洋式灯台の建設が決まると、菅島の篝火が安乗埼灯台の灯火と誤認されるとの理由で廃止も検討されたが、御篝堂の篝火は鳥羽港を出入りする日本船にとって重要な目印であったため、菅島にも洋式灯台が建設されることになった。菅島灯台の設置申請は、大王埼、白洲とともに、一八七一年一二月三日付で工部省から太政官に提出された（「明治の灯台の話」第二九回）。

菅島灯台は、ブラントンによる最初の煉瓦造灯台である。一八七二年一月に起工、一八七三年七月一日に安乗埼灯台より三カ月遅れて点灯した。フランス製の第四等不動フレネルレンズが使われた。高さ約一一メートル、外径が約五メートルのほぼ円筒形の灯台は、ブラントンの他の灯台とは異なるが、これは木造八角形に造られていた安乗埼灯台との誤認を防ぐためであったという（「明治の灯台の話」第二九回）。

菅島灯台

使われた煉瓦は、的矢《まとや》湾内の渡鹿野《わたかの》島の瓦屋・竹内仙太郎が製造したものである。ブラントンによれば、「煉瓦の製造方法は移入されたばかりで完全なものが出来ないので、建築材料に煉瓦を使用したのは他の材料が得られなかったから」（「日本の灯台」）であるが、竹内は、安乗埼灯台の官舎・倉庫等の施設、角島灯台の建設にも従事し、彼が焼いた煉瓦は塔灯内部や官舎に

菅島灯台付属官舎（明治村）（列島宝物館提供、http://www.i-treasury.net/）

使われた。

菅島灯台の付属屋として設けられた官舎も煉瓦造である。この官舎は、歴史的な建造物として愛知県犬山市の明治村に移築されている。

『ジャパン・ウィークリー・メイル』の特派員は建設予定の菅島灯台について、「的矢港の北一〇マイルで尾鷲湾口に位置する鳥羽港の入口にある。この灯台は煉瓦建の塔で第四等の不動灯が予定されている。尾鷲湾を航行する日本の船舶の指標となることを目的としたものである」とのみ記している（「同乗記」六）。

一九一一年二月、駆逐艦春雨が菅島沖で嵐のため座礁するという事件があった。長岡村相差と安乗村の村民が救出にあたったが、乗組員六四人中艦長以下四四人が犠牲となった（『伊勢志摩経済新聞』二〇一一年一一月二四日）。その二年後の一九一三年一〇月には、日本初の南極探検に使用された開南丸が菅島灯台下で暗礁に乗り上げ沈没。やはり村民総出で救出にあたり、こちらは乗組員全員が救助された（三重県警察本部『三重県警察史』第三巻、八二六頁）。

13 安乗埼《あのりざき》灯台（三重県）

安乗埼灯台は、志摩半島の的矢《まとや》湾入口に立つ。遠州灘と熊野灘の間に位置する安乗港は、江戸時代には千石船が多く入港し栄えたが、沖合は暗礁が多く難破船も後を絶たなかったため、河村瑞賢の建議により、一六七四（寛文一三）年、灯明堂が設置された（『海と人間』一三号、一九九五年七月）。

この灯明堂の最期の姿が『ジャパン・ウィークリー・メイル』の特派員によって報告されている（「同乗記」一二）。

我々は、灯台建設を予定して既に造成された道路を通って丘に登った。頂上に着くと消したばかりの焚火の跡を見付けた。この焚火は長年燃やし続けられて来たが、近代の発明の前にいまや消え去ろうとしているのである。（中略）的矢のそれは壁のない家があって、その内部に土で造った大きな囲いがあり、その中で丸太を燃やして火に風が当たらないようにしているのである。それでも風が強すぎるときは半透明の紙を張った窓を壁として家を囲い、四、五本の灯心を点じたランプを吊るしてヨーロッパの灯台の真似事のようなことをしている。

特派員が安乗埼灯台を訪問したのは一八七一年一二月一〇日であった。その約八カ月前の四月一四日付けで、ブラントンは、安乗崎（的矢）に灯台があれば日本船にとっても外国船にとっても有益であるとの見解を灯台掛に出しており、これを受けて工部省から灯台設置の申請書が出された。申請は瀬戸内海の釣島、鍋島も一緒であった。

日本の各地にブラントンによって造られた洋式灯台が点灯を開始すると、効果が大きいことを知った日本政府は、旧来の薪を燃やす標識を廃止し洋式灯台に替えるべき旨を地方庁に通達した。その結果、全国から小規模な灯台の建設の請願が多数寄せられ、安乗埼灯台もその一つであった。安乗埼灯台は外国船を導くための灯台ではなかったのである。

安乗崎に灯台設置が要求されたのにはもう一つの理由があった。尾鷲《おわせ》から志摩半島沿岸にかけては難破船が多かったのだが、船乗りと浦の漁民らが共謀し、遭難を装って積み荷を略奪する事件も起きていた。幕府は、難破船に関する禁令の高札を出し、また大庄屋には「御城米難船大庄屋取扱心得書」などを示して徹底的に取り締まったが、それでも禁制を破る者は依然として多かったという。この難破船の漂流物を待ち望む地方民の悪習を断つというのが灯台設置のもう一つの目的であった。これには日本政府の強い意向があったという（「明治の灯台の話」第二八回）。

安乗埼灯台は、一八七一年一一月に起工、翌一八七二年九月一日の仮点灯を経て、一八七三年四月一日に点灯した。白塗りの木造八角形で、材料はケヤキを使った堅固なものであった。中央の心柱が各層を貫き、二層目では心柱と側柱を方杖で補強する構造であった。木造となったのは和船のための灯台であったからで、少ない予算で短期間に建設しなければならなかった。当初は不動灯が予定されていたが、近くの菅島に灯台が設置されることになったため、それと見間違わないように回転式のフレネルレンズになった（「明治の灯台の話」第二八回）。

官舎・倉庫等の施設は、竹内仙太郎が焼いた煉瓦が採用された。建設には築造方補員スターリング・フィッシャーが関与したが、初点灯時の灯明番首員および補員として伝えられるのはいずれも日本人であった（『三重県史　別編　建築』四八四頁）。

安乗埼灯台（船の科学館構内）（裏辺研究所提供）

『ジャパン・ウィークリー・メイル』の特派員は、安乗港を多くの船が収容できる「重要な避難港」と紹介し、イギリス海軍の測量船シルヴィア号によって測量が行われ、イギリス海軍省の海図が刊行されていることを報告している（「同乗記」二一）。

安乗崎に住み込んで建築にあたっていたイギリス人技術

者が、伊勢周辺を見物し伊勢神宮にも行ってみたいと申し出たことがあった。灯台建築係が、一八七二年六月三日付けで当時の度会《わたらい》県（伊勢国内の天領および伊勢神宮領などを管轄していた県）の県庁に伺いを立てたところ、翌日付けで返答があった。外国人が定められた制限区域外へ出ることは国からのお達しがあることなので県庁では認められない、神宮参拝も同様とのこと。つまり伊勢の周遊も神宮参拝も認められなかったようだ（本堂弘之「安乗崎灯台建築のイギリス人技術者」）。

しかし、外国人の伊勢神宮参拝希望は後を絶たなかったようで、一八七二年一一月二日の神宮の記録には「御雇外国人一名参拝。これ外国人参拝許可の初めなり。外国人参拝位置を定めて板垣門外とす」と記されている（神宮司庁編『神宮史年表』）。じつはこの「外国人」とは、灯台視察の西国巡航に参加していたアーネスト・サトウであった。この日、大隈重信らの特別な計らいにより、同船した西欧人たちは伊勢神宮に立ち寄る機会を得たのである（『アーネスト・サトウ神道論』二六二頁）。サトウは日記に、「われわれは、外苑の鳥居を入った最初の門のところから中へは入れない。役人ではない日本人が入れるのは、ここまでである」、「われわれはこの聖地を訪ねた最初の外国人」だと記している（萩原延壽『岩倉使節団　遠い崖――アーネスト・サトウ日記抄9』三〇五～三〇六頁）。

安乗埼灯台の敷地は年々進む海蝕により断崖となり危険と判断され、一九一〇年、八五メートル後方に移転するが、以降も附近一帯の海蝕が進み、一九四八年に鉄筋コンクリート造に新築された。旧安乗埼灯台は、東京都品川区の「船の科学館」の構内に移設・保存されている。

14 樫野埼《かしのざき》灯台（和歌山県）

樫野埼灯台は、本州最南端串本町の沖合一・八キロにある紀伊大島東端に立つ。紀伊大島は、周囲約二八キロ、面積九・六八平方キロで、江戸と大阪を結ぶ重要な航路上に位置し、風待ち、日和待ちの港として樽廻船や菱垣廻船が停泊し賑わった。一七九一（寛政三）年、アメリカ船レディ・ワシントン号とグレイス号が、マカオからアメリカ北西海岸への帰途に、嵐を避けて大島近海に寄港したことが日米双方の史料に記されている。

このあたりの沖は黒潮の流れが速く暗礁や岩礁が多いため、横浜に向かう船舶にとっては航海の難所で、外国人から「日本の遭難海岸」と呼ばれていた。それゆえ、「改税約書」によって灯台設置が決まると、真っ先に樫野崎と、至近の潮岬が灯台建設予定地に選ばれた。

条約で決まった灯台設置場所の視察航海のため、一八六八年一一月二一日、ブラントンはイギリス艦船マニラ号で横浜を出航し、紀伊大島にも立ち寄った。ブラントンはその手記で、日本には「大

樫野埼灯台（「ジャパン・ライト」）

島」という名の島がたくさんあることを説明し、「島の本州側の海岸線は、所によって異なるが半マイル（約八〇〇メートル）から二マイル（約三・二キロメートル）ある。その間の水域は外海から完全に防御された良い錨泊地となっている」と書いている（『お雇い外人の見た近代日本』三七頁）。

樫野埼灯台は、ブラントンが造った最初の石造灯台で、一八六九年四月一二日に着工した。潮岬灯台も同じく四月に着工され、両灯台は建設当初の一カ月間は大工カッセルが差配し、その後は石工ミッチェルが主に樫野埼灯台を、大工ロッセルが主に潮岬灯台を担当した。

石材は、大島対岸の古座川宇津木から切り出された流紋岩質火砕岩が使用された（後誠介『熊野謎解きめぐり』五三頁）。地元では宇津木石と呼ばれ石垣などに使われている。採掘された石材は、船で川を下って古座に運ばれ、さらに櫓舟で海を渡って樫野に輸送された。「裏の浜」と呼ばれた荒磯（現樫野港）に陸揚げされた石材は、大八車やコロを使って約一キロの坂道を建設現場まで運ばれたという（『串本町史 通史編』四九二頁）。和歌山で雇われた約七〇人の石工職人が灯台建築に従事したが、これは一八六九年八月のある日、和歌浦の石工仲間年行事が藩の民政局に呼び出され、「天朝の御用だから、引き受けねば職業を剥奪するまで」と命じられたのだという。宗七組、伊兵衛組、松右衛門組、治助組が交代で建設にあたったが、ある組は時化に見舞われて一〇日あまりも延着し、後日、その間の賃金の支給をめぐって藩との間でトラブルも起きている（「明治五年永代留」旧古座町所蔵）。

彼らは洋式建築には当然不慣れであったはずだが、『ファー・イースト』（一八七一年三月一六日）には、建設直後の樫野埼灯台の写真と共に次のような一文が掲載されている。

灯台は海抜約一六〇フィートの地点に建てられており、二十二マイル先からも見ることができる。灯台は立派で、ヨーロッパでもそれをしのぐものはない。日本人は指導に従って、すぐに熟練した石工になった。灯台やその周辺の壁や建物を見ると、全てが日本のスタイルとは異なっているので、しばらくの間ヨーロッパにいるような感じがする。

樫野埼灯台は一八七〇年七月八日に点灯を迎えた。『ジャパン・ウィークリー・メイル』の特派員が樫野埼灯台を訪れたのは、その翌年、一八七一年一二月一一日の早朝であった（「同乗記」二）。海から見た灯台を「空を背景に灯台の姿は雄々しく、昼間は目立つ昼標となり、夜間は顕著な灯火を点じている」と描写している。大島に上陸した特派員は急な坂道を登り、灯台のある頂上を目指した。「灯台は、当然海側に立っていて、保守員の住居は、入口の右手に、日本人の家は左手にある」とするが、灯台に隣接された旧官舎（吏員退息所）もブラントンによって建てられた洋風建築である。一九九九年に改修工事を終えて一般公開されているが、イギリス製のマントルピースが設置され、窓枠、建具などからも、かつてイギリス人保守員が住んでいた名残が窺える（第I部「10 お雇い外国人としてのブラントン」参照）。

灯台に着いた特派員は、貯水室の扉を通り、中央の塔を登って灯室に入った。

そこには相模と同じく回転装置があった。灯火は白色の二等である。灯火装置はアルガンド・ランプ（注、円芯の中央給気式のランプ）のフォルフォタル式であるが、しかし反射器は球形である。この点では、他の海岸の常設の大型灯台と異なっている。十箇の反射器が五の平面に配置してあって、二分半に一回転する。従って三十秒毎に閃光を発するのである。しかし、灯火は全方位は照らさない。陸地の方位の北七一度西から南三三度西は暗弧である。光達距離は一八マイルである。

この灯台の恩恵を受けていたのは必ずしも外国船だけではなかった。特派員は「日本人はこの灯台から大きな便益を得ている」と述べ、日本人の漁夫や帆船の船長が、夜間に安全に入港できることで灯台保守員のボアーズに感謝していることを伝えている。土地の人々と灯台職員の関係は良好だったようで、ボアーズのもとには古座でたくさん獲れるという鹿肉が届き、見事な雄鹿の枝角もあったという。土地の人々と灯台職員が親しかった様子については、次のような話も伝わっている。

明治八、九年頃、神田文左衛門が公用で急に上京しなければならなくなった。ところが東京行の汽船に乗るには神戸まで行かなければならなかった。それも七日か一〇日に一回くらいの便しかなく、また、神戸に行くにしても陸路を歩くか、海路で和船便によるかの外は無かった。いろいろと考えた末に、樫野の灯明番が心易い間柄であったので、樫野から外国船に乗せてもらおうと考えた。そこで、樫野埼灯台に行って待っていると、丁度、沖を外国船一隻が通りかかったので、早速、灯台から信号を発して停船してもらい、灯台下に予め用意していた漁船で全速力で外国船に漕ぎつけて便乗を請い、横浜まで連れて行ってもらったという。

（田嶋威夫編『串本のあゆみ　明治編』三一〜三二頁）

『ジャパン・ウィークリー・メイル』の特派員は、日が昇る前に灯台の視察を終え、権灯台頭・原隆義ら日本人役人の到着を待つ間、日本人家屋で煙草を吸って休憩していた。特派員は、塔の外側の鉄梯子を伝って貯油庫と倉庫の屋根に登り、四方の景色を眺めた。

ここからの景色はまさに素晴らしかった。正面には、まさに昇ろうとする太陽がさざ波に映えて波頭が金色に光っていた。右方に岩に囲まれた小さい入江があって、漁夫の焚火の煙が青色の渦のように巻きあがるのが見えた。遥か下の海には、至る所に漁舟や商人の舟が点々と散らばって、白い帆が日光を受けて光っていた。左方の遠くに本土の古座が見える。小さい村は、ようやく山の影が薄れて見えるようになっている。

辺りの景色に見とれていた特派員たちは、偶然にも大島近海で行われる古式捕鯨を目にすることになる。一緒に景色を見ていたボアーズが鯨を見つけるとすぐ、灯台の下の崖の先にいた二人の日本人も鯨に気付き、一人は小屋に駆込んで白い旗を振り、他の一人は大きな巻貝を吹いて、下の小舟の者に合図した。五分間もすると捕鯨が始まった。

鯨を獲る方法は、原始的ではあるが巧妙である。帆掛け舟と岸との間で、鯨を発見すると、旗で合図をする。舟は二列になって鯨を追い始める。鯨の逃げる方法は、陸から旗をふって知らせる。舟の列は進みながら鐘やその他のものを鳴らして鯨を驚かせる。逃げる鯨を、舟の間に張った網の中に追込み、最初の網が破られても、次の網で捕らえる。次いで鯨に銛を打込む。銛に網を付け舟に縛ることはしていないが、鯨は段々に弱って捕えられる。ときには鯨は、舟の間に張った網を破って逃げることがある。このときは再度捕えようと努力はしない。漁師達は、それは遺失物と考え、次の鯨が来るのを待つ。

特派員たちは残念ながら捕鯨を最後まで見届けることができなかったようで「私は好機を逃したことを落胆しながら、ボートに向かって坂道を下った」と、無念の思いが記事に残されている。

当時、大島は行政上は古座の支配下にあり、捕鯨においても古座鯨組に所属していた。樫野崎には山見《やまみ》が設けられており、見張りが鯨を発見するや狼煙や旗を揚げて知らせた。古座鯨方では一〇月から二月ごろまでを冬漁と称して樫野崎沖で操業し、三月から四月ごろまでを春漁と称して串本二色《にしき》の袋浦に出向いて潮岬沖で操業していた。古座鯨方が冬漁、春漁で捕獲する鯨は、主としてザトウクジラであった。

特派員らが大島を訪れてから約一年後の一八七二年一二月三日、参議大隈重信、工部大輔山尾庸三が夫人を同伴し、各地で建設中の灯台を視察するためテーボール号で西国を巡遊した際、大島にも立ち寄った。この航海にはアーネスト・サトウも同行していた。テーボール号は、三日正午過ぎに的矢を出港し、午後七時前に大島に投錨した。

翌四日、大隈、山尾、サトウらは朝食後に大島に上陸し、五マイル歩いて、樫野埼灯台に向かった。サトウは日記に「途中の道は石が多かった。頂上に立つと、港の眺めはうつくしく、どちらをむいても、壮大な眺めがひろがる」と記している。帰りは、かなり大きい捕鯨船を利用したが、乗り込むのに一苦労したようである。「大きなクジラは一頭で三千両にも四千両にもなるという。これを捕えるのに網と銛を使い、捕獲量は年間十五頭ないし十六頭だという。大部分の捕鯨船は古座川の河口を基地にしているそうである」とも記している。サトウは、午後三時にテーボール号に戻ったが、大隈と山尾とその夫人たちと一緒に再度上陸し、海岸で貝を拾ったという。テーボール号は、午後六時少し前に大島を出港した（萩原延壽『岩倉使節団　遠い崖――アーネスト・サトウ日記抄9』三〇六頁）。

樫野埼灯台が点灯してから二〇年が過ぎた一八九〇年九月一六日の夜、トルコ軍艦エルトゥールル号が灯台下の岩礁に激突し沈没した。嵐の海に投げ出されたトルコ将兵らにとって灯台の灯りは生きる希望となった。灯台に救助を求めたトルコ人らに応急手当てを施したのは、看守乃美権之丞と瀧澤正浄であった。灯台職員は灯台の保守管理だけでなく海難救助の一端も担っていたのである。当時、灯台職員の規則を定めた「守灯方示教総則書」（一八八一年五月改正）の第二五条には「破船ノ者へ住居等供給ノ事」とあり、「破船ノ者へハ守灯方力ノ及フヘキ丈ケ一時住居等ヲ弁給スヘシ。其費用ノ為メ請求スル儀アラハ、灯台局ニテ懇篤ノ処分ニ及フヘシ」と記され、海難救助に協力することが記されていたのである。「守灯方示教総則書」は、ブラントンがイギリス、フランス、アメリカ合衆国のマニュアルを参考にして作成した「灯明番士教書」をもとにしたものであった（海上保安庁灯台部編『日本燈台史』五七七頁）。

15 潮岬《しおのみさき》灯台（和歌山県）

潮岬灯台は、本州最南端潮岬の先端に立つ。紀伊大島沖と潮岬沖は黒潮が流れ、暗礁や岩礁が多いことから、外国船にとっては、佐多岬沖、神子元島沖と共に三大難所とされていた。それゆえ、「改税約書」で灯台の設置が決まった際、真っ先に選ばれたのが紀伊大島と潮岬だった。

現在灯台が建つ地には、もともとは古くから海上安全の守護神として崇められてきた潮御崎神社が建っていた。しかし灯台建設にあたって、明治政府の通達により遷宮することになった。政府は、神社のほか、一八六九年に廃止された遠見番所の建物も早急に取り払うよう、灯明台役所から上野浦庄屋宛に通知した（「この程ブランドウ参り、灯明の御差支えに相なるべく間、早々取払い候様申し出され候」）。その理由を灯明台役所に尋ねると、「この度の御築造に付、御雇の英人ブランドン申し出され候には、灯明台と紛らわしく相見へ候間、取払い方同人より申し立て候由」とのことであった（「明治三年「諸達控」江田組郷役所」『串本町史 通史編』四九三頁）。

潮岬灯台（「ジャパン・ライト」）

潮岬灯台は、一八六九年四月に建設が開始された。一刻も早い灯台建設が求められたため、短い工期で建設できる木造が選ばれた。横浜の灯台寮構内で製材されたケヤキ材を船で運び、組み立ては現地で行った。建設には多量の石灰が必要とされたため、串本町田並の「灰方」（石灰製造業）へ、潮岬灯台分として三〇〇俵の発注があったという。同時期に建設が進められた樫野埼灯台分としての五〇〇俵が重なり、「竹中三郎右衛門家文書」によれば、灰方では昼夜分かたず操業し、九〇〇俵の石灰を製造したという（『串本町史　史料編』五七四〜五七五頁）。

潮岬灯台は一八七〇年七月八日に仮点灯した。仮点灯となったのは、灯器や機材を積んだイギリス帆船エルレー号が東シナ海で沈没したためである。この緊急事態にブラントンは、船の帆柱の先端に掲げる航海灯レンズを横浜と香港で入手し、また、サンフランシスコから汽車のヘッドライトに使われているパラボラの反射器のついたランプを数個輸入した。これらを工夫して灯室に設置することで何とか仮点灯にこぎつけたのである。『ジャパン・ウィークリー・メイル』の特派員報告によれば、灯器は「パラボラ型反射器に、直径二インチの円芯の石油ランプを組合せたものが五箇で成って」おり、「アメリカの機関車のヘッドライトと同じものだということは、かの地を旅行したことのある読者には容易に分かるだろう」と述べている（『同乗記』三）。ブラントンはこの臨機応変の作業を「粘土なしに煉瓦を造るような困難な仕事」だったと言っているが（『お雇い外人が見た近代日本』七九〜八〇頁）、特派員はこの仮の灯器を高く評価しており、「現在の装置が臨時のものであるから比較的効果が少ないと想像すべきではない。アメリカではこの装置は、あらゆる点で申し分がないもの」と述べている。常設する灯器は、改めてイギリスから二一個のフォルフォタル式の反射装置を取り寄せることになっていた。本点灯したのは一八七三年九月一五日である。

潮岬灯台は、一八七二年、ロンドンで発行された『イラストレイテッド・ロンドン・ニュース』に、「ここの灯台は高く立ち、地上六十五フィートもそびえているが、海面上一五五フィートの高さに達している」と紹介されたように、灯塔の基礎から頂上までが二三・九メートルと、「改税約書」で設置が決まった六灯台の中で最も高かった。これは灯台が立つ土地が海抜二六メートルと低かったからである。同紙によれば灯火は二〇マイル先からも見えたという（金井圓編訳『描かれた幕末明治――イラストレイテッド・ロンドン・ニュース日本通信 1853–1902』一八五頁）。白く塗装された八角形の大きな木造灯台は、昼間も、沖を航行する船にとって識別しやすかった。また、樫野埼灯台と見間違えないように、潮岬灯台は不動灯が取り付けられていた。

『ジャパン・ウィークリー・メイル』の特派員が、テーボール号で潮岬灯台を訪問したのは一八七一年一二月一一日のことである（「同乗記」三）。船は串本・大島間の湾に停泊し、特派員らはボートで下浦海岸に上陸したものと考えられる。潮岬に通じる坂の入口まで砂浜を歩いて行き、「砂利が粗く撒いてあって、人々の往来で氷のように滑っこくなっている」という急勾配の坂を苦労しながら登っていった。途中で「上野《うわの》」という集落を通りかかったが、そこでは「両側の畑は耕している最中で、男女が懸命に働いていた。彼等は手を休めて、彼等だけの静謐の場所に踏込んできた知らない異国人を見詰めていた」が、「一杯の水を所望すると、ただちに持ってきてくれた」という。「通過するどの村落でも我々は笑顔で迎えられた」、「ここでも日本人は鄭重で礼儀正しかった」と、特派員は土地の人々に好感をもったようである。外国人に接するのはおそらく初めてのことであろうと思われるが、にもかかわらず、集落の人々が外国人に驚くわけでもなく親切に接しているのは、政府からの通達が村の隅々にまで行き渡っていたからだろうか。

土地の人々の外国人に対する友好的な態度は、日本の他の地域においてもみられたようである。特派員も、「実際、数年前に江戸で経験した外国人に対する憎悪は、これまで通ってきた地方の村々では全く見られなかった。そして各所の灯台保守員が私に語ったところから、この親切な感情はどこにも共通するもののようであった」と記している。また、「娘達は頑丈で力強そうに見えたが彼女達の働きがそれを証明していた。彼女達は、転入する灯台員の大量の重い荷物を、急な坂を担ぎ上げていたのである」と、地域の人々が灯台員の荷物の運搬に協力していたことを報告している。

特派員の一行の中にはカメラマンもおり、次のようなエピソードも記されている。

我々の一人が色々の写真のうちから一枚を取出すと、回りに集まった土地の日本人が珍しそうにその手元をみていた。彼等は二、三十人も携帯用の写真現像箱のまわりに群がって覗いて、一枚の灯台とまわりの景色の写真を見たときには大変に驚き、かつ楽しがった。彼等はこの不思議な箱を少々恐れたが、我々がその場を離れていたとき好奇心に負けて一枚を取出し、一枚の灯台の写真を汚して台無しにしてしまった。

特派員らは、頭の上に木の枝が交差して覆いかぶさっている道を通って潮岬灯台に着いた。灯台の構造については、次のように報告している。

潮岬灯台は、四角形に石の塀を巡らして、ほとんど岬の先端に立っている。この灯台は、欅の木造建築であるから、私はこれまで見てきた灯台とは大変に異なったものである。塔の形は、八角形でその構造は、八本の真直ぐな柱と、中央の一本の真直ぐな柱を統合し、筋違い材や支材で強固にしてある。木材の骨組みは、風が自由に吹き抜けるようにしてある。

木造の灯台は、建設されてから特派員がここを訪れる一年半の間にも何度も台風の被害に遭っていたらしい。灯台の内部に入った特派員は、灯台の一部が劣化していることに気が付いた。そこで、

「建築は五年は耐える筈なのに、僅か十八カ月晒されただけでどうして材木が腐ったのか」と尋ねたところ、視察員に随行した職長は、「それは日本人の落度である。日本人は、一年中の伐採に適当な時期を選ばず、こちらが材木を要求したときに切る。そのため木が樹液を吸い上げている最中に切倒されることがしばしばあり、これが木材を弱くすることになる」と説明したという。しかし特派員は「彼等は、木を切るに適当な時期と時を選んで切って十分に乾燥した木材を灯台の建設に供給したのであるが、たまたま不注意から不適当な一片がまぎれ込むことはあるだろう」と擁護し、「これを取り替えるのは容易な仕事であろう」と述べている。

潮岬灯台は、木材の腐敗のため、一八七八年、早々にジェームズ・マクリッチによって石造灯台に建て替えられた。

16 友ヶ島灯台《ともがしま》（和歌山県）

友ヶ島は、紀淡海峡に浮かぶ地ノ島、虎島、神島、沖ノ島などの総称であり、友ヶ島灯台は沖ノ島の西端に立つ。周辺海域は、瀬戸内海と紀伊水道を結ぶ重要な航路であった。一八五四（嘉永七）年九月一七日、プチャーチン率いるロシア軍艦ディアナ号が紀伊水道を北上して大阪湾に侵入し、天保山沖に停泊、沿岸地域の人々を震撼させた。幕府は、江戸も大阪も異国人応接の地ではないと説き、下田で交渉する旨を告げた。これを、プチャーチンも了承し、下田で幕府側と交渉に臨むが、その間に、安政の大地震が発生したため交渉は一時中断する。ディアナ号も津波で大破したため、プチャーチンは幕府の許可を得て、伊豆戸田港で代船を建造、「ヘタ号」と名づけた船で、一八五五年四月六日、無事、ロシアに帰り着いた。

一八六七（慶応三）年五月、兵庫開港に備えて幕府はイギリス公使ハリー・パークスに瀬戸内海用の灯台五基（部埼・六連島・江埼・和田岬・友ヶ島）分の発注を依頼した。その一つ、友ヶ島灯台は

友ヶ島灯台（筆者撮影）

一八七〇年四月七日に起工、一八七二年八月一日に初点灯した。当時は苫ヶ島《とまがしま》灯台と呼ばれていたが、一九一四年に島の名が苫ヶ島から友ヶ島に改められ、同年七月二四日、灯台の名称も友ヶ島灯台に改められた。

灯台は石造で、建材として瀬戸内海の島で切り出された花崗岩が使用されたと言われている。

『ジャパン・ウィークリー・メイル』の特派員を乗せたテーボール号が友ヶ島付近に錨を下ろしたのは、一八七二年一月三日のことである（「同乗記」六）。実はこの投錨は二度目で、一八七一年一二月一二日の早朝にも船は付近を訪れ、特派員はボートで上陸を試みていた。しかし、海が荒れ、灯台がある沖ノ島に上陸できなかった。そのため、友ヶ島灯台には帰路に再度立ち寄ることになっていたのである。

二度目の訪問時は海は穏やかで無事に上陸できた。特派員たちは、まだ足場も作られていない崖の急な坂道を、荷物をおろして登っていった。頂上には石造の住居があり、その背後の高くなった台地に未完成の灯台があった。といっても建物はすでに出来上がっており、灯器（特派員によれば「三重芯のランプに光学レンズの第三等の装置」）などがイギリスから到着するのをまっているという状態だったようだ。貯油庫や物品倉庫もすでに完成していた。

灯台の視察が終わり、狭い山道を下って、上陸したのとは反対側の浜に着いた特派員たちが目にしたのは砲台だった。

明らかに日本で鋳造されたと見られる青銅の大砲五門が、簡単で粗末な造りの砲架に据えてあった。砲台全体が、ただ荒廃するままに放置されている様子であった。対岸に由良の砲台があるが二つの砲台が良く整備されたら、容易に和泉海峡を制圧することが出来るだろう。しかし由良の砲台が和泉同様の状態なら、どちらも打撃を与える威力はないだろう。

建設当初の友ヶ島灯台は、現在の場所よりも海側にあった。一八九〇年に陸軍が第一砲台を建設するため、二五メートルほど東に移転した。島内には要所に砲台陣地や軍用道路、これに沿って弾薬庫、兵舎など軍の重要施設が作られたため、戦前は一般人が勝手に入ることは厳禁されていた。

『ジャパン・ウィークリー・メイル』の特派員が訪れた約一年後の一八七二年一二月五日の早朝、同じテーボール号で大隈重信と山尾庸三が、アーネスト・サトウを伴って灯台視察に訪れた。サトウは、日記に「第三等不動の光を発し、一名のヨーロッパ人がこれを管理している」と記している（萩原延壽『岩倉使節団　遠い崖――アーネスト・サトウ日記抄9』三〇七頁）。

この時、灯台に勤務していた外国人は、「各所灯台人員配置一覧」（明治五年）から、三等灯明番

友ヶ島灯台のレンズ（筆者撮影）

クローセンであることがわかる。月給は九〇円であった。

また、サトウが見たという第三等不動レンズは、イギリスのチャンス・ブラザーズ商会で作られたもので、日本に輸入され、一八七二年八月一日に初点灯してから、一九四二年四月二〇日まで使用された。レンズのサイズは焦点距離五〇〇ミリ、直径一〇〇〇ミリ、高さ一八四〇ミリであった。現在、レンズは台座から外されて、友ヶ島灯台内で保管されている。

灯台は、太平洋戦争中に米軍艦載機から機銃掃射を浴びているが、現在でも建設当初の姿を留めている。フレネルレンズが置かれた台座の支柱には「チャンス・ブラザーズ商会製造」の銘板が取り付けられており、そこに「バーミンガム　一八七一年」と記されていることは、その写真とともに第Ⅰ部「11　灯台とスコットランド」でも紹介した。

重厚な赤煉瓦で造られた友ヶ島要塞は、戦後八〇年近い時を経て樹木で覆われ、スタジオジブリの名作『天空の城ラピュタ』の世界観を彷彿とさせると評判となった。また、近年では『少年ジャンプ+』で連載された『サマータイムレンダ』の舞台として、県内外から多くの観光客が友ヶ島を訪れている。

17 天保山《てんぽうざん》灯台（大阪府）

天保山は、大阪湾にそそぐ安治川河口の南岸に位置する。一八三一（天保二）年から翌年にかけて行われた、安治川に溜まった土砂を浚《さら》って積み上げる工事の際、葺出された土砂が積み上げられてできた小山である。ここに船舶航行の目印として高灯籠が立てられ「目印山《めじるしやま》」と呼ばれていたが、天保年間に造られたことから、後に天保山と呼ばれるようになった。

天保山に木造の洋式灯台が建設されたのは、大阪開市に伴ってであった。他の木造灯台と同様、木材は横浜の灯台寮で製材したものを船で運び、現地で組み立てられた。一八七一年一月に起工、同年六月一四日に和田岬灯台と共に仮点灯した。本点灯は翌年一八七二年の一〇月一日であった。

ブラントンがテーボール号で来阪したのは、一八七一年四月四日に行われる大阪造幣寮開設式典に出席するためであった。四月一日午後六時、横浜を出港したテーボール号は、夜間、すでに点灯

天保山灯台（「ジャパン・ライト」）

していた数基の灯台（剱埼、神子元島、樫野埼、潮岬）を通過した。テーボール号には、三条実美や大隈重信といった政府高官に加え、イギリス公使ハリー・パークス、鉄道の首長ウィリアム・カーギル、鉄道の技師長エドモンド・モレル、日本で発行された英字新聞『ジャパン・メイル』の編集長W・G・ホーウェルも乗船していた。ブラントンは、「私は高位の人々にこれら灯台を見せる機会を得たことを非常に喜んだ。彼らはそれらの灯台の価値を高く評価した」と誇らしく記している（『お雇い外人の見た近代日本』七七頁）。

テーボール号は、四月三日朝、神戸を経由し大阪に向かった。天保山には幕府が築いた砲台があり、テーボール号が着くと二一発の礼砲が発射された。友ヶ島灯台の章で触れたディアナ号の一件以来、幕府は外敵に備えていたのである。ブラントンは、「多分、これが日本の海岸で最初に発射された礼砲であろう」と記している（『お雇い外人の見た近代日本』七八頁）。

その翌日、貨幣鋳造所は正式に開所し、これを祝って大宴会が催された。日が暮れるとイギリスから輸入した花火と日本製の花火が打ち上げられた。この式典を見ようと集まった群衆は多く、ブラントンも「この国始まって以来のものであった」と記しているように盛大だったという。テーボール号はこの後、数日間大阪に滞在した後、横浜に帰着した（『お雇い外人の見た近代日本』七八頁）。
『ジャパン・ウィークリー・メイル』の特派員が天保山灯台を訪れたのは、一八七一年一二月一四日のことである（「同乗記」四）。テーボール号は神戸港に入港して碇泊、特派員らは下船し、神戸―大阪間を運航する日本の汽船（特派員は「劣悪な汽船」と記している）に乗り換えて、二時間かけて大阪に向かい、天保山に着いた。

灯台は欅の木造、塔は四角形で、基礎から上に次第に狭くなっていて、上端で幅が約九フィートである。塔の高さは三〇フィート、海面上から灯篭の中心までは僅かに五十三フィートである。灯火は全方位を照らし光達距離は一〇マイルである。この灯台の装置は仮灯で、パラフィン油ランプに反射器とレンズをつけた灯器が三箇据えてある。（中略）それは日本人にとって、現在の反射式よりも保守が容易である。灯台は、大阪川への航路を示すもので、この川に出入りする多くの日本船舶に非常な便益を与えていることは疑いが無い。

特派員は天保山の砲台にも注目している。

灯台で暫く時間を過ごすことになったので、私は堡塁を検分する機会を得た。そこには二十ばかりの青銅製の大砲があった。見たところ良く手入れが行届いていて、常時礼砲として使用されている。しかし海が浅いので船舶は堡塁から二、三マイル以内には近寄れない。しかし堡塁は、武力攻撃に対しては要害の場所を占めているのである。

ブラントンが造った大型灯台では、官舎の多くが石造で暖炉も設置されていた。天保山灯台は、和田岬灯台と同じく外国人保守員が配置されておらず、日本人のみで運営したため、宿舎も完全な日本式木造建築であった。『ジャパン・ウィークリー・メイル』の特派員は「全てが清潔で良く整頓されているので、彼等は信頼に値する」と、日本人保守員を称賛している。

天保山灯台は、点灯から二〇年経った一八九三年、灯台及び官舎が腐食し修繕不能となったため、同じ木造灯台に建て替えられた。その後、一八九七年より大阪市が天保山付近を中心とする大阪港の建設を開始し、一九〇五年には南北両突堤が完成した。その先端に灯台が設置され、一九一〇年に第六等不動灯台として点灯を開始すると、天保山灯台は廃止された。

18 和田岬《わだみさき》灯台（兵庫県）

和田岬灯台は、神戸港の南端の和田岬に立つ。岬の西岸に沿岸流によって運ばれた土砂が堆積して砂嘴《さし》を形成し西風と潮流の影響を受けなかったこと、六甲山が北風を防いでくれたこと、加えて水深が深く大きな船が安心して入港できたことなどが、神戸港が天然の良港といわれる所以である。

神戸（兵庫）は、「日米修好通商条約」（第三条）によって一八六三年一月一日（文久二年一一月一二日）開港と定められていたが延期され、横浜・長崎に遅れ一八六八年一月一日（慶応三年一二月七日）に開港した。

『ジャパン・ウィークリー・メイル』の特派員が乗船するテーボール号は、和田岬の前に神戸に寄っている。一八七一年一二月一二日のことであった（「同乗記」三）。特派員は、神戸の風景について「海からの眺めは、確かに初めて訪れる者に大変に好印象を与えるという評判の通りである。海岸通

和田岬灯台（「ジャパン・ライト」）

りの家の並びが、整然として奇麗なのが先ず目につく」と好意的だが、「港内に停泊している外国船の少ないのは、神戸では大きな貿易がないという好ましからぬ徴候である」とも述べる。実際、神戸港の輸出額の合計（円）は、貿易開始から最初の五年間は、全国の輸出合計額の一〇%弱で、割合は高くなかった。輸出品の第一位は茶で、五年間の輸出総額の四五%を占めており、次いで生糸が一二%であった。ちなみに、横浜は生糸が輸出品の首位を占めていた（神木哲男「居留地と外国貿易のはじまり」二八頁）。特派員の指摘のように、開港当初の神戸は順調な滑り出しではなかったようである。

特派員の神戸上陸は気晴らしのためだったようだが、三宮の北にある布引の滝での面白いエピソードが残されている。明治初年に布引の滝周辺一帯は布引遊園地となり、滝近くに川床を備えた茶店ができるなど、外国人観光客で大変賑わったという。特派員は、案内をしてくれた友人のガイドから「茶店でイギリス製のビールがいくらでも飲める」という話を聞き、勇んで急な山を登り茶店に行ったが、ビールは四人に一パイント（半リットル）瓶一本しかなかった。特派員はわびしい気持ちになって、水が乾ききっていた布引の滝には一瞥《いちべつ》をくれただけで、居留地に向かうことにした。

この体験を特派員は「神戸のナイアガラで裏切られた苦い運命」と報告している。

六甲山系の花崗岩層で自然濾過された布引の水は、「コウベ・ウォーター」と呼ばれ、船が赤道を越えてもうまさに変化がない水として外国船員の間で広く知られていたという。司馬遼太郎は、「神戸に寄港する外国船のよろこびは、水槽の水を空にして神戸の水をあふれるほど積むことだそうだ。船乗りたちはコウベ・ウォーターは世界一だというが、おそらく本当だろう」と記している（司馬遼太郎『街道をゆく21　神戸・横浜散歩、芸備の道』一四八頁）。

翌一三日の朝、特派員は和田岬灯台を訪ねた。和田岬灯台は、兵庫開港に備えて一八六七（慶応三）年五月、イギリスに発注した五灯台のうちの一つである。一八七〇年一〇月に起工し、一八七一年六月一四日に仮点灯、一八七二年一〇月一日に本点灯した木造八角形の灯台である。

特派員はボートに乗り換えて、砂州に上陸した。灯台や保守員の住居はそこからすぐのところにあった。灯台の保守員であるローランド・クラークは、日本人用の住居に住み、日本人に灯台保守の仕事を教えていた。和田岬灯台は日本人のみで保守管理することになっており、クラークは特派員らとともにテーボール号で次の任地の六連島に赴くことになっていた。

クラーク氏の看守のもとに仮灯を点じており、よく訓練された四人の日本人が彼の転出後は保守することになっている。灯器が簡単なもので操作も容易であるから、日本人達は良好な状態で保守するであろう。灯台及び構内は清潔であった。一見した私の判断では、この灯台が日本人に任されても無秩序になるとは思えなかった。

特派員は、灯台について次のように述べている。

灯台は、かなり大きな建築で、基礎上の高さは四六フィートである。海面上から灯篭の中心までは六五フィートしかない。この灯台は木造で、潮岬灯台と同じ工法で建ててあるが少し小型である。貯油庫や倉庫は、他の灯台で見たように基礎を囲んで半円形に位置していない。灯室へは三層の階段を登って行く。（中略）しかし灯火は仮灯で、横須賀の海軍工廠から入手した植物油のアルガンド・ランプを装置して全方位を照らしている。

木造の和田岬灯台は、一八八四年、腐朽したため鉄造灯台に改築された。一九六三年、和田岬周辺の臨海工業地帯埋め立て造成のため廃灯された後、須磨海浜公園に移設・保存されている。

ちなみに、和田岬灯台の近くには和田岬砲台があった。一八六四（元治元）年、外国艦船の来航に伴い、沿岸を防備する必要に迫られた幕府によって、和田岬、川崎（湊川）、西宮、今津の各所に砲台が置かれたのである。和田岬砲台のあった場所は、現在では三菱重工の神戸造船所となっているが、その構内に砲台が保存されている。

19　江埼《えさき》灯台（兵庫県）

一九九八年一〇月二四日付『日本経済新聞』の夕刊に、「日本最古の灯台設計図」という見出しの記事が掲載された。

明治初めの開国期に来日、多くの灯台を建設し「洋式灯台の父」といわれた英国人技師リチャード・H・ブラントンが作製した日本最古とみられる設計図が見つかった。一八七一年に完成した江埼灯台（兵庫県北淡町）の図面で、本人のサイン入り。海上保安庁によると、ブラントンの設計図としては、国の重要文化財の「公文録」（国立公文書館所蔵）に含まれる犬吠埼灯台（千葉県銚子市）の図面が「現存最古」とされてきたが、江埼灯台は犬吠埼灯台より完成が三年余り早く、設計図も古いという。近代建築史研究上「重要な資料」と専門家の間でも話題になっている。

江埼灯台（「ジャパン・ライト」）

設計図が保存されていたのは第五管区海上保安本部の淡路島航路標識事務所である。一九九八年六月上旬、「歴史的灯台の保存」などをテーマにドイツで開かれた国際航路標識協会総会に向け、海上保安庁が古い灯台の資料を調べたところ、事務所の金庫内に保存されていたことがわかった。図面は敷地の見取り図や灯台の断面図など計四枚で、保存状態もよく、一枚にはブラントン本人のサインも記されており、一八六九年頃のものだという。なお、犬吠埼灯台の図面は、犬吠埼灯台の章に掲載している。

兵庫開港に備えて幕府がイギリスに五つの灯台の追加発注を決めたのが一八六七（慶応三）年五月。その中に江埼灯台も含まれていた。それを受けてブラントンが作成したのが、この設計図ということになるだろう。

江埼灯台は、淡路島の北端、明石海峡を望む高台に立つ。明石海峡は、大阪湾と播磨灘を隔てる海峡で、漁船や内外の船舶の往来が激しく、六～七ノットの強い潮流のため航海の難所であった。

江埼灯台は、一八七〇年五月に起工、一八七一年六月一四日に点灯した。播磨灘沖合の家島諸島は花崗岩の産地であり、灯塔にはその花崗岩が使われた。

『ジャパン・ウィークリー・メイル』の特派員が江埼灯台を訪ねたのは点灯の半年後、一八七一年一二月一二日のことである(「同乗記」三)。当日は鉛色の雲がたれこめる悪天で海も荒れていたというが、特派員は無事にボートで上陸を果たす。

灯台の立っている丘に登って行った。急な坂であったが道は手入れが良く行届いて、下から灯台のある丘の上まで、定規で引いたように真直ぐであった。我々は四角な灯台の構内に入っていった。丘の頂上を刻りとって灯台を建設したので、必要な施設のために場所は寸土も余すところなく使ってある。ヨーロッパ人と日本人の住居は数フィートしか離れてなく、それらに密接して灯台が立っている。灯台は、多くの点で相模の灯台に似ている。塔の高さは一五フィートで、海面上から灯篭の中心までは一五八フィートで、光達距離は一八マイル半である。塔は瀬戸内海の小島から運んだ花崗岩で造ったものである。塔の両翼に貯油庫と物品の倉庫を設け、貯油庫から鉄梯子で灯室に通じ、更に鉄梯子で反射器が装置してある灯篭に登れる。瀬戸内海の東の入口を照らすこの灯台は非常に重要である。

特派員が江埼灯台と似ていると指摘する「相模の灯台」とは、剱埼灯台のことである。

灯台に登った特派員は、明石海峡を隔てた対岸に日本の城をみとめ、その景色を「美しい」と言っている。灯台保守員については以下のように報告する。

この灯台では、ハードル氏が保守員で、彼の元に、五人の日本人の助手がいる。ここで、全ての灯台に日本人の灯台保守員がいる、と言っておいていいだろう。そのうち幾人かは立派にやっているが、なかには駄目なものもいる。

江埼灯台は、一八七一年の建設時からその姿を変えずにきたが、一九九五年一月一七日に発生した阪神・淡路大震災で大きな被害を受けた。震源地は灯台に近く、灯塔付属舎の石積がずれ、灯台構内地盤には地割れ、スベリ（移動）、陥没（沈下）も発生した。江埼灯台の灯塔が大きく崩れなかったのは、ブラントンの耐震建築法によるところが大きいと考えられる。また、地震により多くのインフラが停止したが、江埼灯台ではすぐに予備電源に切り替わり、灯を絶やすことはなかった。

この震災を後世に伝えるために、灯塔付属舎は石積がずれたまま目地モルタル詰替え補強を行い、階段状の凸凹が壁面に残っている。また、野島断層を現す地割れ部分は、出現した位置と形を地表面にマーキングするため、赤いカラーコンクリートで舗装がなされている。

20 鍋島《なべしま》灯台（香川県）

鍋島灯台は、香川県坂出市沖の塩飽《しわく》諸島に属する鍋島に立つ。鍋を伏せた形状から名付けられたこの島は、塩飽七島に数えられる有人島の与島と防波堤で陸続きになっており、与島には一九八八年に開通した瀬戸大橋が通る。

瀬戸内海は、紀淡海峡・鳴門海峡・豊予海峡・関門海峡によって外海と隔てられた内海で、東西は大阪湾～関門海峡間で約四五〇キロ、南北は約一五～五五キロで、七〇〇を超える島々が散在している。ブラントンは、瀬戸内海および神戸・大阪航路の灯台設置について次のように記している。

暗夜においてもそれら安全と認められている海峡の通航を可能にするため、内海のいたるところに灯台を設けるとすれば、それは膨大な事業となるがそんな大工事を施工してもその効用には疑問がある。それよりも適当な箇所に灯台を設けて、その導きによってある程度の海域の航行を可能にすれば、船は安全な錨泊地まで航海し、そこで夜明けを待つことになれば、数少ない灯台でも事が足りるのである。

（「日本の灯台」二一〇頁）

つまり、適所に灯台を置くということで、場所の選定が重要になろう。ブラントンはその条件として次の三つを提示する。

①海中に突出した地形が大きくて容易に識別でき、見誤る危険のない場所には灯台は設けない。
②視界不良の際に通航の困難な海峡には、船を安全な錨地まで導くための灯台を設けて、夜明けを待つようにする。もしできれば海峡の通過も可能なように灯台を設ける。
③灯台を設ければ容易に通航できるか、あるいは航海者にとって数多くの島の間で自分の位置を見失いやすいような場所には灯台を設ける。

（「日本の灯台」二一一頁）

この方針に基づき、ブラントンは最適な灯台設置の箇所として、友ヶ島、天保山、和田岬、江埼、鍋島、釣島、部埼、六連島を海事関係者へ提議し、政府もこれを認めることになった。

鍋島灯台は一八七一年一二月半ばから建設が開始され、一八七二年一二月一五日に点灯した。石造の灯台である。点灯直前の一二月六日、灯台視察船テーボール号に乗って、大隈重信、山尾庸三、アーネスト・サトウらが鍋島灯台を訪れている。サトウは「日本人にたいしてひどい偏見を持っている」「スコットランド出身の機械工の女房」に興味を持ったようで「彼女の小さな男の子が日本語を習いたいと言い出したのは、彼女にとってたいへんなショックだったらしい」と書き残している（萩原延壽『岩倉使節団　遠い崖――アーネスト・サトウ日記抄9』三〇八頁）。

これよりさらに前に『ジャパン・ウィークリー・メイル』の特派員が、やはりテーボール号で鍋島を訪れている（「同乗記」四）。一八七一年一二月一五日のことであり、灯台点灯のおよそ一年前、灯台の建設開始前後で、特派員は「建設の準備の作業は何もしていなかった」と述べている。特派員の鍋島視察も、上陸こそしたが、「島で見るものはほとんどなかった」という通り、短時間で終わってしまった。その報告も当然、これからの予定を記すにとどまる。

鍋島灯台

この島は石造の灯台の建設が見込まれている。灯器は第三等の光学レンズを装置したものを予定しており、内海を航海する船に非常な便利を供与することは疑いない。

この灯台の光は、男木島から六島に通ずるセント・ヴィンセント水道を照らす目的であり、何気なく地図を見ただけでもこのような灯火が重要なことは明かである。

特派員の興味は、瀬戸内海で見られる蜃気楼に向けられた。

それは決して珍しい現象でなく、瀬戸内海の往復の航海で、私は至る所で見た。蜃気楼はただの錯覚や惑わしではない。ここの蜃気楼は、砂漠のそれのように実在しないものの再現ではない。水平線の彼方の実在の反映である。これは鍋島で、それが視界に入る以前に、蜃気楼で見えた。汽船は、水平線に小さな突起として、はっきりとその姿を識別するまえに見ることが出来た。実際にその反映像はまことに鮮明であったから、見慣れない私の目には、島が海面から少し浮いている以外に、それを実像と区別する術はなかった。ときには、これは希ではあるが海が島の下に広がって、島が空中に浮いて見えることもあった。

特派員が見た「島が海面から少し浮いている」光景は、蜃気楼の一種である「浮島現象」で、瀬戸内海の冬の風物詩として知られる。これは大気と海水の温度差によって海面上に密度の異なる空気の層が生まれ、そこを通る光線が強く屈折することによっておこる。現在でも、冬になると新聞やテレビでそのニュースを見かけることは少なくない。瀬戸内海で見られる蜃気楼は、今も昔も、人々をひとときの幻想の世界に導いてくれるようである。

21 釣島《つるしま》灯台（愛媛県）

釣島灯台は、愛媛県松山市三津浜から約四キロ沖に浮かぶ釣島の、海抜約六〇メートルの高台に立つ。釣島は、周囲二・六キロ、面積〇・三六平方キロの小さな有人島である。釣島海峡は、神戸・大阪方面や下関方面に向けて船舶が行き交う海上交通の要衝である。

鍋島灯台の章で述べたように、釣島も、ブラントンが瀬戸内海と神戸・大阪航路の灯台設置に最良の場所を調査して選定した立地の一つである。

一八七〇年、灯台視察船サンライス号（灯明丸）が釣島を訪れた。島民は「人取り」が来たと山中に逃げ込み、長老は裃を着用し佩刀《はいとう》のうえ役人の上陸を待ったという。二、三名の外国人を連れた役人は、「我々は島を乱すものでもなければ人取りでもない。この島に灯台というものを建設したい。それは灯火を灯す建物で、これによってこの島はもちろん、近郷の船も安全に漁や航海が出来るであろう」と説明したという（稲村諒「釣島燈台古事記」）。

釣島灯台（『灯台要覧』）

釣島灯台は、一八七一年一〇月に起工、一八七三年六月一五日に点灯した。石材の花崗岩は山口県の徳山や広島県の倉橋島から切り出され船で運ばれた。海岸から約三〇〇メートルの灯台建設現場までは地面に板を敷き、丸太を並べて運んだという。

石工ミッチェル他三名の助手が工事監督にあたり、近郷から人が集められ、参加した三〇〇人を超える作業員は在来の技法にない石積みをよくこなし、内装堅羽目板の重ね目のモールディングも立派に仕上げたという。レンズ等の固定に使用したパテを練るのには、イギリス人がつきっきりで七日間、日本人を指導したとも伝えられる。なお、羽目板の加工法は、後に道後温泉神の湯（一八九四年竣工）の内装にも同一手法が見られることから、新しく伝わった西洋の技術が影響を及ぼしたと推測される（文化財建造物保存技術協会編『松山市指定文化財 釣島灯台旧官舎保存修理工事報告書』二一頁）。

灯台の建設工事によって、当時七戸のみだった寒村は空前の賑わいを呈し、出店もできたという。イギリス人技師の食料は、食肉なども含め一切が神戸から三津浜経由で釣島に送られた。荒天のため食糧が欠乏すると、次の便が来るまでは島の枇杷を買って食べていたという（「釣島燈台古事記」）。

『ジャパン・ウィークリー・メイル』の特派員らを乗せたテーボール号が釣島に着いたのは、一八七一年一二月一六日の午後である（「同乗記」四）。

灯台の建設は、テーボール号の前回の寄島の時に始められ、我々が着いた時には日本人の家屋が建っていた。丘の頂上を削って平坦にしてあり、灯台の建設のための準備万端は整っていた。灯台は、鍋島のと全ての点で同じものになるようである。灯台は、丘の頂上に建てられる。私の計測では、海面上、少なくとも二〇〇フィートの高さであるが、割合に良い道路が既に造成されていて、他の多くの灯台が、もっと低い所でも道が荒れていて登るのが困難であったのに比べると、ずっと楽であった。

釣島灯台は、一九六三年に無人化された。松山市は、自治省の起債事業である地域文化財保全事業として、一九九五年に「釣島灯台吏員退息所」（旧官舎）の払い下げを受け、およそ二年をかけて保存整備した。その旧官舎解体調査中に壁面から古文書が発見された。二つの部屋の漆喰壁の表面にペンキ塗りの下張りとして袋張りされていたもので、和紙に墨書きされた文書が約二〇〇枚見つかったのである（『松山市指定文化財　釣島灯台旧官舎保存修理工事報告書』八七頁）。いずれも灯台の業務関連の書類であった。

「備品台帳」は一八七五年頃から一八七七年までのものを含んでおり、そこからはイギリス人が勤務した時代の官舎備品の品目がわかる。松山市がまとめた報告書によれば、ベッド、丸テーブル、箪笥、水洗台、休息椅子（カウチ）、鏡、机などの家具や什器の調達は、伊藤博文からブラウン船長を通して、ロンドンのマシーソン商会に依頼され、商会が日本政府の代理人となって一切の手配をしたという。また、旧官舎には厨房、浴室、洗濯場があり、浴室と洗濯場にはそれぞれ煙突が付いており、これは石炭で焚いた湯沸かしのためのものであったと考えられている。洗濯場と一緒になった浴室は、一九世紀後期のイギリスでは一般的であったという。明治初期に、灯台に勤務した外国人灯台保守員の暮らしぶりの一端を窺い知ることができる（『松山市指定文化財　釣島灯台旧官舎保存修理工事報告書』九七頁）。

「日誌」も壁の中から発見された。工事期間中の一八七二年一〇月三日から一八七六年一二月一日までのもので、釣島灯台に関わった外国人の名前も確認できる。ハルマル（一八七三年一月五日）、オーストレル（鉛工兼機械取付方、一八七三年三月六日）、ジョン・ヘルドマン（機械職、一八七三年七月一九日）、チャーレス・ロベルト・ハルリス（三等灯明番、一八七三年八月一九日）、ジェームズ・バッジ（三等灯明番、一八七四年五月一五日）、エガルト（二等灯明番、一八七四年五月一五日）などである。

また、一八七五年六月七日には「明治丸巡検」として、ブラントン（築造方首員）がウィリアム・シンプキン（職工長兼機械監）を伴って釣島灯台を来訪したことも「日誌」に記されている。加えて、一八七六年一月八日に「テーボール号巡回」として、やはりブラントンが訪れていることがわかる

（『松山市指定文化財　釣島灯台旧官舎保存修理工事報告書』八八頁）。釣島灯台が点灯した一八七三年六月一五日から、ブラントンが解雇される一八七六年三月一五日までの三年弱の間に、ブラントンは二度も釣島灯台を巡検していたのである。

英国へのブラントンの報告書（「英国外務局資料」英国国立公文書館蔵、『松山市指定文化財　釣島灯台旧官舎保存修理工事報告書』一九六頁）の中の「釣島灯台」に関する箇所には、次のように記されている。

「……航海の報告」（一八七四年一〇月六日）

この駐在地の状態は良好。ランプ（の炎）は水準に達していなかった。鍋島や苫ヶ島（現　友が島）とはうって変わり、ここでは（エネルギー源の）流れが十分にはなかった。これは供給チューブの詰まりが原因であると私は考える。従って、灯台守たちにこれらを交換し使用中のものは煮沸洗浄するか、もしくは十分に掃除するように、そして何があっても炎を正規の水準にまで高めた状態に保つことを命じた。住居部分の使い方は全くひどい有り様であった。各自に部屋を与え、家具も割り当てた。

「日本の灯台についての報告」（一八七五年八月三日）

この灯台の住宅はかなりだらしのない状態であった。ここにおける部屋の使い分けはまともでなく、各部屋を最適な用途に使うことは困難である。以前の訪問の際、灯台守達に家具の配置について指図したのだが、その命令は実行されないままでいた。そして両住宅、台所、便所は不潔で汚く、手入れが不十分である。

私は、この折りに再度厳命し、（この厳命が）少しでも効果的であろう事を期待している。

灯台は（ランプの状態が）なかなか良い状態にあるように見受けられた。

夜間、炎は標準の高さまで安定して燃焼しているが、バーナーの灯油の流量は極めて低い。これは少なからずバーナーの焼き付き、または破損の結果を招くことになりかねない。このランプは遠からず鉱物油を使用できるように改造されるので、現時点においてランプへの流量を増やすように手を加えることは奨励しない。ここの灯台守はその任務の責任を十分に認識しておらず、この駐在地はすべてにおいて完璧な状態であるとは言いがたい。


ブラントンの報告書から、灯台が点灯した後も、ブラントンが巡検し、灯台の状況を報告していたことや、外国人保守員に家具の配置を指示したり勤務状態などについても指導していたことが窺える。

22 部崎《へさき》灯台（福岡県）

部崎灯台は、北九州市門司の企救《きく》半島の北東端に立つ。関門海峡の東入口に位置し、暗礁が多く航海の難所であった。兵庫開港に備えて設置が決まった五灯台のうちの一つである。

部崎灯台は、一八七〇年一一月に起工し、翌一八七二年三月一日に点灯した。石造灯台であり、石材の花崗岩は下関方面から運んだものと言われている。灯器は当初フレネル三重芯火口石油式であったが、一八九五年にフランスのソータハーレー社製第三等レンズに交換された。

『ジャパン・ウィークリー・メイル』の特派員が部崎灯台を訪れたのは、一八七一年一二月一七日のことである（「同乗記」四）。

我々が着いた時には塔は建っていたが草ぶき屋根で、ブラウン船長は、白光と紅光の分弧を早く決めたがっていたが、その作業が出来なかった。灯器は二重芯ランプに光学レンズのものであった。紅灯は、下関海峡の入口に広がっている元山ノ洲を照らすもので方位は南五八度東より北八二度西に至る。白光の分弧は北八二度西より南までである。紅光分弧は我々が灯台を去るまでにブラウン船長によって設定された。かれは職長が間違わないよう石の手すりに方位をマークしておいた。ここで、灯台の高さは海面上一二二フィート、塔自身の高さは二七フィートであることを忘れずに記しておかねばならない。灯火の初点は、今年の三月一日の予定である。灯台と住居はまだ完成していない。しかし住居は住むことは出来、我々が帰る時には職長の一人が住んでいた。

部埼灯台（筆者撮影）

特派員が訪れた時、燃料油の貯蔵庫と資材置物用の基礎部分はほぼ完成していたが、灯室は設置されておらず、イギリスに発注した灯室部分の器材と装置等が到着次第、建設作業をするための足場が作られていた。部埼灯台は「ジャパン・ライト」の一群の写真に含まれているが、池田厚史はこの時に写真が撮影されたのではないかと推測する。「灯室部分の器材と装置等が到着しさえすれば、あとはそれらを塔基部上に据付け、外溝工事を施して建設作業は完了する。それらに要する時間は長く見ても二箇月程度である」とし、部埼灯台の完成が一八七二年三月であることから、逆算して一八七一年一二月から一八七二年一月の間にこの写真が撮影されたものと想定している。そして、この期間は『ジャパン・ウィークリー・メイル』の特派員が部埼灯台を訪れた一八七一年一二月一七日と一致するのである（池田厚史「明治初年の燈台写真」）。

なお、「ジャパン・ライト」の写真については、その来歴ははっきりしないと既に述べたが、『ジャパン・ウィークリー・メイル』の特派員が訪問した灯台とほぼ一致することや、部埼灯台の撮影期間の特定などから、池田はテーボール号での特派員の視察に伴って撮影された可能性が高いと見ている。ちなみに、唯一、友ヶ島のみ「ジャパン・ライト」に写真がないのだが、特派員は灯台への急な崖道を登るために荷物を置いていかざるをえなかったと書き残しており、その荷物にカメラが含まれていれば当然撮影もできなかったことになり、池田の推察の整合性は高まる（池田厚史「明治初年の燈台写真」）。

建設途中の部埼灯台（「ジャパン・ライト」）

この地にブラントンの洋式灯台が建設される前史として、「清虚」の物語がある。大分県佐賀関の、太兵衛という指物

清虚像（青浜海岸）

の名職人の話である。
　太兵衛が一七歳の時、友人と座り相撲をとったところ、誤ってその人を殺してしまった。過失ということで無罪であったが、亡き友のことが忘れられず、一八三六（天保七）年、六〇歳のとき、その菩提を弔うべく、名を「清虚」と改め、修道のため諸国を廻ることにした。その途上で、下関行の廻船に乗り、部埼沖にさしかかった。すると乗合の客や船頭衆が念仏を唱え始めた。理由を聞くと、かつては大きな松が密集し沖行く船の目印となっていたが、小倉城下町での大火の再建にあたって大松が切り倒されたため、目印を失い遭難事故が多発しているという。一念発起した清虚は、多くの人々の難儀を救おうと下関で下船し、現在の灯台の上一〇〇メートル位のところに二畳敷程の庵を結び、沖を航行する船のため毎夜薪を焚いて目印を務めることにした。後には協力者も現れ、辺埼山の山頂には火焚場が設けられ、清虚が一八五〇（嘉永三）年に七四歳で没した後も、洋式灯台建設まで火がともされ続けた（中山主膳『郷土門司の歴史』一五五～一五八頁）。
　灯台下の青浜海岸には、一九七三年、地元有志によって高さ一八メートルの清虚像が建立された。清虚は松明をかざした姿で、海に向かって立っている。また、灯台後方の山頂付近にあった清虚の火焚場も、僧清虚顕彰会によって復元された。

23 六連島《むつれじま》灯台（山口県）

六連島は、下関市の西約四キロの沖合にあり、周囲三・九キロ、面積〇・六九平方キロの島である。島全体が第三、四紀層の玄武岩からなり、高台一帯に鱗状結晶の雲母玄武岩が露出している地勢は世界的にも有名で、一九三四年、国の天然記念物に指定された。

六連島灯台は、兵庫開港に備えて設置された五灯台の一つである。関門海峡は、日本海の響灘《ひびきなだ》と瀬戸内海の周防灘《すおうなだ》を結ぶ古くからの大動脈で、開国後、来航する外国船にとっても波穏やかな瀬戸内海に通じる重要な航路であったので、関門海峡の西入口に位置する六連島に灯台の設置が求められたのである。

一八六九年六月一八日、毛利宰相中将に対して、ブラントンが灯台建設のため下関に出向く旨の太政官通達が出された。

今般灯明台建築に付き、御雇い相成り候英人ブラントン儀、当月下旬下ノ関へ罷越し、浮標二つ浅海へ浮べ、別に一つを同所役人へ預け置き、二つの標を引揚げ検査致し候節、預け置き候標を浮べ候趣き申立て候間、その旨早々下の関詰役人へとくと相心得させ、着船の上差支えこれなきよう、取計うべく候。この旨心得のため兼て相達し候事。

(『太政官日誌』第四八、明治二年五月九日)

ブラントンは、下関海峡の東西二カ所に予定されていた灯台の建設場所を、六連島と部崎にすることを建議し、一八七〇年八月には日本政府とともに再び六連島を点検した。この時、灯台建設を担当していた民部省は、山口藩に対して現地での測量活動が円滑に進むように指示している(戸島昭「下関海峡の灯台」四五~五〇頁)。

灯台は、一八七〇年一〇月二九日に起工、一八七一年一一月二八日に竣工、一八七二年一月一日に点灯した。当初、灯器は石油ランプに第四等レンズを使用し、灯質は不動白色灯で光達距離は約二二キロであった。石造灯台で、石材は徳山産の花崗岩が使われた。

『ジャパン・ウィークリー・メイル』の特派員が六連島灯台を訪問したのは、点灯直前の一八七一年一二月一八日、「雪混じりの酷い雨」という悪天候の早朝のことであった(「同乗記」五)。

突堤から灯台が立っている台地まで立派な石の階段が造ってあって、ここでも灯台と住居は石の塀で囲まれている。住居は、ほとんど出来上がっていて、灯台は完成して、何時でも点灯できる状態であった。灯台の構造は、これまで見てきた灯台と大差はなく、塔の基部に貯油庫と物品の倉庫がある。灯火の装置は、部埼のと同様に二重芯ランプと光学レンズのもので、明弧は北四〇度西より南一二度西で、藍ノ島北方半マイルの浅瀬は暗弧になっている。ここで忘れずに書いて置かねばならないのは、灯台自体は二五フィートで、海面上から灯篭の中心まで八九フィートである。本灯の点灯開始は来年の一月一日であるが、我々が灯台を訪ねたとき夕刻数分間点灯した。灯火は強力で、あらゆる点で満足すべきものであった。

六連島灯台（「ジャパン・ライト」）

一行の中には和田岬灯台で保守員を務めていたローランド・クラークが加わっていた。クラークの次の任地がこの六連島灯台だったため、特派員とともにテーボール号で移動してきたのである。そしてこの半年後に、クラークは六連島灯台に明治天皇を迎えることになる。

一八七二年六月二八日、明治天皇は西郷隆盛らを従え品川沖から御召艦・龍驤《りゅうじょう》に乗り組み、八隻の艦隊を組んで西国・九州への巡幸に出発した。西国巡幸は、天皇という新しい統治者の存在を広く人々に知らしめるものであると同時に、不穏な空気を醸し出していた薩摩の動向を牽制するという政治的な要素もあった。

七月一五日、龍驤艦は潮の関係から門司沖に停泊。天皇は端艇に乗り換え下関に上陸し、翌々日の一七日午前七時に大倉の波止場より端艇で沖に停泊する日進艦に乗り換え、一〇時に六連島に到着した。

当日、島の壮年たちは折悪しく、お伊勢参りに出かけ留守であったが、残った者が仕事着の上に紋付を着けて、灯台前に土下座してお迎えしたという（『明治天皇御巡幸秘話』）。

天皇は、灯台設備の状況を視察し、灯台の設置や構造、役割などについての説明に熱心に耳を傾けた。灯台保守員クラークは酒肴料《しゅこうりょう》を下賜された。村人らは遠いところからお辞儀をしていたので、天皇の様子などはほとんどわからなかったという（我部政男ほか編『太政官期地方巡幸史料集成』第二巻、二七二頁）。

24 角島《つのしま》灯台（山口県）

角島は、山口県の北西端に位置し、周囲約一七キロ、面積三・九三平方キロの島である。二〇〇〇年一一月三日、全長一七八〇メートルの角島大橋が開通し、本州と陸続きになったが、それ以前は特牛《こっとい》港から定期船が出ていた。

角島近海は近世には日本海沿岸各地から大阪に向かう北前船の難所であり、近代になると角島は対馬海峡を北上する機帆船の目標となり、海上交通の要衝であった。

角島に灯台が建設されたのは、「改税約書」や兵庫開港の準備などによって洋式灯台が各地に造られ、その有効性を認識した日本政府が自国船の航路にも灯台の必要を痛感し、大型灯台の建設を急いだことによる。下関より日本海へ航行する船舶は、みな角島を標的として磁針を定める。しかし、角島周辺海域は、暗礁が多く風雨の夜などは航海の危険海域であるとして、工部省は太政官に対して光力の強い大型灯台の設置を求めたのである。

灯台が建つ場所は、島の西端で海抜約一三メートルの低地である。そのため、当時としては数少ない地上二九・六メートルという高さの石造灯台が建設された。荒磨きした花崗岩を二四メートルの高さまで積み、上部は切込みを入れた切石を装飾的に配している。石材は山口県内の徳山産が使用された。角利一を棟梁とする石工集団によって工事が仕上げられた。

吏員退息所は煉瓦で造られた。この煉瓦を焼いた竹内仙太郎は、志摩の渡鹿野《わたかの》島から角島灯台の建築役所に出張を命じられ、角島周辺で煉瓦製造を検討したが、結局、渡鹿野島から煉瓦を搬入せざるをえなかったという（『豊北町史』第二巻、戸島昭「角島灯台と旧吏員退息所」）。

灯器は、光源に四重芯火口ランプを用い、第一等八面フレネルレンズを据え付け、これを転轆式回転機械で旋回させていた。灯質は、一〇秒ごとに一閃光を発する白色灯で、六万七五〇〇燭光の規模は御前埼灯台や犬吠埼灯台と並ぶもので、外洋から陸地を初認するための大型灯台であった（戸島昭「下関海峡の灯台」四八頁）。

灯台は、一八七三年八月一三日に着工、一八七六年三月一日に点灯した。同年三月一〇日、ブラントンは帰国のために日本を去ったので、完成した角島灯台を見ることはなかった。

灯台の起工時は、ジェームズ・オーストレルが建設現場を監督し、続いてウィリアム・バウエルス、その後をジョセフ・ディックが引き継ぎ工事を完成させた。このうち、ディックは、灯台完成後も灯台長として約三年間、角島に留まり、日本人灯台保守員の技術指導にあたった。ディックに

角島灯台（奥）と吏員退息所（手前）（筆者撮影）

吏員退息所内部（筆者撮影）

ついては第Ⅰ部「5 灯台の維持管理」で詳述したので、ここでは角島の住民との親交について記したい。

当時、村人は外国人を「唐人」と呼び一種の畏怖を抱いていたが、ディックに対しては親しみを持ち、「デッキさん」「レキさん」と呼んだという。これは、「ディック」と発音することができなかったためである。ディックは悪ふざけしたり、島民をからかったりすることはなく、紳士的であったが、お歯黒をしていない女性を未婚の女性と心得、軽い冗談を言ったりするような好人物だったという。オランダ風の屋敷に住み、大きな洋犬一匹を飼っていて、夕方に散歩するのを村人は物珍しく眺めていた。

一八七九年に角島灯台を解雇されたあと、ディックは神戸に出て「デッキ・ブラン商会」を経営した。村人達はディックの温情を忘れず、長年にわたって土地の産物を送ったり、神戸に出た際はディックを訪ね、片言の日本語をしゃべるディックと談笑して楽しんだという。

ディックも島のことは忘れなかった。島を去ってから二〇年後、ディックが角島を再訪した話が伝わっている。

明治三十三年の或日、角島灯台下へ四五〇トン位の小汽船が着き、中年の西洋人が降り立った。それは同灯台を建設したデッキ氏であった。神戸で牛肉輸出商を営み、所用で門司まで来たが、昔懐かしさのあまり角島に来たのだとのことであった。しばらくして帰りがけに、灯台建設時に神戸から連れてきたボーイが角島の婦人を妻にして残留しているはずだが、二十年後の今日、彼の消息を知らないかと尋ねるので、かねてより聞き知っていたので、目下漁業をなしているが生活はあまり豊かでないと答えたところ、ポケットより一〇円紙幣一枚を抜き取り「これを彼に渡してくれ」と託して立ち去った。その時、ディックが尋ねたその元ボーイは折悪く沖へ漁に出ていたので、帰宅後、ディックが島を再訪したことを伝え、預かった一〇円札を渡すと、御主人の厚い温情を喜ぶと共に二〇年前の御主人に会うことが出来なかったことを泣いて惜しんだのであった。

（内田十二「灯台以前の記」三七頁）

25 白洲《しらす》灯台（福岡県）

白洲灯台は、北九州市小倉《こくら》の沖合にある浅瀬の洲（白洲）に立つ。響灘から瀬戸内海への航路上にあり、また日本海からやってくる北前船が航行する海の幹線であり、周辺海域は浅瀬や暗礁が点在し、古くから西国一の海の難所として知られていた。

白洲灯台が造られた前史に、岩松助左衛門（一八〇四〜一八七二）という重要な人物がいる。

小倉藩の海上御用掛難破船支配役であった助左衛門は、白洲の岩礁で頻発する海難事故の救助に何度も赴いた経験から、船乗りの目印となる灯明台を建てることを計画する。資金集めに奔走するが、意外にも付近の浦々には灯台建設に反対する者も少なくなかった。それは、難破の度に漂着物を拾得することができ、救助船の出役を命ぜられると藩庁から相応の手当がもらえたからで、むしろ難破船の多いことを望んでいたからである。尻屋埼灯台、安乗埼灯台の章でも記したように、都から離れた貧しい沿岸部にあって、難破船は「神の贈り物」だったのである。

岩松助左衛門翁顕彰櫓（小倉城内）

白洲灯台（郵政博物館提供）

助左衛門は数々の困難にもめげず、資金が尽きると私財を投じてまで灯明台建設を進めていった。そのうち助左衛門に協力する人々も現れ、一八六九年五月、白洲上に普請場が完成し、翌年から灯明台の基礎工事に着手したのである。

この頃、明治政府の下で、ブラントンを中心に灯台建設事業が進められていた。旧来の薪を燃やす標識を廃止し、洋式灯台の建設に切り替わっていったのである。政府は地方庁に対し、灯台設置を必要とする地名を政府の諮問委員会に上申することを求め、旧来の篝火灯台は今後建てないように通達した。この結果、全国から小規模な灯台の建設請願が多数寄せられたが、政府には数カ所の重要な場所を除いてはこれを実現する資力がなかった。

白洲はその重要性を認められ、明治政府は助左衛門の事業を引き継ぎ、政府直営工事で灯台の完成を急いだが、助左衛門は灯台の完成を見ることなく、一八七二年四月にこの世を去った。同年一二月一日、白洲灯台は仮点灯にこぎつけた。灯塔に石油単火口ランプと第五等レンズを使用する不動赤色灯の灯器を載せたものであった。本点灯は、一八七三年九月一日である。

なお、一九六三年、小倉城内に助左衛門の設計した灯台を模した「岩松助左衛門翁顕彰櫓」が建てられた。毎年、この近くで顕彰祭も開催されているという。

白洲灯台は海抜一・五メートル、地上から頂部まで約一六・六九メートルの高さの四角形の木造灯台であった。ケヤキ、ナラの堅材を骨組とし、良質のヒノキ、スギで構築した。一八九二年まで、六連島灯台の職員が交替で直接管理していた。

『ジャパン・ウィークリー・メイル』の特派員は建設が予定されている白洲灯台について、「灯台は北西方の風浪に晒されるので木材を鉄で結合し堅牢に造られる。六連島灯台の約三マイル西方に当たり、下関海峡から海岸に近い航路をとる日本の船舶に利用される。灯火は第四灯の不動紅光の予定である」と記している（「同乗記」六）。

建設当初、灯塔は白く塗られていたが、一八七六年、白黒横線という着色に変更された。一九〇〇年には老朽化した塔身を上部鉄製・下部石造の円形塔に更新したうえで、一九〇一年には灯質が第六等不動緑色灯に変更された。

26 烏帽子島《えぼしじま》灯台（福岡県）

烏帽子島は、唐津湾の北東約二三キロ沖合にある周囲〇・八キロ、海抜約四二メートルの孤島である。玄界灘は古くより大陸との交通路に位置し、烏帽子島は、下関、博多から呼子《よぶこ》を経て平戸へ向かう航路上の目印となっていた。

ブラントンは、烏帽子島を「円錐形の岩」「堅い玄武岩で出来ている」と言っている。そして「島の周囲は急峻な崖になっていて、頂には五〇トン以上もの巨石が数個あって、灯台建設にはまずそれらの岩を除かねばならなかった。人を寄せ付けぬ絶壁の上への建築資材の運搬は困難なため、鉄造の灯台を建てることにした」と記している（『日本の灯台』二二五頁）。

ブラントンは、鉄造灯台の利点について、「灯台の建設場所が人の寄り付きにくい危険な場所」であっても建設でき、「灯台の各部分の運搬や取扱いが容易であるし、建設の現場では他の資材のときより速やかに組立てられる」と記している（『日本の灯台』二二二〜二二三頁）。しかし、当時鉄材は日本では製造できずイギリスから輸入したため、費用が高くついた。そのため、鉄造灯台は絶海の孤島や人の近づきがたい岬の先端などが立地場所になった場合にのみ建設された。烏帽子島灯台も予想以上に経費がかかったという。

鉄造灯台は、いったんイギリスで組み立てられた後、分解されて日本に運ばれ、再び現地で組み立てられた。工事は、一八七三年八月に起工し、まず最初に硬い岩を削って頂上を平らにして灯台の敷地を確保し、道路と索道を造り、起重機を設けて資材を揚陸したという。しかし、櫓こぎの和船で船着き場がない岩山に資材を運ぶのは、全くの凪のときでなければ困難で、工事は予想以上に長引き、二年後の一八七五年八月一日にやっと点灯を迎えた（「日本の灯台」二二三〜二二六頁）。

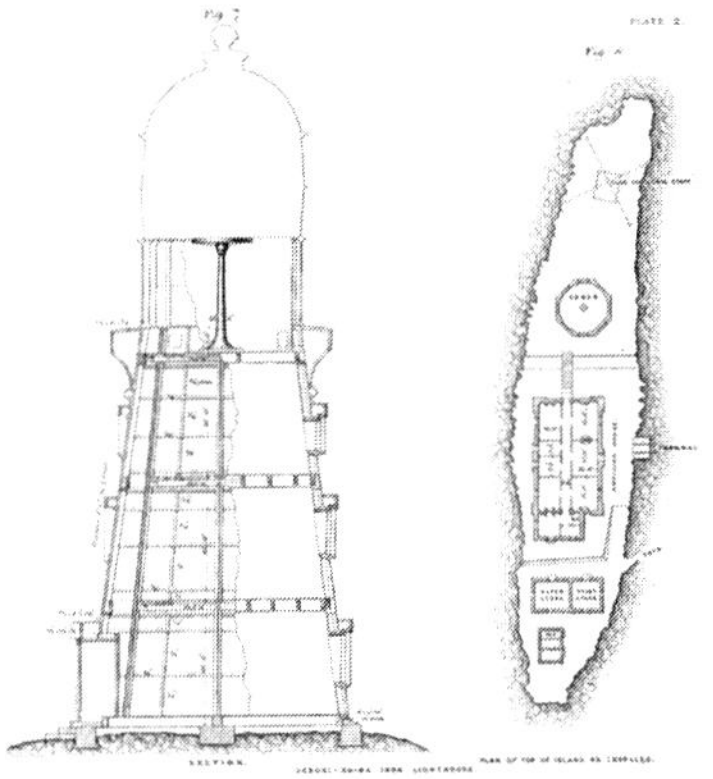

烏帽子島灯台（「日本の灯台」付図）

八角形の鉄造の灯塔は高さ約一〇メートルで、基礎部の幅は約七メートル、頂部で約五メートルあった。職員の住居と貯水槽及び貯油槽は石造であった。

灯台職員の勤務は交代制で、交代員の待機所は最寄りの陸地である呼子港口の岬の上に設けられた。烏帽子島には日本人保守員三人が詰め、待機所と灯台の間に信号（旗竿に旗を掲げる）の設備が設けられた。

一九七一年、日本鋼構造協会の「れい明期鋼構造物小委員会」が烏帽子島灯台を調査した。かつて烏帽子島灯台に勤務した人から聞いた話として、灯台保守員の官舎（退息所）について、次のように報告されている。

宿舎の居住性には充分な配慮がなされている。宿舎は堅固な石造で窓には鉄製の雨戸がつき、各室には大理石の暖炉がしつらえてあり、内装は木目の通った一枚板に透明なうるし仕上げ、ドアは高さ八尺の両開きで、ゆったりとした室内にはシャンデリアが輝き、まるで宮殿のようであった。

（大槻貞一「烏帽子島燈台（明治八年）の調査」二六三頁）

大槻は、「悪天候によって交替要員の輸送が不可能になり、看守が長期在勤になることを予想して、宿舎の居住性について充分な配慮がなされていたのではないか」と見解を述べている。

玄界灘の孤島に建てられた石造の洋風建築を、灯台職員たちは「玄界灘の大英帝国」と呼んだという話も残っている（『朝日新聞』佐賀県版、二〇〇八年五月九日）。

27 伊王島《いおうじま》灯台（長崎県）

伊王島灯台は、長崎港の入口にある周囲約七キロ、面積一・三平方キロの伊王島の北西端に立つ。「改税約書」によって設置が決まった八灯台の一つである。

伊王島は古くから、長崎にやってくる外国船にとって重要な島だった。ポルトガル人は、伊王島を「ガバロス島」と呼び、長崎入港の目印とした話が残っているし（伊王島町教育委員会編『伊王島町郷土誌』九七頁）、一八二三（文政六）年に来日したフィリップ・フランツ・フォン・シーボルトも日記の中で、「伊王島の上のオランダ国旗に対し礼砲を発した。この国旗は島の頂上に立っており、われわれにこの島の存在と湾の入口にあることを示している」と記している（フィリップ・フランツ・フォン・シーボルト『日本』第一巻、三八四頁）。

一八五八（安政五）年八月、日英修好通商条約を締結するため来日したエルギン卿の秘書ローレンス・オリファントは、「伊王島の高い緑の島々が湾への入口を隠し、その西の突端を迂回するまでは視回を遮っていた。そのときになってさえも、他の島々と突出している岬とが邪魔をして、入口ははっきりわからなかった」と書き残しており、伊王島の位置とも関連して、長崎への入港が容易でなかった様子が読み取れる（ローレンス・オリファント『エルギン卿遣日使節録』二頁）。

一八五九（安政六）年七月一日、長崎は、函館、横浜と共に開港場となり、九月にイギリスP&O汽船会社が上海―長崎間に定期航路を開設すると、多くの外国船が長崎に来航するようになった。ブラントンも、神戸とともに長崎を、横浜についで重要な貿易港と見なし、年間一七〇隻が出入港していると指摘している（『日本の灯台』二〇五頁）。

ブラントンがマニラ号で長崎を訪問したのは一八六八年一二月二四日のことである。ブラントンは長崎を「高い丘陵に囲まれた世界中で最も美しく、かつ安全な港の一つ」、「絵を見るようなたたずまいは殊更に興味深い眺め」と高く評価している（『お雇い外人の見た近代日本』四四～四五頁）。伊王島の灯台設置予定地でブラントンは、そこに既に鉄塔の灯台が建てられているのを見る。

この灯台は日本人の奇妙な工夫の才を示した珍しい例であった。塔は大きく頑丈に出来ていたが、その上に設けた灯室はいかにも粗末であった。灯室の中には普通のパラフィン油を燃料としたランプが取付けてあるだけで、レンズや反射鏡等灯火を遠距離に照射する何らの装置もなかった。灯心が平心《ひらしん》の小さなランプでは、どんな工夫を施してもごく近距離の照明にしか役立たない。そのうえ灯室は細い木の枠に薄い紙を張った障子で囲ってあるので光は全く遮られていた。

（『お雇い外人の見た近代日本』四五〜四六頁）

驚いたブラントンが、なぜ灯室を薄暗くするのかと尋ねると、日本人の責任者は「長崎のオランダ人の家でランプがすりガラスでおおってあるのを見て、それが光を強くするためのものだと判断し、灯室もすりガラスで囲おうと考えたが、入手できなかったので薄紙を代用品として使用した」と説明し、イギリス船の船長たちはこの灯台で満足していると答えた。しかも「この灯台を建てるために既に七〇〇〇ドルの費用をつぎ込んだので、どんな改良にも反対である」とまで言ったのである。ブラントンは苦言を呈しつつ、「ヨーロッパ人が要求する科学的方法が、ときとして日本人にこのような奇妙な間違いをさせることがある」と述懐している（『お雇い外人の見た近代日本』四六頁）。

この時ブラントンが見た「伊王島灯明台」が建設されるに至った経緯は、次のようなものである。

外国人商人や船長ら五名の連名により、一八六五（慶応元）年四月一二日、伊王島灯明台の早期建設の嘆願書が長崎奉行あてに提出された。長崎奉行は伊王島を所領する佐賀藩に灯明台建設を打診し、許可された。灯明台の維持費等は長崎港の入港税が充てられることが決まった。灯台を設計したのは上海に根拠地を置くイギリスの造船企業ニコルソン・ボイド商会で、設計及び建設工事は長崎製鉄所鍛冶師「政平」が担当した。政平は、早速、ニコルソン・ボイド商会が作成した灯台の仕様を大きく手直しした案を長崎奉行に提出し、政平の監督の下に灯明台建

設工事が行われた。　（「明治の灯台の話」第七回）

伊王島灯明台は構造はともかく、灯火を含めた総合的な見地からすれば洋式灯台と呼べるものではなく、ブラントンが改めて指導し、洋式灯台が建設されることになった。そして、一八六九年六月に起工、一八七〇年七月一四日に仮点灯、一八七一年九月一四日に本点灯した。高さ七メートルの鉄造六角形の洋式灯台は白塗りであった。

『ジャパン・ウィークリー・メイル』の特派員が伊王島灯台を訪れたのは、一八七一年一二月二六日の午後のことである（「同乗記」六）。灯台の建つ丘の頂上に登り、特派員はそこから周囲を見渡した。「風景は、沈む太陽に映えた金色の海に縁どられ、水平線までも遠くの島々が浮き出して見える。これは思い出に残る見事な景色で、瀬戸内海を除けばどこの海岸の風景と比較しても劣らない」という感想は、数年前に長崎を訪れたブラントンとも共通するものだろう。

特派員もかつて建っていた伊王島灯明台について触れている。灯明台は長崎の出先官庁が外国から灯台の設置を強要され建設したもので、「工事は非常に拙劣で、最初に政府の灯台関係の役人が視察

伊王島灯台（「ジャパン・ライト」）

したとき灯台は特に不安定な状態であった」と手厳しい。必要な支柱も設けずに建ててあるため、その時既に危険な状態であったという。

灯篭は、木造の箱に大きな屋根を被せたものを、地面に達する鉄の支柱で保持されていた。そして、ランプは現在横浜のイギリス波止場に設けて毎夜点灯しているのと同じものを備えていたが、この建築では十分な光達は得られなかった。この灯台を十分に効果のあるものとするため、木造の灯篭は撤去し、塔の鉄板は新たに鋲打ちし直して、灯塔全体が新たに建設された。そしてイギリスから輸送してきた新しい灯篭と装置がその上に設置されたのである。したがって私が訪れたときは、灯台はまったく完全な状態で、このうえなく清潔であった。

伊王島灯台は、一九四五年八月九日、原爆の爆風によって下部鉄製部分が損傷したため、一九五四年に四角形鉄筋コンクリート造に改築された。ドーム部分はそのまま流用され、旧灯台の基礎部分も遺された。

28 佐多岬《さたみさき》灯台（鹿児島県）

佐多岬灯台は、大隅半島南端の佐多岬から、さらに南へ約五〇メートル沖合の大輪島《おおわじま》に立つ。「改税約書」によって設置が決まった八灯台のうちの一つである。佐多岬沖は、大島・潮岬沖、神子元島沖と並んで「三大難所」の一つと言われた。

ブラントンは、佐多岬が「シナ海から来航する船が最初に視認する陸地」であり、その重要性を認めるが、「この岬は高く峻嶮で樹木が深く生い茂っていて、どう考えてもこの岬上に目的の灯台を建設する場所は見付かりそうになかった」と立地場所の選定には苦労したようである。そこでブラントンが目をつけたのが岬の先にある大輪島であった。

この島は日本海流がまともにぶつかる所にあるので、常時時速三、四ノットの海流で洗われている。海岸には常に波浪が押し寄せ、本島と外側の小島の間の海峡にも急な潮流と大波がある。

目的の小島は頂上が尖っているので、灯台を建てる場所を得るためには、高さ四〇フィート（約一二メートル）ばかりを削り取って平らにしなければならなかった。

（「日本の灯台」二二六〜二二七頁）

ブラントンがイギリス艦船マニラ号で佐多岬を訪れたのは一八六八年一二月末であったが、この時は波が高く大輪島に上陸することはできなかった。翌年の一八六九年七月に灯台補給船サンライス号で再訪したブラントンは、薩摩の役人を大輪島の視察に誘った。それに応じた薩摩の蒸気船はサンライス号と同時に出発したが、着いたのは二時間遅れで、しかもボートでの島への上陸にも失敗した。すでに測量などの作業を終えていたブラントンが、現場を見られなかった役人たちのために薩摩の蒸気船に立ち寄って灯台建設の計画を説明したところ、薩摩側は帰途の航海をサンライス号に付き添ってほしいと頼んできた。しかし、サンライス号の船長アルバート・ブラウンはこれに強く反対し、薩摩の船をおいて出発してしまった。ブラントンは、「この出来事は、日本人が航海に関して全く信頼できないことを示す一つの例を提供した」と辛辣に記している（『お雇い外人の見た近代日本』五七〜五八頁）。

佐多岬灯台は、神子元島灯台や烏帽子島灯台と並び、ブラントンの手掛けた灯台建設でも最難関工事の一つであった。絶壁の岩山の上への建設資材の運搬は困難なため、灯台は鉄造とされた。その鉄材を積んだイギリス帆船エルレー号が東シナ海で遭難するというアクシデントに見舞われたが、一八七〇年一月に起工、一八七〇年四月一二日に仮点灯し、一八七一年一一月三〇日には本点灯を迎えた。白く塗られた八角形の鉄造灯台である。二三個のフォルフォタル式反射器を装置し、光達距離は二一マイルに及んだという。

佐多岬灯台（「ジャパン・ライト」）

大輪島には頂上に灯台を建てるだけのスペースしかないので、保守員の住居は本島に建てられた。一八七一年一二月二二日に佐多岬灯台を訪ねた『ジャパン・ウィークリー・メイル』の特派員は、この洋式建築の住居について、「全てが特別に清潔に整頓してある」と述べている（「同乗記」五）。

灯台と住居間の行き来は、急な潮流と波のために大変だった。そこで、大輪島の頂上から途中の小島を経て本島までワイヤーロープを張り渡し、鉄製の籠を吊るし、そこにハンドルを回すと滑車が動く装置を取り付けて籠を往復させた。波が高い時はこのゴンドラが使用され、当初は人や資材の運搬に活躍したが、日本人灯台員が乗ることを怖がるため、数年後に廃止された。ゴンドラは「ジャパン・ライト」の写真にもしっかりと写っている。その後は波が静かなときを見計らって小舟で保守員の交替が行われてたという（『日本の灯台』二二七頁）。『ジャパン・ウィークリー・メイル』の特派員は船で大輪島への上陸を果たしたが、「空中を吊り下がっていかなくてすんだ」ことを喜んだと記事に書かれている。

灯台にはイギリス人が二名勤務し、その下で日本人が灯台業務を見習った。保守員は二班に分けられ、各班はイギリス人一名、日本人二名で構成され、当直は三日交代で行われた。一八七二年の「各所灯台人員配置一覧」には、エガルトとスミスという名前が記されている。

当直の便宜のため、灯台の基部には寝室と料理場および必需品を収納する家屋が設けられていた。島には信号銃を備えて事故の場合に使用し、灯台が無人で放棄されることのないよう、また何者も交替者が到着するまでは職場を離れないよう定められていたという。

『ジャパン・ウィークリー・メイル』の特派員は土地の様子についても触れている。

彼等には物資が豊富にあった。丘の道の両側には椰子とレモンの樹が野生し、住居の正面の丘はちょっと手入れをすれば美しい林や叢が出来るだろう。しかし周囲の村落は大変に貧しい。

この土地の人々が消費する米の大部分は琉球から運んでくる。ここの日本人の唯一の生産物は諸である。これから粗悪で口当たりの悪い酒が造られるのである。

現在では特産品とされる芋焼酎も、外国人の間ではあまり評判が良くなかったようである。

日本人の目には、灯台の一角は外国のように映っていたようで、次のような話が伝わっている。西南戦争のとき、敗戦色濃くなった西郷軍が、外国人を介して長崎の商館から銃器弾薬の調達を模索した。佐多岬灯台にいけば外国人がいるはずだと聞き、駐屯していた熊本県の人吉から苦労して大隅半島の佐多岬に出向き灯台に渡ったが、外国人灯台保守員は東京に行って留守だったという(五代夏夫『薩摩的こぼれ話』)。実際のところ、西南戦争が始まる前の一八七六年には、すでに外国人灯台保守員は解雇され、日本人保守員に代わっていたのである。

佐多岬灯台は、太平洋戦争での数次にわたる米軍艦載機の攻撃で破壊され、一九五〇年に鉄筋コンクリート造として再建された。

Ⅲ　ブラントンの故郷を訪ねて

二〇一八年九月二七日、ブラントンの故郷を訪ねてスコットランドに赴いた。二八年ぶり、三度目の訪問である。今回の旅の目的は、ブラントンの生誕地マカルズと、彼が鉄道技師の見習いとして青年時代を過ごしたアバディーン、その近郊にあって来日前のブラントンが研修のため滞在したというガードルネス灯台、アバディーンの北部フレイザーバラにあるキナードヘッド灯台への訪問である。

当初の計画ではレンタカーでいくつかの灯台を見て回りたいと思っていたが、旅には妻も同行のため、自分勝手にはいかず、エディンバラから一泊二日のアバディーンの旅がせいぜい私に許された時間だった。ただ、エディンバラからアバディーン、フレイザーバラまでのスコットランド東部海岸は、これまでの旅では見落としていた地域だったので楽しみにしていた。

一　生誕地マカルズ

リチャード・ヘンリー・ブラントンは、一八四一年一二月二六日、スコットランド北東部アバディーン近郊マカルズのマリーンテラス一一番地に生まれた（*Oxford Dictionary of National Biography*）。ブラントンの生誕地については、「キンカーデン」との記述も見かけるが、これは古い地名であり、現在はアバディーンに統合されている。また、ロンドンにあるブラントンの墓には「フェテレッソで生まれた」と記されているが、フェテレッソとは教区教会の地名である。ブラントンは生誕から二カ月後の一八四二年二月三日、ストーンへイブン行政区にあるフェテレッソ教会で洗礼を受けている。

ブラントンの生誕地マカルズは、ストーンへイブンからアバディーンに向かって北に約七キロのところにある小さな村である。エディンバラから鉄道だと、ストーンへイブン駅で降り、タクシーで行かなければならない。しかし、ストーンへイブンの駅前にはタクシーが常駐していないということがわかった。そこで、事前に、エディンバラのホテルで地元のタクシーを手配してもらった。

九月二九日、エディンバラのウェイヴァァリー駅を八時二八分に出る列車に乗った。エディンバラ—アバディーン間の路線は、イギリスの鉄道路線の中でも最も景色の良いエリアとして知られている。車窓から東部海岸と北海の景色を眺めながら約二時間列車に揺られ、一〇時三六分にストーンへイブン駅に着いた。プラットホームにはタクシー運転手のマルコ氏が待ってくれていた。エディンバラのホテルのコンシェルジュのキャビン氏が事前に、「ブラントンの生誕地マカルズに行きたい」という私の目的を伝えてくれていたので、スムーズにことが運んだ。

刈り取った麦束が大きく束ねられて、畑のあちらこちらに置かれた景色のなかをタクシーは北に走り、一〇分ほどでマカルズに着いた。

マカルズは北海に面した小高い丘の上にある五〇〇人ほどが住む小さな集落で、マリーンテラス通りには、白いペンキが塗られた古い長屋風の石造の建物があった。それぞれの扉には番号が付けられていたが、肝心の一一番地が見当たらなかった。おそらくそこであろうという建物の見当はついたものの、確証はないので思案していたところ、その家のご主人が扉を開けてくれた。きっと外が騒がしかったからだろう。私が「ここはブラントンの生誕地ですか」と尋ねると、「そうだ」という。「ブラントンの生誕地を訪ねて日本から来ました」と言うと、わざわざ勝手口を開けて裏庭に招き入れてくれた。ちょうど奥様が洗濯物を取り入れているところであった。男性の名はアラン・ペティ氏（Dr. Alan Petty）、奥様はシルヴィア（Sylvia）夫人である。ペティ氏はアバディーン大学に勤めていた科学者（博士）であり、奥様は近所のジュニア・スクールで先生をしていたという。

ブラントンの生家とペティ夫妻（筆者撮影、以下同）

ペティ氏の話によれば、石造の長屋は元沿岸警備隊官舎で、一八三〇年に造られたものだという。ブラントンが生まれる一一年前のことである。「この地域でブラントンは有名ですか」と尋ねたところ、「有名だ。日本ではあまり知られていないようだが」とおっしゃった。ブラントンの父親は沿岸警備隊の隊長で、ペティ氏のお住まいが隊長官舎だったのである。

沿岸警備隊は、一八〇九年に創設された密輸防止水上警備隊の後継組織として一八二二年に設立、元イギリス海軍の水夫らによって運営され、救命任務も行なっていた。沿岸警備隊は、クリミア戦争が終わった一八五六年に英国海軍省の支配下に組み込まれ、海軍の予備隊となった。沿岸警備隊の組織は隊長以下七人だったという。

マカルズの沿岸警備隊官舎

マカルズは小高い丘にあるため、ストーンヘイブンにあるような港はない。どうしてこの地に沿岸警備隊官舎が置かれたのかを尋ねると、「密貿易業（Smuggler）への対策」との答えだった。スコットランドの地形は海岸線が多く、その大半はヨーロッパに近接していた。海岸は総じて荒々しく、夜ともなれば闇に閉ざされ人気もなく、危険で恐ろしい空間であった。一八世紀にこの海岸線を利用し、夜陰にまぎれて違法な商取引を行う人々が暗躍した。密貿易業者は、潮の動き、危険な岩場、狭い通路、密貿易品の隠し場所などを熟知しており、取引にあたっては灯りによる秘密の合図を巧みに用い、船の運航や馬による運搬を首尾よく遂行したのである。

一八世紀には広範囲にわたる海外からの正規の輸入品（家庭

用品や贅沢品など）に高額の税が課せられており、これが密貿易業者が横行した理由であった。地主も聖職者も、地域のあらゆる部門の人たちが、密輸に熱中したという（木村正俊『スコットランド通史』二三六頁）。

さらに、「なぜ、ブラントンはこの地を離れて日本に行ったのでしょうか」と尋ねると、「多分、私が思うにはエディンバラ—アバディーン間の鉄道が開通し、職を失ったからであろう」と、眼下を走っている線路の方に目を向けた。その向こうに海が見えた。裏庭の一角には畑があり、何種類かの野菜が植えられていた。少年時代のブラントンも、きっとこの裏庭で遊んだにちがいない。その頃の彼には、海の遥か彼方の日本に行って灯台をいくつも建設するなどとは思いもよらなかったことだろう。

突然の訪問に親切に対応してくれたペティ夫妻にお礼を言って再びタクシーに乗った。マルコ氏が「まだ、時間があるのでどこか行きたいところはないか」と尋ねるので、海岸を見たいと言うと、近くの入り江に案内してくれた。そこはニュートンヒルという崖に挟まれた小さな入り江で、現在はロブスター漁で有名だそうだが、かつては密貿易が行われていたことを彷彿とさせるような場所だった。ブラントンの父親も、このような入り江で密輸摘発の指揮をとっていたのだろうか。入り江に下る坂道には小さな展望スペースがあり、そこには約一〇〇年前のニュートンヒルの写真も展示されていた。この後、近くのトッドヘッド灯台にも立ち寄ることができた。この灯台は、デヴィッド・スティーブンソンの息子デヴィッド・アラン・スティーブンソンが一八九七年に造った灯台であるが、一九八八年に自動制御となり、現在は個人の家になっている。「立ち入り禁止」と書かれていたため、灯台の敷地に入ることはできなかった。その後、ストーンヘイブンの港を見た後、タクシーで駅まで送ってもらい、アバディーン行きの列車に乗った。

およそ100年前のニュートンヒルの漁師（展示パネル）

ニュートンヒルの入り江

トッドヘッド灯台

二　アバディーン

アバディーンは、北海に面する北東地方最大の港をもつ、ドン川とディ川の河口に広がる町である。現在は北海油田の基地として知られているが、かつてはニシンやタラの漁港として発展し、グラスゴー、エディンバラに次ぐスコットランド第三の都市である。

アバディーン駅

アバディーン駅の構内

また、キングズ・カレッジとマーシャル・カレッジからなるアバディーン大学は、スコットランドで二番目に古い大学である。

アバディーンの街に立ち並ぶ建物は、地元産の花崗岩で造られ、そのために「花崗岩の町」（Granite City）と称される。花崗岩ということで、実際にアバディーンを訪れるまでは、グレーの色調で少し暗いイメージを抱いていたが、九月末なのに温かく天気も良かったせいか、陽光を反射して石造の建物は銀色に輝いていた。グレーで統一された上品な街並みは、まるで大きなテーマパークのようだった。ちなみに、アバディーンはいたるところに手入れの行き届いた花があふれているため「スコットランドの花」(Flower of Scotland)と呼ばれ、また、金色に輝く太陽が雨上がりの建物に美しく映えることから「黄金の砂に輝く銀色の都」(Silver City by the Golden Sand)とも呼ばれている(木村正俊・中尾正史編『スコットランド文化事典』)。

列車は一四時前にアバディーン駅に到着した。まず、翌日、フレイザーバラに行くバスの時間を確認した後、タクシーを拾ってガードルネス灯台に向かってもらった。ガードルネス灯台は、来日前のブラントンが、灯台業務の研修のために滞在した灯台の一つである。

アバディーン市内からデイ川を越えて東に約一〇分程走っただろうか、前方に巨大な灯台が見えてきた。私がこれまで見た灯台の中で最も大きな灯台である。それもそのはず、灯台の立つ土地は低かった。よほど大きな灯台を建設しなければ、遭難事故が多発するスコットランド東部海域の安全な航海を守れなかったのであろう。高さは一二〇フィート(約三六メートル)、一八三三年にロバート・スティーブンソン(前出のデヴィッドの父)によって建てられた。

ガードルネス灯台

灯台には誰もいなかった。写真を数枚撮った後、待たせているタクシーに戻りアバディーンに帰った。年配の運転手に、「日本の灯台を造ったブラントンを知っているか」と聞いたところ、「そんなことは案内所で聞いてくれ」と愛想のない返事。それもそのはず、ブラントンの生家に住んでいるペティ氏は別として、ブラントンはアバディーンでは全くの無名と言っていい。というのも、ブラントンがアバディーンで暮らしたのは一五歳から二三歳までの八年間、鉄道技師の見習いとしてだった。日本からの帰国後にブラントンが仕事の場所に選んだのはグラスゴーやロンドンだったから、アバディーンのタクシー運転手がブラントンを知らないことも無理からぬことだろう。

ちなみに、アバディーンではブラントンよりもトマス・ブレイク・グラバーが有名である。グラバーの父親トマス・ベリー・グラバーの最後の赴任地がアバディーン近郊のオールド・カマー（現在のブリッジ・オブ・ドン）であり、彼は、その地へ一八四九年に家族ごと引っ越しており、現在もグラバーの両親が過ごした家が残っている。

アバディーン市内に戻った後、ホテルに荷物を置き、別のタクシーを拾ってオールドタウンにあるキングズ・カレッジに向かってもらった。その道中、運転手に「トマス・グラバーを知っているか」と尋ねると、即座に「スコッティッシュ・サムライ」という答えが返ってきた。アバディーン出身の歴史家アレキサンダー・マッケイが一九九三年に『スコティッシュ・サムライ』（*SCOTTISH SAMURAI: Thomas Blake Glover*）という本でトマス・グラバーについて紹介して以来、「スコティッシュ・サムライ」はグラバーの代名詞になっているのである。

三　キナードヘッド灯台

翌九月三〇日、ホテルで朝食を食べた後、アバディーン駅の隣にあるバスステーションまで歩いて行った。フレイザーバラ行きの長距離バスに乗るためである。この日は、キナードヘッド灯台と隣接する灯台ミュージアムに行くのが目的だった。バスは二階建てで、二階の一番前の席に座るとバスの走る前方の景色が遠くまで見渡せるだけでなく、左右の景色も見ることができた。レンタカーで外国を走ると運転に気を遣うことになるが、バスにはその心配もなく、また駐車場を見つける必要もない。そのうえ、一人往復一五ポンドと運賃も安かった。

バスは一〇時五分にアバディーンを出発し、一路、北を目指した。一一時半過ぎにフレイザーバラに着くなり、バスを降りて急いで灯台に向かった。一四時二〇分のバスに乗ってアバディーンに戻り、一七時の列車でエディンバラに帰るという強行軍だったのである。

灯台ミュージアムには、スティーブンソン一家にまつわる歴史が紹介されていた。その隣には灯台のグッズや本などの販売コーナーがあり、こじんまりした二階のレストランからは灯台が見えた。ちょうど時間も昼前だったので、先に二階のレストランに行った。窓越しに灯台を見ながらサンドイッチとコーヒーを注文した。腹ごしらえをした後、ミュージアムの中の展示物を見て回っていると、午後一時より灯台の案内ツアーがあるというアナウンスが流れたため、ミュージアムの見学はそこそこに、ツアーの集合場所である入口付近に移動した。

すでに一〇人くらいの観光客が集まっていた。ミュージアムの職員が案内して灯台内部に入り、各階ごとに説明があったが、あまりに早口でまったく聞き取れず、灯台内部の写真を撮ったり、灯台の窓からフレイザーバラの海を眺めていた。

キナードヘッド灯台はスコットランドで最も古い灯台である。一七八七年、イギリス北部灯台委

フレイザーバラの街から眺めるキナードヘッド灯台

自動化された現在のキナードヘッド灯台（左）とスコットランド最古のかつての灯台（右）

キナードヘッド灯台の内部。チェーンとギアを使用し、人力でレンズを回転させていた

員会によって建設された。灯台の敷地には、一五七二年、八代目領主アレキサンダー・フレイザーが建てた城跡がある。イギリス北部灯台委員会の初代エンジニアだったトマス・スミスが、この城を土台に最初の灯台を建設し、複数の鏡を組み合わせた反射鏡で囲んだオイルランプに灯りを灯した。光源の明かりが届く範囲は約三五キロであった。

一八二四年に、トマス・スミスの義理の息子であるロバート・スティーブンソンにより灯台の改築が行われた際、ランプがフレネルレンズに替えられるとともに、灯台が城の中央になるように配置された。また、灯台守長と灯台守補佐の住居も建設された。ちなみに、最初の灯台守はジェームズ・パークという元船長で、家族と一緒に灯台に住んでいた。イギリス北部灯台委員会は、彼に一頭の牛と放牧できるだけの土地を与えたという（Bella Bathurst, *The Lighthouse Stevensons*, pp.24-26）。

城主の寝室だった部屋は、灯台守の住居の一部として使われ、一八二四年以降は臨時灯台守の部屋として使われた。臨時灯台守は、三人の灯台守の夜間交代、休暇、病欠をカバーするための予備職員だった。

レンズの回転には時計のメカニズムが使われた。灯台の中心に垂れ下がっているギアのチェーンの先端には三〇キロの重りが付いており、灯台守は三〇分おきにこの重りを引っ張ってレンズを回転させなければならなかった。

一九九一年に、元の灯台の代わりとして、小型の自動灯台が建設された。これが現在のキナードヘッド灯台である。なお、スコットランドで現在稼働している灯台の全ては、コンピューターで自動制御されている。

四　ブラントンの墓

アバディーンの旅からエディンバラに戻り、翌日から湖水地方のボーネスに二日間滞在し、一〇月三日、ロンドンに着いた。翌一〇月四日、旅の前半にブラントンの生誕地や灯台巡りなどに連れ回された妻がダウンしてしまったので、彼女をホテルに残して私一人がウエストノーウッドにあるブラントンの墓に向かうことになった。

ブラントンは、一九〇一年四月二四日、ロンドンのコートフィールド・ロードの自宅で脳卒中のため死去し、四月二六日、ロンドン郊外のウエストノーウッド墓地に埋葬された。

ブラントンの墓については、一九八七年七月六日付『読売新聞』夕刊の文化欄に、「母国の墓　荒れ果て……」「墓石建立へ募金」という見出の記事が掲載されている。

産業考古学会常任幹事の大槻貞一さん（六二）が、英国灯台研究家ウォーレス博士の協力を得て、ブラントンの墓の場所を突き止めたのは昨年七月のこと。ところが、埋葬された場所は雑草に覆われ、墓石もなく、人の訪れる気配もまったくない状態だったという。

「我々にとって恩人である人の墓を、そんな状態で放置しておくわけにはいかない。日本人の手で墓石を建て、墓をきちんと整備しなくては」と考えた大槻さんは、墓石建立のための募金運動を提案した。産業考古学会を中心に、海上保安庁の灯台関係職員のOBが組織する燈光会などに呼びかけ五百万円を目標に運動を展開することとなった。（中略）「このくらいの金は大騒ぎしなくても集まるんですが、今の日本の人たちに、明治の初めの日本にこんな外国人がいたということを知ってもらうのが一番の目的なのです」と大槻さんは募金運動の意味をこう力説する。

また、『燈光』（一九八七年二月号）に、大槻貞一「R・H・ブラントンの埋葬地、訪問記」が掲載されており、横浜開港資料館館報『開港のひろば』（第三五号、一九九一年一〇月）には、「R・H・ブラントンを語る――大槻貞一氏に聞く」と題する一文も掲載されている。これらの資料から「ブラントンの墓」が造られる経緯を以下にまとめてみる。

一九八五年、イギリス南部のブライトンで万国灯台会議が開かれた。この時、ブラントンの子孫を自称するW・ウォーレス博士が来場し、日本の関係者に対して「ブラントンの手記を持っているので日本に寄贈したい」との申し出があった。そこで、海上保安庁灯台部や燈光会がウォーレスを日本に招いて、灯台記念日に贈呈式を行うことになった。

ウォーレスは祖母がブラントン姓であったため自身がブラントンのひ孫と思っていたが、調べてみると実際には灯台寮の職工として来日したトマス・ウォーレスの子孫だったことが判明した（『開港のひろば（横浜開港資料館館報）』第一九号、一九八七年五月）。しかし、ウォーレスは大槻らが作った「日本ブラントン協会」にも加盟し、ブラントンに関する調査にも協力した。

先の新聞記事の引用のとおり、ブラントンの埋葬地の発見もウォーレスのおかげだという。ウォーレスと大槻がブラントンが埋葬された場所に行ってみると、その場所は荒れはてた状態だった。「日本にあれだけの貢献をしてくれた人物の墓がこんな状態では申し訳ない」という気持ちを抱いた大槻は、横浜市にブラントンの顕彰をしたいと申し入れたところ、横浜商工会議所、土木学会なども賛同し、記念事業を行うことになり、墓石も建てようということになった。

ウエストノーウッドの墓地ゲート

そして一九九一年、ブラントン生誕一五〇年を記念してロンドンのウエストノーウッド墓碑に花崗岩の墓石が建てられることになる。

ホテルのあるケンジントンから列車を乗り継ぎ、約三〇分でウエストノーウッド駅に着いた。駅から緩い坂道を少し下った右手に墓地があった。まず、ゲートをくぐったところにある墓地管理事務所を訪ね、職員の方に「ブラントンの墓を探しています」と尋ねると、二名の職員（一人は若く、もう一人は中年）は一瞬きょとんとして、「すぐにはわからない」との返事だった。そして、分厚い黒い台帳を取り出して調べてくれた。しばらくして「見つかった」と言って、その場所を示してくれた。また、わざわざ案内人も付けてくれた。

事務所から緩い坂を上っていくと、道が二つに分かれていて、左側の火葬場を示す標識の方向に少し進んだ右手の奥にブラントンの墓はあった。花崗岩の墓石には灯台のレリーフが飾られ、その下には次のようにブラントンの功績が刻まれていた。

ブラントンの墓

リチャード・ヘンリー・ブラントンは、一八六八年から一八七六年まで日本政府に雇われた。この間、彼は日本へ土木技術（工学）を移入し多大な貢献をなした。これは、日本における海外貿易の確立に大いに貢献した三〇以上の灯台の建設と港町横浜の近代化が含まれている。この記念碑は、ブラントン生誕一五〇年を記念して、ブラントンの名誉ある仕事に対し寄贈するものである。

ブラントンの墓に手を合わせ、その場を離れた後、職員の方にお礼を言いたく、帰りにもう一度事務所に立ち寄った。その際、「日本からの訪問者はいますか」と尋ねると、中年の職員は「あなただけだ」と少し驚いたような笑みを浮かべた。大槻らが墓碑を建立してからおよそ三〇年が経つ。この間、内外のブラントンの研究者や灯台関係者が訪れたであろうが、少なくとも二人の職員が知る限りでは私以外の日本人は訪れていないようだった。

それにしても、職員の笑みが気にかかった。二人の職員は、おそらくブラントンがどういう人物だったかについて知らなかったにちがいない。それもそのはず、広い墓地の中にあって、しかも一二〇年前に亡くなった人物の墓など知る由もないであろう。ロバート・スティーブンソンや彼の息子たちのように、スコットランドのみならずイギリスでも有名な灯台建築家ならいざ知らず、ブラントンが造ったのは日本の灯台である。その日本でも、ブラントンの知名度は高くはない。ましてや、イギリスにおいては灯台関係者か日英交流史の研究者以外には全く知られていないというのが現状なのではないか。そんなことを考えながら、小雨が降るウエストノーウッド墓地を後にした。

参考文献

青羽古書店「フィンドレー『世界灯台便覧』」（書籍目録）http://www.aobane.com/books/391
青森県史編さん近現代部会編『青森県史 資料編 近現代1』青森県、二〇〇二年
阿瀬真由香・藤岡洋保「D．&T．スティーブンソンの仕様書とR．H．ブラントンが建設した灯台」『学術講演梗概集F—2 建築歴史・意匠』日本建築学会、二〇〇三年九月
アレン，B・M（庄田元男訳）『アーネスト・サトウ伝』東洋文庫、平凡社、一九九九年
イーズ，J・S（大出健訳）「世界システムの展開と移民」『移動の民族誌』（岩波講座 文化人類学7）岩波書店、一九九六年
伊王島町教育委員会編『伊王島町郷土誌』伊王島町、一九七二年
池田厚史「明治初年の燈台写真——R・H・ブラントンの業績記録」『MUSEUM（東京国立博物館研究誌）』第五四七号、一九九七年四月
石井寛治『開国と維新』（大系 日本の歴史12）小学館、一九八九年
石井寛治・関口尚志編『世界市場と幕末開港』東京大学出版会、一九八二年
石井孝『明治維新の国際的環境 増訂』吉川弘文館、一九八二年
石井孝『近代史を見る眼——開国から現代まで』吉川弘文館、一九九六年

石川源二『灯台』高嶋印刷所、一九一四年
泉田英雄『明治政府測量師長コリン・アレクサンダー・マクヴェイン――工部省建築営繕、測量、気象観測への貢献』文芸社、二〇二二年
五十畑弘「明治初期における英国からの技術移植――R・H・ブラントンの業績を通じた一考察」『第七回日本土木史研究発表会論文集』一九八七年
伊東剛史「犬吠埼灯台から考える「科学のリロケーション」」『専修大学人文科学研究所月報』第二九一号、二〇一八年一月
稲生淳『熊野 海が紡ぐ近代史』森話社、二〇一五年
稲村諒「釣島燈台古事記」『燈光』一九五五年五・六月号
稲吉晃『開港の政治史――明治から戦後へ』名古屋大学出版会、二〇一四年
犬吠埼ブラントン会編『犬吠埼灯台関係内外資料集』犬吠埼ブラントン会、二〇一五年
井上勝生『幕末・維新』(シリーズ日本近現代史1)岩波新書、二〇〇六年
岩崎宏「波と灯台とトマス・スティーブンソンのこと」『港湾』一九八七年三月号
岩崎宏「燈台技師スチブンソン家の人々――土木技術者トマス・スティーヴンスン」『土木史研究』第一〇号、一九九〇年六月
鵜飼政志『幕末維新期の外交と貿易』校倉書房、二〇〇二年
後誠介『熊野謎解きめぐり――大地がつくりだした聖地』はる書房、二〇二一年
内田十二「灯台以前の記」『燈光』第二三巻八号、一九三六年八月
梅渓昇「日本海運業の育成者アルバート・R・ブラウン(YATOIの人びと⑴)」『国際文化』二一八号、一九七二年

梅渓昇『お雇い外国人　概説』鹿島出版会、一九六八年
及川慶喜『日本鉄道史　幕末・明治篇――蒸気車模型から鉄道国有化まで』中公新書、二〇一四年
大阪市港湾局編『大阪築港100年――海からの町づくり』上、大阪市港湾局、一九九七年
大槻貞一「烏帽子島燈台（明治八年）の調査」山崎俊雄・前田清志編『日本の産業遺産Ⅰ――産業考古研究』玉川大学出版部、一九八六年
大槻貞一「R・H・ブラントンの埋葬地、訪問記」『燈光』一九八七年二月号
大槻貞一「R・H・ブラントンを語る――大槻貞一氏に聞く」『開港のひろば（横浜開港資料館館報）』第三五号、一九九一年一〇月
岡崎久彦『陸奥宗光』下、PHP文庫、一九九〇年
小川平『アラフラ海の真珠』あゆみ出版、一九六七年
沖野幸雄「春日紀行と水路誌編集について《1》――明治初期における北海道沿岸事情」『水路』第一七〇号、二〇一四年七月
牡鹿町誌編纂委員会『牡鹿町誌』下、牡鹿町、二〇〇〇年
御前崎市教育委員会社会教育課編『大原川・中西川流域の文化財』（御前崎市文化材講座企画展4）二〇〇八年
御前崎町編『御前崎町史　通史編』御前崎町、一九九七年
オリファント，ローレンス（岡田章雄訳）『エルギン卿遣日使節録』（新異国叢書9）雄松堂書店、一九六八年
ガーデナ，マイケル（村里好俊・杉浦裕子訳）『トマス・グラバーの生涯――大英帝国の周縁にて』岩波書店、二〇一二年
海上保安庁交通部監修・国際航路標識協会編『世界の灯台――写真で見る歴史的灯台』成山堂書店、二〇〇四年
海上保安庁灯台部編『日本燈台史――100年の歩み』灯光会、一九六九年

海津一朗「地域から考える「歴史総合」――紀伊半島モデルからの提案」『日本歴史学協会年報』第三四号、二〇一九年
柿原泰「お雇い外国人とイギリス帝国のエンジニア――新たなお雇い外国人研究にむけて」『東京大学史紀要』第一八号、二〇〇〇年三月
笠原英彦「ルジャンドルと政府系英字新聞」『新聞学評論』第三三号、一九八四年六月
勝海舟『勝海舟全集9　海軍歴史Ⅱ』講談社、一九七三年
加藤憲市『イギリス古事物語』大修館書店、一九九四年
門田明・芳即正・久木田美枝子・橋口晋作・福井廸子「『上野景範履歴』翻刻編集」『研究年報』第一一号、鹿児島県立短期大学、一九八三年
金井圓編訳『描かれた幕末明治――イラストレイテッド・ロンドン・ニュース日本通信1853‐1902』松雄堂出版、一九八六年
神奈川県企画調査部県史編集室編『神奈川県史　資料編15　近代・現代5』神奈川県、一九七三年
金坂清則「バードの旅、ブラントンの地図」『地域と環境』第一号、京都大学大学院人間・環境学研究科、一九九八年
金澤周作『海のイギリス史――闘争と共生の世界史』昭和堂、二〇一三年
我部政男・広瀬順晧・岩壁義光編『太政官期地方巡幸史料集成』第二巻（明治五年九州・西国巡幸）、柏書房、一九九七年
神木哲男「居留地と外国貿易のはじまり」神戸外国人居留地研究会編『神戸と居留地――多文化共生都市の原像』神戸新聞総合出版センター、二〇〇五年
神崎彰利・大貫英明・福島金治・西川武臣『神奈川県の歴史』山川出版社、一九九六年

ガルブレイス，マイク「日本の電信の幕開け――江戸末期から明治にかけて、日本は世界の国々とどのようにして結ばれていったのか」『ＩＴＵジャーナル』第四六巻七号、二〇一六年七月
北政巳『国際日本を拓いた人々――日本とスコットランドの絆』同文館、一九八四年
北政巳『近代スコットランド移民史研究』御茶の水書房、一九九八年
北政巳『近代スコットランド鉄道・海運業史――大英帝国の機械の都グラスゴウ』御茶の水書房、一九九九年
北政巳『スコットランド・ルネッサンスと大英帝国の繁栄』藤原書店、二〇〇三年
木戸孝允（日本史籍協会編）『木戸孝允日記２』東京大学出版会、一九八五年
木畑洋一・イアン・ニッシュ・細谷千博・田中孝彦編『日英交流史1600–2000　1　政治・外交Ⅰ』東京大学出版会、二〇〇〇年
木村小左郎編著『全国岬・灯台・港町の旅――北海道から沖縄まで旅情を誘う１００のコース』金園社、一九七七年
木村正俊『スコットランド通史――政治・社会・文化』原書房、二〇二一年
木村正俊・中尾正史編『スコットランド文化事典』原書房、二〇〇六年
「近代日本製鉄・電信の源流」編集委員会編『近代日本　製鉄・電信の源流』岩田書院、二〇一七年
串本町史編さん委員会編『串本町史　史料編』串本町、一九八八年
串本町史編さん委員会編『串本町史　通史編』串本町、一九九五年
久米邦武編著（水澤周訳注）『現代語訳　特命全権大使米欧回覧実記２　イギリス編』慶応義塾大学、二〇〇五年
小池滋『英国鉄道物語』晶文社、一九七九年
小林照夫「港都横浜の一五〇年――関東大震災を境に変質した固有の港湾文化」『海事交通研究』第五八集、二〇〇九年
神戸外国人居留地研究会編『神戸と居留地――多文化共生都市の原像』神戸新聞総合出版センター、二〇〇五年

航路標識管理所編『灯台要覧』江南写真店、一九〇四年
コータッツィ，ヒュー（中須賀哲朗訳）『ある英人医師の幕末維新――W・ウィリスの生涯』中央公論社、一九八五年
コータッツィ，ヒュー（中須賀哲朗訳）『維新の港の英人たち』中央公論社、一九八八年
コータッツィ，ヒュー「一八七二年のイギリスにおける岩倉使節団について」米欧回覧の会編『岩倉使節団の再発見』思文閣出版、二〇〇三年
五代夏夫『薩摩的こぼれ話』丸山学芸図書、一九九四年
コビン，アンドルー「明治初年の海外旅行体験――一八七二年八月一七日～一二月一六日」イアン・ニッシュ編（麻田貞雄他訳）『欧米から見た岩倉使節団』ミネルヴァ書房、二〇〇二年
斉藤多喜夫『幕末明治の横浜――西洋文化事始め』明石書店、二〇一七年
笹沢魯羊『下北半島町村誌』名著出版、一九八〇年
サトウ，アーネスト（坂田精一訳）『一外交官の見た明治維新』上、岩波文庫、一九六〇年
サトウ，アーネスト（庄田元男編訳）『アーネスト・サトウ神道論』平凡社、二〇〇六年
シーボルト，フィリップ・フランツ・フォン（中井晶夫訳）『日本』第一巻、雄松堂書店、一九七七年
静岡県教育委員会文化課編『静岡県近代化遺産（建造物等）総合調査報告書』（『静岡県文化財報告書』第五四集）静岡県教育委員会文化課、二〇〇〇年
司馬遼太郎『街道をゆく21　神戸・横浜散歩、芸備の道』朝日新聞社、一九八八年
司馬遼太郎『街道をゆく41　北のまほろば』朝日新聞社、一九九六年
ジャクソン，デリック（梶家増巳訳）「イングランド及びウェールズの灯台」『燈光』一九七七年一二月号
ジュルダン，ミシェル・モラ・デュ（深沢克己訳）『ヨーロッパと海』平凡社、一九九六年

ジョーンズ，ヘーゼル「グリフィスのテーゼと明治お雇い外国人政策」アーダス・バークス編『近代化の推進者たち――留学生・お雇い外国人と明治』思文閣出版、一九九〇年
白幡洋三郎「造園の洋魂和才」『近代都市公園史の研究――欧化の系譜』思文閣出版、一九九五年
神宮司庁編『神宮史年表』戎光祥出版、二〇〇五年
杉山伸也『明治維新とイギリス商人――トマス・グラバーの生涯』岩波新書、一九九三年
煠賀克文「納沙布岬灯台点灯百四十周年に因んで――根室ふるさと物語　風雪百四十年　納沙布岬灯台」『わたすげ』二一号、根室わたすげの会、二〇一三年
鈴木智恵子『横浜・都市の鹿鳴館――モダン・シティ・クリエーション』住まいの図書館出版会、一九九一年
住田正一編『海事史料叢書』第八巻、巌松堂書店、一九三〇年
平良聡弘「紀州沖の灯火をもとめて――幕末維新期の灯台をめぐる内外動向」『和歌山県立文書館紀要』二二号、二〇二〇年三月
高橋哲雄『スコットランド　歴史を歩く』岩波新書、二〇〇四年
武田楠雄『維新と科学』岩波新書、一九七二年
田嶋威夫編『串本のあゆみ　明治編』串本町公民館、一九七六年
立脇和夫監修『ジャパン・ディレクトリー――幕末明治在日外国人・機関名鑑』ゆまに書房、一九九七年
田中祥夫『ヨコハマ公園物語――港町の歴史を歩く』中公新書、二〇〇〇年
田中祥夫・鶴岡博・堀勇良・篠﨑孝子「座談会　横浜公園とスタジアム」『有隣』三九八号、二〇〇一年一月
谷川竜一『灯台から考える海の近代』（情報とフィールド科学2）京都大学学術出版会、二〇一六年
チェックランド，オリーヴ（加藤詔士・宮田学編訳）『明治日本とイギリス――出会い・技術移転・ネットワークの形成』法政大学出版局、一九九六年

チェックランド，オリーヴ（加藤詔士訳）「日本最初の洋式灯台技師R・H・ブラントン」名古屋大学大学院教育発達科学研究科教育史研究室編『教育史研究室年報』二〇〇一年
チェックランド，オリーヴ（加藤詔士・宮田学編訳）『日本の近代化とスコットランド』玉川大学出版部，二〇〇四年
知野泰明・大熊孝「R・H・ブラントンの活躍の概況——滞在年表」『土木史研究』第一一号，一九九一年六月
知野泰明・大熊孝「お雇外国人技師R・H・ブラントンの信濃川河口調査に関する研究」『土木史研究』第一一号，一九九一年六月
銚子観光協会編『犬吠埼灯台史』銚子観光協会，一九三五年（復刻版，犬吠埼ブラントン会編，二〇〇〇年）
角山榮『産業革命と民衆』（生活の世界史10）河出書房新社，一九七五年
ディキンズ，F・V（高梨健吉訳）『パークス伝——日本駐在の日々』東洋文庫，平凡社，一九八四年
寺谷武明「横浜築港の経緯——英蘭両国技師の設計案対立をめぐって」『経営史学』第一〇巻三号，一九七五年三月
灯台研究生「明治の灯台の話」『燈光』二〇〇四年一一月号～（現在も連載中）
灯台施設調査委員会・灯台施設保全委員会編『明治期灯台の保全』日本航路標識協会，二〇〇一年
東田雅博『大英帝国のアジア・イメージ』ミネルヴァ書房，一九九六年
戸島昭「下関海峡の灯台——明治期の航路標識の整備」『山口県文書館研究紀要』第一八号，一九九一年三月
戸島昭「角島灯台と旧吏員退息所」『和海藻』第九号，下関市豊北町郷土文化研究会，一九九二年一〇月
トラウトマン，フレデリック（座本勝之訳）『ペリーとともに——画家ハイネがみた幕末と日本人』三一書房，二〇一八年
トランター，ナイジェル（杉本優訳）『スコットランド物語』大修館書店，一九九七年
内藤初穂『明治建国の洋商 トーマス・B・グラバー始末』アテネ書房，二〇〇一年

中井晶夫『初期日本＝スイス関係史――スイス連邦文書館の幕末日本貿易資料』風間書房、一九七一年
中山主膳『郷土門司の歴史』金山堂書店、一九八八年
新潟県『新潟県史 通史編6』新潟県、一九八七年
西川武臣『横浜開港と交通の近代化――蒸気船・鉄道・馬車をめぐって』（近代日本の社会と交通1）日本経済評論社、二〇〇四年
西脇久夫編『灯台風土記』海文堂、一九八〇年
ニッシュ，イアン編（麻田貞雄他訳）『欧米から見た岩倉使節団』ミネルヴァ書房、二〇〇二年
日本財団海と灯台プロジェクト『海と灯台学』文藝春秋、二〇二二年
野口毅撮影・藤岡洋保解説『ライトハウス――すくっと明治の灯台64基 1870–1912』バナナブックス、二〇一五年
バークス，アーダス「西洋から日本へ――お雇い外国人」アーダス・バークス編（梅渓昇監訳）『近代化の推進者たち――留学生・お雇い外国人と明治』思文閣出版、一九九〇年
バークス，アーダス編（梅渓昇監訳）『近代化の推進者たち――留学生・お雇い外国人と明治』思文閣出版、一九九〇年
バード，イザベラ（金坂清則訳）『完訳 日本奥地紀行1――横浜―日光―会津―越後』平凡社、二〇一二年
萩原延壽『薩英戦争 遠い崖――アーネスト・サトウ日記抄2』朝日新聞社、一九九八年
萩原延壽『岩倉使節団 遠い崖――アーネスト・サトウ日記抄9』朝日新聞社、二〇〇〇年
馬場俊介「ブラントンの横浜上下水道計画」『土木史研究』第一一号、一九九一年六月
ビーズリー，W・G「衝突から協調へ――日本領海における英国海軍の測量活動（1845–1882年）」木畑洋一ほか編『日英交流史 1600–2000 1 政治・外交Ⅰ』東京大学出版会、二〇〇〇年

東田雅博『図像のなかの中国と日本』山川出版社、一九九八年
藤岡洋保「灯台に見る日本の近代」（一三五周年灯台記念日特別記念講演会）海上保安庁交通部整備課、二〇〇四年
藤田ひろ子「外国人居留地の構造――横浜と神戸」『歴史地理学』第一五七号、一九九二年一月
藤田文子『北海道を開拓したアメリカ人』新潮選書、一九九三年
不動まゆう『灯台はそそる』光文社新書、二〇一七年
不動まゆう『愛しの灯台100』書肆侃侃房、二〇二一年
ブラック，ジョン・レディ編（金井圓・広瀬靖子編訳）『みかどの都――〝ザ・ファー・イースト〟の世界』桃源社、一九六八年
ブラック，ジョン・レディ（ねず・まさし・小池晴子訳）『ヤング・ジャパン――横浜と江戸』第一～三巻、東洋文庫、平凡社、一九七〇年
ブラントン，リチャード・ヘンリー（早稲田稔解題・訳）「横浜の下水・道路整備計画」（「ブラントンによる明治初年の横浜改良計画」）『横浜開港資料館紀要』第二号、一九八四年
ブラントン，リチャード・ヘンリー（徳力真太郎訳）『お雇い外人の見た近代日本』講談社学術文庫、一九八六年
ブラントン，リチャード・ヘンリー（徳力真太郎訳）「日本の灯台」『お雇い外人の見た近代日本』講談社学術文庫、一九八六年
ブラントン，リチャード・ヘンリー「鉄道建設に関するブラントンの意見書（明治二年三月）」中村正則・石井寛治・春日豊『経済構想』（日本近代思想大系8）岩波書店、一九八八年
ブラントン，リチャード・ヘンリー（徳力真太郎訳）「R・H・ブラントンの遺稿――ある国家の覚醒　日本の国際社会への加入と個人的な体験によるその国民性についての記述」『燈光』一九八七年二月号
古川薫『わが長州砲流離譚』毎日新聞社、二〇〇六年

古川薫『幕末長州藩の攘夷戦争――欧米連合艦隊の来襲』中公新書、一九九六年
文化財建造物保存技術協会編『松山市指定文化財 釣島灯台旧官舎保存修理工事報告書』松山市、一九九八年
米欧回覧の会編『岩倉使節団の再発見』思文閣出版、二〇〇三年
米欧亜回覧の会・泉三郎編『岩倉使節団の群像――日本近代化のパイオニア』ミネルヴァ書房、二〇一九年
ベイティ，T ほか（別宮貞徳訳）『日本を知る――外人の見た四百年』南窓社、一九六二年
ペリー，M・C『ペリー艦隊日本遠征記』上・下、万来舎、二〇〇九年
豊北町史編纂委員会編『豊北町史』第二巻、豊北町、一九九四年
星亮一『斗南藩――「朝敵」会津藩士たちの苦難と再起』中公新書、二〇一六年
保谷徹『幕末日本と対外戦争の危機――下関戦争の舞台裏』吉川弘文館、二〇一〇年
堀勇良「「ブラントン滞日一年間の業務報告」と「伊豆神子元島灯台築造日誌」」『横浜開港資料館紀要』第八号、一九九〇年
本堂弘之「安乗埼灯台建築のイギリス人技術者」（三重県ホームページ「紙上博物館」第九四話）https://www.bunka.pref.mie.lg.jp/rekishi/kenshi/asp/shijyo/detail.asp?record=651
松浦茂樹「近代大阪築港計画の成立過程――ブラントンからデレーケまで」『土木学会論文集』第四二五号、一九九一年一月
松浦茂樹「明治初頭のブラントンによる大阪港整備計画」『土木史研究』第一一号、一九九一年六月
松浦義信編『松本十郎大判官書簡――根室も志保草』みやま書店、一九七四年
マッケイ，アレキサンダー（平岡緑訳）『トーマス・グラバー伝』中央公論社、一九九七年
松村育弘『わがふるさと回想――鳥羽市の離島・菅島』私家版、二〇一七年
松村昌家『幕末維新使節団のイギリス往還記――ヴィクトリアン・インパクト』柏書房、二〇〇八年

三重県編『三重県史 別編 建築』三重県、二〇〇三年
三重県警察本部『三重県警察史』第三巻、三重県警察本部警務部警務課、一九六六年
ミシュレ（加賀野井秀一訳）『海』藤原書店、一九九四年
ミチスン，ロザリンド編（富田理恵・家入葉子訳）『スコットランド史――その意義と可能性』未來社、一九九八年
ミットフォード，A・B（長岡祥三訳）『英国外交官の見た幕末維新――リーズデイル卿回想録』講談社学術文庫、一九九八年
皆村武一『「ザ・タイムズ」に見る幕末維新』中公新書、一九九八年
宮永孝『白い崖《アルビオン》の国をたずねて 岩倉使節団の旅――木戸孝允のみたイギリス』集英社、一九九七年
宮本常一『私の日本地図3 下北半島』未來社、二〇一一年
村井章介「陸奥宗光「東北紀行」――翻刻と解題」上『東京大学史料編纂所研究紀要』三一号、二〇二一年三月
村井章介監修、海津一朗・稲生淳編『世界史とつながる日本史――紀伊半島からの視座』ミネルヴァ書房、二〇一八年
モッティーニ，ロジャー（森田安一訳）『未知との遭遇 スイスと日本――16世紀～1914年』彩流社、二〇一〇年
森田悌『続日本後記 全現代語訳』上、講談社学術文庫、二〇一四年
森田安一編『日本とスイスの交流――幕末から明治へ』山川出版社、二〇〇五年
山本あい「ジョセフ・ディック追想録」『燈光』一九六九年三月号
ユネスコ東アジア文化研究センター編『資料 御雇外国人』小学館、一九七五年
横浜開港資料館編『R・H・ブラントン――日本の灯台と横浜のまちづくりの父』横浜開港資料普及協会、一九九一年
横浜開港資料館・横浜居留地研究会編『横浜居留地と異文化交流――十九世紀後半の国際都市を読む』山川出版社、

一九九六年
吉田正樹「工部省における技術者養成と修技校の役割——電信修技校を中心とした考察」『三田商学研究』第五〇巻三号、二〇〇七年八月
よしだみどり『物語る人《トウシターラ》——『宝島』の作者R・L・スティーヴンスンの生涯』毎日新聞社、一九九九年
ラックストン，イアン「岩倉使節団——その意図、目的、成果」イアン・ニッシュ編（麻田貞雄他訳）『欧米から見た岩倉使節団』ミネルヴァ書房、二〇〇二年
レヴィット，テレサ（岡田好恵訳）『灯台の光はなぜ遠くまで届くのか——時代を変えたフレネルレンズの軌跡』講談社ブルーバックス、二〇一五年
和歌山県『和歌山県移民史』和歌山県、一九五七年
執筆者不明（徳力真太郎訳）「日本の灯台㈠～㈦——汽船テーボール号の灯台視察航海の同乗記」『燈光』一九八八年一二月号～一九八七年六月号
執筆者不明（徳力真太郎訳）「『日本の灯台』に対する論評（抜粋）」『お雇い外人の見た近代日本』講談社学術文庫、一九八六年
執筆者不明「明治天皇御巡幸秘話」『郷土』第三四集、下関郷土会、一九八九年四月

Bathurst, Bella *The Lighthouse Stevensons*, Flamingo, 2000
Brunton, Richard Henry *Building Japan, 1868-1876*, with an introduction & notes by Sir Hugh Cortazzi, in addition to the 1906 introductory, postscript & notes by William Elliot Griffis, Routledge, Taylor & Francis Group, 1991
Brunton, Richard Henry *Schoolmaster to an Empire: Richard Henry Brunton in Meiji Japan, 1868-1876*, Edited and Annotated by Edward R. Beauchamp, Greenwood Press, 1991

Findlay, Alexander George *A description and list of the lighthouses of the world*, 19th Edition, London: Richard Holmes Laurie, 1879

あとがき

「地域と世界史がつながる」ということを初めて意識したのは、一九九四年八月、和歌山県那智勝浦町で開催された「全国歴史教育研究協議会第三五回全国大会・和歌山大会」においてである。「熊野・くろしお文化圏の形成と展開――歴史教育における課題と実践」を基本テーマとして、全国から小・中・高校の教員が集い、二日間にわたって研究協議が行われた。この時、私は新宮市内の高校で主に世界史を教えていたこともあって、世界史分科会で発表することになった。世界史分科会のテーマは「世界史教育を通して国際的歴史認識をどのように育成するか」であり、「熊野」と「世界史」をどのようにつなげて発表すればよいのか、なかなかよいアイディアが思いつかなかった。というのは、これまで世界史と日本史は別物であり、ましてや地域と世界史がつながることなど意識すらしていなかったからである。いろいろと考えた末に、「一八世紀末、極東を取り巻く国際情勢と合衆国のアジア進出――レディ・ワシントン号の串本寄港」と題して発表した。

これを機に、「地域から考える世界史」の視点で郷土の歴史を眺めてみると、串本町には、トルコ軍艦エルトゥールル号の遭難、イギリス人技師がつくった樫野埼灯台と潮岬灯台、オーストラリアの木曜島への採貝出稼ぎなど、世界史とつながる要素があることに気がついた。その中でも、私が特に興味・関心を持ったのは、灯台とその建設のために明治政府によって招聘されたイギリス人技師リチャード・ヘンリー・ブラントンについてであった。ブラントンは灯台のみならず、横浜のまちづくりや我が国の近代化に多大な貢献をなしたが、それだけではない。帰国後、英国土木学会で「日本の灯台」と題する報告を行い、また、晩年には日本の灯台建設等に従事した自らの体験を手記にまとめた。

明治期に来日したお雇い外国人は約三千人とも言われるが、その経験を記録に残した者はそれほど多くない。特に、西欧の技術の移殖に関する著述は皆無に等しいのではないだろうか。ブラントンの手記には、徳力真太郎氏も指摘するように、時に感情的で日本人への偏見もなくはないが、雇主である日本政府の役人と被雇用者であるお雇い外国人との人間関係がさまざまな事例を通じて具体的に記述されていて、我が国の近代黎明期における技術の導入の一端について知ることができる。本書では、徳力氏によって訳出されたこの手記(『お雇い外人の見た近代日本』講談社学術文庫)を大いに活用させていただいた。

文部科学省は、二〇二二年四月より高校の必修科目として新たに「歴史総合」をスタートさせた。「歴史総合」は世界史の中で日本の近現代史を考える科目で、日本と世界の動きを関連づけて理解させることで、国際社会で活躍する日本人を育成しようとするものである。その導入部である「歴史の扉」は、「日常生活や身近な地域などに見られる諸事象が、日本や日本周辺の地域及び世界の歴史とつながっていることを理解する」ことを最大のコンセプトとしている。明治初期に造られた灯台とお雇い外国人ブラントンについて調べることで、地域史と日本史、さらには世界史がつながっていることに気づくことができる。灯台は「歴史総合」の格好の教材になりうるものと考える。このことを意識して、本書では灯台が造られた地域の様子や灯台に対する当時の人々の思い、また、ブラントンのバックボーンであるスコットランドについても多くの頁を割いた。

本書をまとめるにあたり、これまで多くの方々にお世話になった。

五年前になるが、本書の執筆構想とスコットランドへの旅行について、甲南大学経済学部の恩師高橋哲雄先生にご相談に伺った。先生は『スコットランド 歴史を歩く』(岩波新書)の取材でスコットランドを隈なく歩かれ、ケープラス灯台やキナードヘッド灯台にも足を運ばれておられた。そのとき写された灯台の写真を見せていただいた他、灯台に関する資料もいくつか頂戴した。その後も、神戸の先生のご自宅に何度かお邪魔させていただいたが、その度に、「本の進捗状況はどうか」と尋ねられ、学生時代に戻ったようで冷や汗をかく思いをしながらも、常に気にかけていただいたことに感謝の念を禁じ得なかった。先生から、「元気なうちに仕上げてくれよ」と言われていたが、ご期待に応えることができなかったことは痛恨の極みである。

兵庫教育大学の恩師吉田興宣先生からは、修士論文「近代イギリスにおける海上支配権の起源に関する研究——J・ホーキンズとF・ドレークの活動を中心として」の執筆にあたって懇切丁寧なご指導をいただくと共に、学究の心構えを教えていただいた。ヨーロッパと海の歴史、とりわけ近代イギリスの海事史に興味を持ったことが、灯台とお雇い外国人ブラントンの研究へとつながった。私のような浅学非才の者が、今日まで拙い研究を続けることができたのも、高橋先生と吉田先生のご指導の賜物である。ここに改めて感謝申し上げたい。

和歌山大学教育学部教授の海津一朗氏からは、和歌山大学の「地理歴史研究法」や学部開放科目「熊野郷土学」において、「灯台とお雇い外国人ブラントン」というテーマで講義をする機会を与えていただいた。受講者の方々との質疑応答の中で、ブラントンについて探究したいという気持ちが強まった。

山口県立西京高等学校教諭で「地域から考える世界史」プロジェクト代表の藤村泰夫氏には、本書の企画段階から相談にのっていただき、助言や励ましの言葉をいただくなど、ともすればくじけがちになる執筆への意欲を支えていただいた。

神戸市文書館館長松本正三氏、神戸外国人居留地研究会理事谷口良平氏からは、ジョセフ・ディックに関する資料を提供していただいた。そのおかげで、ディックのオフィス跡や住居跡を突き止めることができた。

京都市の青羽古書店店主の羽田孝之氏からは、貴重な史料を提供いただくなど、本書執筆にご支援をいただいた。

旧古座町教育長であった山出泰助氏には、灯台建設に関する史料「旧古座町文書」を提供していただいた。

横浜在住の小池温・和代夫妻には、二七歳と二九歳の夏にロンドンで大変お世話になった。その後も、上京した際には三浦半島の灯台巡りなどにもお付き合いいただいた。この他にも、イギリスや横浜に関する資料や写真を送っていただくなど、長きにわたってご支援いただいた。

灯台建設にまつわるエピソードなどについては、各地の図書館に問い合わせ資料を送っていただいた。この他にも、紙幅の都合上、名前こそ記せなかったが、様々な方にご指導及びご支援をいただいた。この場を借りて感謝申し上げたい。

最後に、本書の出版に際し、本作りのノウハウを持たなかった私に懇切丁寧にご指導並びにご配慮下さった西村篤氏に深く感謝申し上げたい。二〇一七年に西村氏が新たに立ち上げた七月社からこうして本書を出版できることは、望外の喜びである。

二〇二三年九月一〇日

稲生　淳

[著者略歴]

稲生 淳（いなぶ・じゅん）

1955年、和歌山県串本町生まれ。

甲南大学経済学部卒業、兵庫教育大学大学院学校教育研究科教科領域専攻社会系コース修了。

和歌山県内の小・中・高等学校、及び県外交流で広島県の高等学校に勤務。和歌山県立古座高等学校校長、和歌山県教育センター学びの丘所長、和歌山県立和歌山商業高等学校校長などを務め、2015年3月定年退職。


著書に『熊野 海が紡ぐ近代史』（森話社、2015年）、編著に『世界史とつながる日本史——紀伊半島からの視座』（村井章介監修、海津一朗との共編、ミネルヴァ書房、2018年）、共著に『熊野 TODAY』（疋田眞臣編集代表、はる書房、1998年）、『海の熊野』（谷川健一・三石学編、森話社、2011年）、『つなぐ世界史2 近世』（岩下哲典・岡美穂子責任編集、清水書院、2023年）、『つなぐ世界史3 近現代／SDGsの歴史的文脈を探る』（井野瀬久美惠責任編集、清水書院、2023年）など。

明治《めいじ》の海《うみ》を照《て》らす——灯台《とうだい》とお雇《やと》い外国人《がいこくじん》ブラントン

2023年11月28日　初版第1刷発行

著　者……………………稲生　淳

発行者……………………西村　篤

発行所……………………株式会社七月社
〒182-0015　東京都調布市八雲台2-24-6
電話・FAX　042-455-1385

印　刷……………………株式会社厚徳社

製　本……………………榎本製本株式会社

Printed in Japan　ISBN 978-4-909544-33-9　C0021

七月社の本

近代の記憶——民俗の変容と消滅

野本寛一著

最後の木地師が送った人生、電気がもたらした感動と変化、戦争にまつわる悲しい民俗、山の民俗の象徴ともいえるイロリの消滅など、人びとの記憶に眠るそれらの事象を、褪色と忘却からすくいだし、記録として蘇らせる。

四六判上製400頁／本体3400円＋税
ISBN978-4-909544-02-5 C0039

政治風土のフォークロア——文明・選挙・韓国

室井康成著

私たちが知らず知らずのうちに従っている見えないルール＝「民俗」。法規やデータなどの可視化された資料ではなく、不可視の行動基準「民俗」の視座から、日本という風土に醸成された政治と選挙の「情実」を読み解く。

四六判上製360頁／本体3500円＋税
ISBN978-4-909544-29-2 C0039

神輿と闘争の民俗学——浅草・三社祭のエスノグラフィー

三隅貴史著

浅草・三社祭の花形である三基の本社神輿を担いでいるのは一体誰なのか。神輿の棒を激しい争奪戦で勝ち取ってきた有名神輿会に飛び込んだ著者が、祭りの狂騒と闘争をリアルに描き出すエスノグラフィー。

A5判上製416頁／本体4500円＋税
ISBN978-4-909544-31-5 C1039

「小さな鉄道」の記憶
——軽便鉄道・森林鉄道・ケーブルカーと人びと

旅の文化研究所編

幹線鉄道の網目からもれた地域に、人々は細い線路を敷き、小さな列車を走らせた。地場の産業をのせ、信仰や観光をのせ、人びとの暮らしをのせて走った鉄道の、懐かしく忘れがたい物語。

四六判上製288頁／本体2700円＋税

ISBN978-4-909544-11-7 C0065

木地屋幻想——紀伊の森の漂泊民

桐村英一郎著

高貴な親王を祖に持ち、いにしえより山中を漂泊しながら椀や盆を作った木地屋たち。木の国・熊野の深い森にかすかに残された足跡、言い伝えをたどり、数少ない資料をたぐり、木地屋の幻影を追う。

四六判上製168頁／本体2000円＋税

ISBN978-4-909544-08-7 C0039

木地屋と鍛冶屋——熊野百六十年の人模様

桐村英一郎著

木地屋から長者となった小椋長兵衛、疫病退散の題目塔で名を残す木地亀蔵、製品の評判が海外にまで轟いた新宮鍛冶の大川増蔵。幕末から近代にかけて熊野の地で活躍した三人をつなぐ細い糸をたどり、その末裔たちの現在までを追う。

A5判並製96頁／本体1200円＋税

ISBN978-4-909544-23-0 C0039